H. Koziolek/B. Matthes/R. Schwarz

Grundzüge einer Systemanalyse von Reproduktionskreisläufen

Helmut Koziolek/Bernd Matthes/Rainer Schwarz

Grundzüge einer Systemanalyse von Reproduktionskreisläufen

Akademie-Verlag Berlin 1988

ISBN 3-05-000886-5
Erschienen im Akademie-Verlag Berlin, Leipziger Str. 3–4, DDR - Berlin, 1086

Lizenznummer: 202 · 100/177/88
Printed in the German Democratic Republic
Gesamtherstellung: TASTOMAT, Eggersdorf
Einbandgestaltung: Gerd Fortagné
LSV 0345
Bestellnummer: 9202 EDV: 755 059 5
02000

Inhaltsverzeichnis

Vorwort

Die Entwicklung der sozialistischen Produktionsweise ist untrennbar mit der Entwicklung der Reproduktionstheorie verbunden. Im Sozialismus können die Menschen erstmals bewußt ihre Geschichte selbst gestalten, was die Ausbildung einer realitätsnahen Theorie einschließt. Die Entwicklung des Sozialismus basiert wesentlich auf wissenschaftlichem Denken, freilich nicht nur auf diesem. MARX sah die Anatomie der Gesellschaft in der politischen Ökonomie, wobei die Worte „Anatomie" und „Politische Ökonomie" sowohl reale Zusammenhänge als auch Wissenschaften bezeichnen. Entsprechend dieser materialistischen Sicht stellt sich die Ökonomie heute als Hauptkampffeld der Klassenauseinandersetzung dar. Die ökonomische Strategie in der DDR beruht auf Erkenntnissen der Reproduktionstheorie und auf der Analyse der konkret-historischen Bedingungen, die sich evolutionär und revolutionär wandeln. Die Bedürfnisse entwickeln sich und werden reichhaltiger und differenzierter. Die wissenschaftlich-technische Revolution prägt die Entwicklung der Produktivkräfte und der Produktionsverhältnisse. Innovationen und Schlüsseltechnologien verändern das Antlitz der sozialistischen Wirtschaft nachhaltig. Sie greifen tief in volkswirtschaftliche Strukturen und Zusammenhänge ein und lösen große Flächenwirkungen aus. Es ist Anliegen der sozialistischen Gesellschaft, diese Wirkungen bewußt zu planen, vorauszuberechnen und zu gestalten.

Die Beherrschung dieser Prozesse setzt ein tiefgreifendes Verständnis der volkswirtschaftlichen Zusammenhänge und eine gründliche Durchrechnung der damit verbundenen langfristigen Entscheidungen in Planung und Leitung voraus. Mit anderen Worten: Die Fortschritte der Produktivkräfte und der sozialistischen Produktionsverhältnisse bedingen einander, und die Entwicklung in der ökonomischen Basis des Sozialismus steht wiederum in Wechselbeziehung mit den Fortschritten in der ökonomischen Theorie und in der Leitungs- und Planungspraxis. Dabei sind weitere Fortschritte in der Reproduktionstheorie, der volkswirtschaftlichen Gesamtrechnung und der volkswirtschaftlichen Modellierung von besonderer Bedeutung für die Beherrschung der erwähnten Prozesse. Die Reproduktionstheorie bildet die wesentliche Grundlage für das Verständnis der volkswirtschaftlichen Zusammenhänge und die theoretische Basis der volkswirtschaftlichen Gesamtrechnung und der volkswirtschaftlichen Modellierung. Die beiden letzteren sind Grundlage von Berechnungen und Entscheidungen in der Planung der volkswirtschaftlichen Entwicklung, also auch der Planung des Strukturwandels und der Einführung von Schlüsseltechnologien.

Die sozialistische Wirtschaft ist ein sehr komplexes System mit den vielfältigsten Wechselbeziehungen. Es ist Aufgabe der Reproduktionstheorie, diese Wechselbeziehungen gründlich zu erforschen, mit wissenschaftlichen Methoden überschaubar abzubilden. Angesichts dieser Komplexität hat sich die Forschung zunächst vor allem der Analyse von Teilzusammenhängen zugewandt, wobei in der Regel ceteris-paribus-Annahmen getroffen werden müssen. Mathematische Methoden der Systemanalyse ermöglichen es, zahlreiche komplizierte Wechselbeziehungen simultan abzubilden und zu analysieren. Das setzt allerdings eine auf den Erkenntnissen der Reproduktionstheorie beruhende ökonomisch-mathematische Modellierung des volkswirtschaftlichen Reproduktionsprozesses voraus.

Die engere Verbindung von Reproduktionstheorie, moderner Mathematik und Rechentechnik gestattet es, die Reproduktionstheorie auch für Vorausberechnungen in der Planungspraxis der sozialistischen Gesellschaft stärker fruchtbar zu machen. Gleichzeitig wird damit die makroökonomische Modellierung auf eine solide theoretische Basis gestellt.

Im Mittelpunkt dieses Buches steht die engere Verbindung von Reproduktionstheorie und volkswirtschaftlicher Modellierung in einer solchen Weise, daß die theoretischen Einsichten in volkswirtschaftliche Zusammenhänge auch interaktiv im Mensch-Rechner-Dialog zugänglich werden. Wir möchten damit auch die Beantwortung solcher Fragen wie der folgenden unterstützen: Wie wirken veränderte Reproduktionsbedingungen auf das Wirtschaftswachstum? Welche Wachstumsraten sind langfristig möglich, und welche volkswirtschaftlichen Grundproportionen sind dabei einzuhalten? Wieviel Material und Energie muß infolge knapper bzw. teurer werdender Rohstoffe im volkswirtschaftlichen Maßstab eingespart werden? Welche Arbeitszeiteinsparungen sind bei sich nicht wesentlich verändernder Arbeitskräfteanzahl zur Sicherung des Wirtschaftswachstums notwendig? Welche Arbeitszeitverkürzung ist bei angemessenem Wirtschaftswachstum möglich, um mehr arbeitsfreie Zeit zur Reproduktion der Arbeitskraft gewinnen zu können?

Gesamtvolkswirtschaftliche Vorausberechnungen zur Beantwortung dieser und ähnlicher Fragen sind möglich. Die Antworten haben aber keinen absoluten Charakter, denn die Vorausberechnungen basieren auf Hypothesen über die zukünftige Entwicklung volkswirtschaftlicher Effektivitätskennziffern.

Dabei können durchaus alternative Annahmen über die Haupttendenzen des Wirkens der Intensivierung auf die Effektivitätsentwicklung verwendet werden. Es zeigt sich aber immer deutlicher, daß ein langfristig stabiles Wirtschaftswachstum der DDR nur durch weitere Intensivierung, insbesondere durch den verstärkten Übergang zum ressourcensparenden Typ der Reproduktion, erreicht werden kann.

In der vorliegenden Arbeit geht es um eine möglichst komplexe Analyse der gesamtvolkswirtschaftlichen Wechselbeziehungen.

In Weiterführung dieser Arbeit sollen zwischenzweigliche Wechselbeziehungen einbezogen werden; denn die Haupttendenzen der Entwicklung unserer Volkswirtschaft werden in immer stärkerem Maße von strategischen Entscheidungen über die Entwicklung einzelner Zweige und Bereiche der Volkswirtschaft bestimmt. Es kommt deshalb darauf an, Entwicklungsstrategien eines Zweiges aus gesamtvolkswirtschaftlicher Sicht zu bewerten und die komplizierter werdenden Wechselwirkungen zwischen der gesamtvolkswirtschaftlichen Entwicklung und der Entwicklung einzelner Zweige zu untersuchen. Zum Beispiel werden folgende Fragen von Interesse sein: Welche Konsequenzen haben die Verknappung der Erdölvorräte und der Übergang zu neuen Energieträgern auf die Entwicklung einzelner Zweige und der gesamten Volkswirtschaft? Welche langfristigen Wirkungen haben der Aufbau neuer Zweige (mikrobiologische Industrie, Mikroelektronik) und der Strukturwandel in anderen Zweigen (Transport, Fernmeldewesen–Telekommunikation)? Derartige Fragen müssen auch quantitativ beantwortet werden, weil die heute und künftig zu betreibenden Aufwendungen eine bestimmte Größe haben und weil die damit bezweckten Ergebnisse auch eine bestimmte Größe haben bzw. haben müssen.

Durch die Arbeit überzweiglicher Arbeitsgruppen ist es zwar möglich, die Entwicklungsstrategie einzelner Zweige – speziell der Grundstoffindustrie – quantitativ zu begründen, wie dies z. B. bei der Entscheidungsvorbereitung zur Heizölfreisetzung und auch bei der Berechnung langfristiger Brennstoff-Energie-Bilanzen in der DDR und in der Sowjetunion bewiesen worden ist.[1] In diesen Fällen gelingt es, quantitativ die unmittelbar vor- und nachgelagerten Stufen zu berücksichtigen. Doch die langfristigen Auswirkungen auf die gesamte Volkswirtschaft sind damit noch nicht voll erfaßt. Dazu ist ein geeignetes dynamisches Verflechtungsmodell erforderlich (vgl. Kapitel 5).

Es ist selbstverständlich, daß mathematische Modelle allein nicht helfen, die Probleme der Gegenwart und Zukunft zu erkennen oder gar zu bewältigen. Ohne Nutzung von mathematischen Modellen ist es jedoch nicht möglich, die komplizierter werdenden Beziehungen zwischen Reproduktionskomplexen überschaubarer zu machen und mögliche Konsequenzen alternativer Strategien der sozialökonomischen Entwicklung insgesamt sowie der Entwicklung einzelner Bereiche bzw. Zweige quantitativ abzuschätzen.

Durch die engere Verbindung mit der Mathematik kann die Ökonomie heutzutage auch neue Fragestellungen an die Mathematik herantragen, wie sie z. B. bei der Anwendung von nichtlinearen Differentialgleichungssystemen und von Nicht-Gleichgewichtsansätzen aufgeworfen werden. Andererseits vermag die

Anwendung der Mathematik die Theorienbildung in der Ökonomie zu fördern, indem sie genauere Begriffsdefinitionen anregt, die weitere Ausbildung von Zähl- und Meßgrößen und von exakten Zähl- und Meßmethoden voraussetzt und einer präzisen Darstellung der Zusammenhänge zwischen den in der Ökonomie verwendeten Größenarten in Form von Größengleichungen bedarf.

Mit einer solchen methodischen Weiterentwicklung kann die marxistische Reproduktionstheorie auch der Form nach ihre engen wissenschaftlichen Berührungen mit der Physik und anderen mathematisierten Naturwissenschaften ausweisen.

Bereits MARX hat sich mit der physikalischen Methodologie beschäftigt und sich über ihre schöpferische Auswertung angesichts der komplizierteren ökonomischen Realität Gedanken gemacht, die er bei der Angabe seiner Methode im Vorwort zur ersten Auflage des „Kapital" reflektiert hat. Diese wichtige Tradition kann heute unter Nutzung der methodologischen Diskussionen und Fortschritte in der Physik während der letzten 100 Jahre vertieft fruchtbar gemacht werden.[2] Indem wir die marxistische Reproduktionstheorie und die mathematische Modellierung miteinander verbinden, möchten wir in dieser Tradition wirken.

Es ist klar, daß in den vor uns liegenden Jahrzehnten verstärkter Anwendung von Schlüsseltechnologien und umfassender Intensivierung ein tieferes Verständnis volkswirtschaftlicher Zusammenhänge bei Naturwissenschaftlern und Ingenieuren unabdingbar ist. Denn sie prägen entscheidend die sozialen, ökonomischen und ökologischen Wirkungen neuer Technologien und Erzeugnisse. Ebenso ist die engere interdisziplinäre Zusammenarbeit zwischen ihnen und den Wirtschaftswissenschaftlern unerläßlich für ein solides, dauerhaftes und dynamisches Wirtschaftswachstum. Nicht selten aber wird eine solche Zusammenarbeit dadurch erschwert, daß nur wenig Einblick in die Problematik und Methodik des anderen genommen wird.

Die mathematisierte Erfassung der Volkswirtschaft kommt der gewohnten Denkweise von Naturwissenschaftlern, Mathematikern und Ingenieuren entgegen, was ihr Verständnis volkswirtschaftlicher Zusammenhänge erleichtern kann. Wir hoffen, auf diese Weise die interdisziplinäre Zusammenarbeit zwischen Ökonomen und den eben genannten Berufsgruppen zu fördern.

Im *Kapitel 1* gehen wir einigen Grundfragen der Gesellschaftsstrategie und der ökonomischen Strategie in der DDR nach. Wir fassen wesentliche Faktoren zusammen, die zu einer Veränderung der Reproduktionsbedingungen geführt haben und eine umfassende Intensivierung des Reproduktionsprozesses erforderlich machen. Dabei wird der Zusammenhang dieser Faktoren mit einigen globalen Entwicklungen aufgezeigt. Hauptanliegen dieses Kapitels ist es, den untrennbaren Zusammenhang von umfassender Intensivierung, Produktivkraftentwicklung und Verwertung der Errungenschaften der wissenschaftlich-technischen Revolution herauszuarbeiten. Die Beherrschung dieser Prozesse erfordert, ihre volkswirtschaftlichen Auswirkungen gründlicher durchzurechnen und reproduktionstheoretische Zusammenhänge neu zu bestimmen und zu untersuchen.

In *Kapitel 2* werden reproduktionstheoretische Erkenntnisse reflektiert, auf denen die volkswirtschaftliche Modellierung sowie volkswirtschaftliche Berechnungen analytischer und prognostischer Art aufbauen. Wir waren besonders bemüht, die Dualität von Gebrauchswert und Wert sowie die Unterscheidung von stofflichen und finanziellen Momenten des Reproduktionsprozesses begrifflich klar durchzuhalten, den Reproduktionsprozeß als Kreislauf tiefer zu analysieren und die Größenbeziehungen im Reproduktionskreislauf herauszuarbeiten.

In *Kapitel 3* wird ein Reproduktionsmodell vorgestellt, das die Beziehungen zwischen den wichtigsten Größen der sozialistischen Volkswirtschaft und ihre Entwicklung komplex erfaßt. Ausgangspunkt für seine Erarbeitung waren vor allem folgende Fragen:

– Wie wirken sich grundlegende wirtschafts- und sozialpolitische Orientierungen langfristig auf die Entwicklung volkswirtschaftlicher Grundgrößen aus?

– Welche Effektivitätsanforderungen ergeben sich daraus für die Entwicklung verschiedener Reproduktionskomplexe und wichtiger Zweige?

– Welche langfristigen Auswirkungen haben alternative zweigliche Entwicklungsstrategien auf die Entwicklung der gesamten Volkswirtschaft?

Das Reproduktionsmodell ist für die interaktive Arbeit mit dem Computer programmiert; dieses Programmsystem wird als Dialogsystem der Reproduktion bezeichnet.[3] Es erlaubt Antworten auf die erste und zum Teil auf die zweite Frage. Die vollständige Beantwortung der zweiten und der dritten Frage wird mit einer weiteren Ausbaustufe des Dialogsystems angestrebt, deren Konzept in *Kapitel 5* umrissen wird. Dabei wird auch die Notwendigkeit von Rechnernetzen deutlich.

In der dargestellten ersten Ausbaustufe des Dialogsystems wurden in zunächst aggregierter Form die Dynamik, die wechselseitigen Abhängigkeiten und die Wachstumsbedingungen volkswirtschaftlicher Grundgrößen in folgenden Komplexen abgebildet:

– Bevölkerungsreproduktion, Entwicklung des Arbeitskräftepotentials und Beschäftigtengrades sowie Verteilung der Arbeitskräfte auf die materiellen und immateriellen Bereiche;

– Fonds der materiellen Bereiche und ihre Reproduktion;

– Kreislauf des Nationaleinkommens;

– Export- und Importströme, Entwicklung des Export-Import-Saldos;

– Entwicklung des verfügbaren Realeinkommens der Bevölkerung, der individuellen Konsumtion und der Sparguthaben.

Diese Komplexe sind im Sinne eines Reproduktionskreislaufes miteinander verbunden. Stoffliche, finanzielle und Informationskreisläufe der Volkswirtschaft wurden in ihrer Verflechtung modelliert. Ein spezieller Block gewährleistet die Einheit von stofflicher und finanzieller Reproduktion sowie die Bilanzierung von Aufkommen und Bedarf. Die Entwicklung des Bedarfs und des Aufkommens wird zunächst getrennt berechnet, wodurch ein Ungleichgewicht (Überschuß oder Defizit) entstehen kann. Dieses wird im Prozeß der Bilanzierung iterativ minimiert.

Der methodologische Ansatz für das Reproduktionsmodell beruht auf einer Kombination von systemdynamischen und normativen Ansätzen. Systemdynamische Ansätze (FORRESTER und andere) gehen von einem Anfangszustand aus und rechnen ihn mittels dynamischer Gleichungen fort. Sie sind meist angebotsorientiert. Da kein Zielzustand vorgegeben ist, können solche Modelle ein Kollapsverhalten aufweisen (z. B. die Weltmodelle von FORRESTER und MEADOWS). Im Gegensatz dazu wird bei normativen Ansätzen (LEONTIEF und andere) neben dem Anfangszustand der zu erreichende Zielzustand normativ vorgegeben. Dabei wird aber die Dynamik der Entwicklung unzureichend erfaßt. Durch die normative Vorgabe sind diese Ansätze grundsätzlich bedarfsorientiert. Meist wird ein Gleichgewicht zwischen Aufkommen und Bedarf hypothetisch vorausgesetzt: Entsprechende Modelle sind Gleichgewichtsmodelle.

Unser Reproduktionsmodell geht wie der systemdynamische Ansatz von einem Anfangszustand aus. Statt eines normativen Zielzustandes wird jedoch ein Zielbereich vorgegeben. Der Übergang vom Zustand eines Jahres in den Zielbereich des nächsten Jahres wird durch dynamische Gleichungen vermittelt. Damit können die Vorteile des normativen Ansatzes (Bedarfsorientierung, Vermeiden des Systemkollapses) gewahrt und zugleich die Systemdynamik widergespiegelt werden.

Das hier vorgestellte Reproduktionsmodell repräsentiert international eines der ersten funktionsfähigen Nichtgleichgewichtsmodelle, das zugleich die Entwicklung der Volkswirtschaft in ihrer Komplexität widerspiegelt.

Um das Wissen über die sozialistische Reproduktionstheorie und das Verständnis für komplexe volkswirtschaftliche Zusammenhänge zu vertiefen, kann das Dialogsystem der Reproduktion über die Unterstützung langfristiger Entscheidungen hinaus auch für Lehrzwecke genutzt werden. Damit kann demonstriert werden, wie die Volkswirtschaft über einen längeren Zeitraum auf Veränderungen der Reproduktionsbedingungen und auf wirtschaftspolitische Orientierungen sowie Zielstellungen reagiert. Das ist für die volkswirtschaftliche Ausbildung von Studenten unter Nutzung von Computern besonders bedeutsam.

Das Dialogsystem der Reproduktion ist vollständig ausgearbeitet, programmiert und getestet. Einige Ergebnisse interaktiver Modellrechnungen werden im *4. Kapitel* vorgelegt. Zunächst überprüften wir mit retrospektiven Analysen die Modelladäquatheit. Sie zeigten, daß das demographische und das Reproduktionsmodell als Repräsentanten der demographischen und der volkswirtschaftlichen Reproduktion dienen können. Weiterhin untersuchten wir mit dem Dialogsystem die Entwicklung der Effektivitätskennziffern in den vergangenen Fünfjahrplanperioden. Dabei wurde die große Bedeutung des fondssparenden Typs der Intensivierung quantitativ aufgezeigt.

Das Hauptanwendungsfeld des Dialogsystems sind volkswirtschaftliche Vorausberechnungen. Es wurde ein Basisszenarium für die Entwicklung der Volkswirtschaft der DDR bis zum Jahre 2000 erarbeitet. Erste Vorausberechnungen sind erfolgt.

In Zusammenarbeit mit dem Internationalen Institut für Probleme der Leitung sowie nationalen Organisationen der Mitgliedsländer dieses Instituts konnten Prinziplösungen der Anwendung für langfristige Vorausberechnungen der volkswirtschaftlichen Entwicklung Bulgariens, Ungarns, Polens, der UdSSR, MVR und ČSSR erarbeitet werden.

Die meisten der Ergebnisse haben noch vorläufigen Charakter und müssen durch detaillierte Untersuchungen untersetzt werden. Sie zeigen aber schon jetzt, daß das Dialogsystem der Reproduktion dazu beitragen kann, den möglichen Entscheidungsspielraum für die Lösung wichtiger Probleme der langfristigen volkswirtschaftlichen Entwicklung besser abzugrenzen.

Hier müssen wir jedoch darauf verzichten, quantitative Ergebnisse für einzelne sozialistische Länder wiederzugeben, weil deren sorgfältige Begründung und Interpretation größeren Raum beansprucht. Sie bleibt einer gesonderten Abhandlung vorbehalten. Das Prinzip dieser interaktiven Vorausberechnungen wird jedoch am Beispiel von Berechnungen des gesellschaftlichen Arbeitsvermögens der DDR bis zum Jahre 2030 und an einem Demonstrationsbeispiel für die Arbeit mit Szenarien dargelegt.

Abschließend sei betont, daß wir keine Analyse einzelner Reproduktionsprozesse vorlegen, sondern eine allgemeine Methode vorstellen, mit der volkswirtschaftliche Zusammenhänge bzw. Reproduktionskreisläufe rechnergestützt analysiert werden können. Dazu wurde der Wirtschaftsablauf im Sozialismus auf einem abstrakten, theoretischen Niveau erfaßt, wobei wir Annahmen und Hypothesen verwenden. Dabei gewinnen wir neben dem allgemeinen Überblick über den Reproduktionsprozeß in der sozialistischen Gesellschaft gleichzeitig einen allgemeinen Zugang zu den verschiedensten einzelnen Reproduktionsprozessen und Entscheidungssituationen. Gestützt auf die theoretischen Zusammenhänge können Modell- und Computerexperimente mit dem Dialogsystem der Reproduktion Anregungen für volkswirtschaftliche Entscheidungen liefern – eine Arbeitsrichtung, die wir künftig verstärkt verfolgen möchten.

Indem wir die Grundzüge einer Systemanalyse von Reproduktionskreisläufen einem kritischen Leserkreis vorlegen, möchten wir zugleich Impulse für die Weiterentwicklung der Reproduktionstheorie geben.

Dieses Buch dokumentiert den Erkenntnisstand, den wir seit dem Erscheinen von „Reproduktion und Nationaleinkommen“[4] erreicht haben. Wir möchten allen Freunden und Kollegen danken, die uns dabei unterstützt haben, insbesondere Lothar Bayer, Achim Knaupe und Hans Stürz. Wir verdanken unserer Gutachterin Eva Müller wertvolle Diskussionen und Anregungen. Sie fanden ihren Niederschlag vor allem im zweiten Kapitel. Arbeitsergebnisse und Ideen von EVA KIGYÓSSI-SCHMIDT haben das dritte, vierte und fünfte Kapitel bereichert. VIKTOR STARODUBROWSKIJ und BORIS ČUMAČENKO haben die Ausarbeitung des Reproduktionsmodells und der entsprechenden Programmpakete am Internationalen Institut für Probleme der Leitung in Moskau besonders gefördert. ALEXANDER LISANSKIJ war maßgeblich bei der Projektierung und der Einführung der Programmpakete beteiligt, die an diesem Institut unter der Bezeichnung MAKRO.1 und MAKRO.K laufen. Ihre Anwendung für verschiedene RGW-Länder ist der Unterstützung durch Wissenschaftler dieser Länder zu verdanken.

Die sorgfältigen Schreibarbeiten am Manuskript wurden von ANNE ANDERS, GABRIELE BECKER, CHRISTA GRUBER und JULIANE LEONHARDT durchgeführt. ILONA SENGPIEHL hat die meisten Abbildungen gezeichnet.

1. Ökonomische Strategie, Intensivierung und Schlüsseltechnologien

1.1. Entwickelte sozialistische Gesellschaft und ökonomische Strategie

In unserem Land wird die entwickelte sozialistische Gesellschaft weiter gestaltet. Zugleich leistet die DDR einen aktiven Beitrag zur Friedenssicherung. Beide – auf einer wissenschaftlich fundierten Gesellschaftsstrategie beruhende – Aufgaben können nur durch eine erfolgreiche ökonomische Entwicklung und hohes Wachstumstempo gelöst werden.

Wichtige Schritte zur raschen Steigerung von Produktivität und Effektivität sind in der ökonomischen Strategie aufgezeigt. Sie ist integrierter Bestandteil der Gesellschaftsstrategie.

In der Gesellschaftsstrategie wird davon ausgegangen, daß die Einheit von Wirtschafts- und Sozialpolitik, der umfassende Charakter der intensiv erweiterten Reproduktion, die Ausgestaltung der sozialistischen Produktionsverhältnisse als Triebkraft für die dynamische Entwicklung der Produktivkräfte und die organische Verbindung der wissenschaftlich-technischen Revolution mit den Vorzügen des Sozialismus grundlegende Merkmale und Aufgaben der Gestaltung der entwickelten sozialistischen Gesellschaft sind. Sie verfolgt das Ziel, das erreichte materielle und kulturelle Lebensniveau des Volkes zu sichern und schrittweise weiter zu erhöhen. Die Gestaltung der entwickelten sozialistischen Gesellschaft ist ein Prozeß tiefgreifender Wandlungen in Politik, Wirtschaft, im sozialen Bereich und im geistig-kulturellen Leben.

Im Programm der SED wird die entwickelte sozialistische Gesellschaft als eine Gesellschaft charakterisiert, in der es darum geht,

– alle materiellen, sozialökonomischen und politisch-ideologischen Voraussetzungen zu schaffen, damit der Sinn des Sozialismus verwirklicht wird;

– eine leistungsfähige materiell-technische Basis zu schaffen, die ein stabiles Wirtschaftswachstum, hohe Arbeitsproduktivität und Effektivität der gesellschaftlichen Arbeit ermöglicht;

– Wirtschaftspolitik und Sozialpolitik in untrennbarer Einheit durchzuführen;

– die Produktionsverhältnisse als Beziehungen kameradschaftlicher Zusammenarbeit und gegenseitiger Hilfe zwischen den Werktätigen und zwischen den Arbeitskollektiven weiterzuentwickeln und zu vervollkommnen;

– die Rolle der Arbeiterklasse und ihrer Partei als führende Kraft der Gesell-

schaft zu erhöhen, ihr Bündnis mit der Klasse der Genossenschaftsbauern, mit der Intelligenz und allen anderen Werktätigen ständig zu festigen;
- die sozialistische Staats- und Rechtsordnung allseitig zu festigen und die sozialistische Demokratie breit zu entfalten;
- die sozialistische Bewußtheit weiter zu erhöhen;
- den Schutz des Friedens und der sozialistischen Errungenschaften jederzeit zuverlässig zu gewährleisten;
- den Bruderbund mit der Sowjetunion und den anderen Ländern der sozialistischen Gemeinschaft ständig zu festigen und zu vertiefen;
- alle Bedingungen zu schaffen, damit sich die gesellschaftlichen Bedingungen und die körperlichen und geistigen Fähigkeiten der Menschen voll entfalten können (vgl. Protokoll IX. Parteitag, 1976).

Haupttyp der gesellschaftlichen Reproduktion ist die umfassende sozialistische Intensivierung. Ihre Gesetzmäßigkeit ergibt sich primär aus dem Wesen des Sozialismus, aus der objektiven Notwendigkeit stabilen und dynamischen Wirtschaftswachstums und aus den inneren und äußeren Bedingungen der Reproduktion.

Große Aufmerksamkeit verdient der weitere Vergesellschaftungsprozeß im Innern, vor allem die Entwicklung der Kombinate sowie die weitere Vertiefung der sozialistischen ökonomischen Integration, insbesondere mit der UdSSR. An dieser Stelle sei betont, daß auch die KPdSU ihre Anstrengungen auf die Intensivierung der Wirtschaft auf der Grundlage einer erheblichen Beschleunigung des wissenschaftlich-technischen Fortschritts richtet. Die ökonomische Strategie mit dem Blick auf das Jahr 2000 ist langfristig-strategischen Charakters. Ihr wissenschaftlicher Charakter kommt in folgenden Aspekten zum Ausdruck.

Erstens: Sie beruht auf den allgemeinen Gesetzmäßigkeiten des Sozialismus.

Zweitens: Sie stützt sich auf die Analyse der konkret-historischen inneren und äußeren Bedingungen bei der Gestaltung der entwickelten sozialistischen Gesellschaft in der DDR.

Drittens: Sie wird stetig aufs neue um die Erfahrungen aus der praktischen planmäßigen Durchführung der ökonomischen Strategie bereichert. Obwohl die grundlegenden Gesetzmäßigkeiten der sozialistischen Revolution und der Entwicklung des Sozialismus ihre Gültigkeit behalten, wird die Wirkungsweise der ökonomischen Gesetze unter den objektiven Bedingungen ständig analysiert, und es werden rechtzeitig Beschlüsse über die weitere Entwicklung gefaßt. Von entscheidendem Gewicht dabei ist die Einheit von zentraler staatlicher Leitung und Planung mit den schöpferischen Initiativen der Werktätigen.

Bei der Gestaltung der entwickelten sozialistischen Gesellschaft wurde mit den Beschlüssen des XI. Parteitages der SED ein qualitativ neuer Abschnitt eingeleitet. Vor allem geht es darum, daß wir mit der Ausgestaltung der sozialistischen Produktionsverhältnisse die dynamische Entwicklung der Produktivkräfte im Interesse der Stärkung des Sozialismus fördern (vgl. Protokoll XI. Parteitag, 1986).

Des weiteren vollzieht sich die Verbindung der Errungenschaften der wissenschaftlich-technischen Revolution mit den Vorzügen des Sozialismus in neuer Weise, vor allem gekennzeichnet durch die breite Anwendung der Schlüsseltechnologien.

In diesem Zusammenhang gewinnen komplexe und interdisziplinäre Forschungen über die Beziehungen an Bedeutung, die zwischen kontinuierlichem und dynamischem Leistungsanstieg der Volkswirtschaft und der Realisierung gesellschaftspolitischer Ziele bestehen. Insbesondere kommt es darauf an, mit der tieferen Erforschung der Wechselbeziehungen zwischen der Wirtschaft und den verschiedenen gesellschaftlichen Bereichen einen Beitrag zur weiteren Ausarbeitung der Reproduktionstheorie zu leisten und damit die Vervollkommnung der intensiv erweiterten Reproduktion zu unterstützen.

1.2. Veränderte Reproduktionsbedingungen, Intensivierung und Wirtschaftswachstum

Für die Befriedigung wachsender, reichhaltiger und differenzierter werdender Bedürfnisse benötigt der Sozialismus Wirtschaftswachstum. Dafür gibt es zwei Grundformen, die nach MARX mit den Begriffen „extensiv" und „intensiv" gekennzeichnet werden: Reproduktion auf erweiterter Stufenleiter ist „... extensiv, wenn das Produktionsfeld ausgedehnt; intensiv, wenn das Produktionsfeld wirksamer gemacht wird" (MEW 24, S. 326). Diese Ausdehnung (im buchstäblichen Sinne, durch Ausdehnung der Produktionsfläche, durch Bau neuer und Erweiterung vorhandener Betriebe, Erhöhung der Arbeitskräfteanzahl und Mehreinsatz von Material und Energie) hat in den sozialistischen Ländern zu einem hohen Wirtschaftswachstum geführt. In den letzten Jahrzehnten sind aus ehemaligen Agrarländern Agrar-Industrie-Länder geworden, andere sind heute Industrieländer. Mittlerweile sind die Ausdehnungsmöglichkeiten an bestimmte Grenzen gestoßen. Einerseits kann in den meisten Ländern die Arbeitskräfteanzahl aus demographischen Gegebenheiten nicht weiter erhöht werden. Auch der Einsatz von Material, Energieträgern und von Investitionen ist begrenzt. Andererseits hat die wirtschaftliche Entwicklung des Sozialismus nicht nur zur Ausdehnung des Produktionsfeldes geführt, sondern es wurden zugleich die Bedingungen geschaffen, um innerhalb dieses Feldes die Wirksamkeit zu erhöhen, d. h., um intensiv erweitert reproduzieren zu können. Diese Bedingungen bestehen vor allem im akkumulierten Reichtum der sozialistischen Gesellschaft: Facharbeiter hoher Qualifikation, großer Bestand an Hoch- und Fachschulkadern, großes materiell-technisches Potential der Produktion usw.

Die aktuelle Aufgabe besteht darin, dieses Potential voll zur Wirksamkeit zu bringen. Deshalb haben die kommunistischen Parteien der sozialistischen Länder die intensiv erweiterte Reproduktion auf die Tagesordnung ihrer Wirtschaftspolitik gesetzt.

Die Intensivierung beruht im wesentlichen auf der umfassenden Ausnutzung der Möglichkeiten der wissenschaftlich-technischen Revolution, auf der Rationalisierung, Modernisierung und Automatisierung der Produktionsprozesse, auf der höheren Wirksamkeit des gesellschaftlichen Arbeitsvermögens, insbesondere auf höherem Wertzuwachs durch breiteren Einsatz der qualifizierten (komplizierten) Arbeit, auf besserer Organisation der Produktion.

Die intensiv erweiterte Reproduktion wird nicht nur durch veränderte innere, sondern auch durch veränderte äußere Reproduktionsbedingungen beeinflußt. International vollziehen sich qualitative Veränderungen des Entwicklungsstandes der Produktivkräfte, deren Ursprung vor allem in Ergebnissen der wissenschaftlich-technischen Revolution liegt. Das führt auf vielen Gebieten zu einer umfassenden Erneuerung. Erzeugnissortimente schlagen schneller um, rasch entwickelt sich das technologische Niveau der Produktion. Eng damit verbunden verändern sich die äußeren Marktbedingungen.

Im großen und ganzen verstärken die in anderen entwickelten Industrieländern geschaffenen Vorsprünge bei der Anwendung wissenschaftlich-technischer Ergebnisse das nationale Potential für die Intensivierung im eigenen Land. Zum einen können neue wissenschaftliche Erkenntnisse fast kostenlos nutzbar gemacht und auch technische Fortschritte im Vergleich zu eigenen originären Leistungen mit geringerem Aufwand nachvollzogen werden. Allerdings entstehen hieraus größere Herausforderungen an die Kreativität, die Kommunikationsfähigkeit und Reaktionsgeschwindigkeit der eigenen Wissenschaftler und Ingenieure sowie an die Reaktionsgeschwindigkeit und Flexibilität der eigenen Wirtschaft. So sind unter anderem die Investitionen bei relativ gleichbleibender Akkumulationsrate vor allem auf die Materialisierung des wissenschaftlich-technischen Fortschritts zu konzentrieren. Schnellerer wissenschaftlich-technischer Fortschritt führt auch zu schnellerem moralischen Verschleiß vorhandener Technik und Verfahren. Hieraus entstehen neue Forderungen an die Modernisierung vorhandener Produktionsmittel.

Die Fortschritte der sozialistischen ökonomischen Integration haben ebenfalls positiven Einfluß auf die Intensivierung (Möglichkeit zu größeren Produktionsserien, womit der Ressourceneinsatz ökonomisiert werden kann, Impulse zur Herausbildung einer optimalen Produktionsstruktur usw.).

Andere äußere Reproduktionsbedingungen haben sich eher ungünstig verändert. Dazu gehören u. a. durch Protektionismus charakterisierte Außenwirtschaftsbeziehungen mit dem nichtsozialistischen Wirtschaftsgebiet sowie globale Probleme auf den Gebieten Energie, Ernährung und Umwelt. Ihre Auswirkungen auf den einmaligen und laufenden Aufwand unserer Wirtschaft lassen sich nur durch hohere eigene Leistungskraft kompensieren. Zugleich entsteht der

Zwang, unser Wirtschaftswachstum bei gleichbleibendem, sinkendem bzw. nur wenig steigendem Rohstoff- und Materialaufkommen zu sichern.

Man muß sich darauf einstellen, daß der Beschaffung von Primärenergieträgern zum Teil absolute Grenzen gesetzt sind.[5] Die Energieproblematik zählt zu den sogenannten globalen Problemen. Mit wachsender Weltindustrieproduktion und wachsendem Kraftstoffbedarf werden die Weltvorräte an Erdöl aus konventionellen Quellen allmählich erschöpft. In der DDR sind die Steinkohlenvorräte bekanntlich bereits zur Neige gegangen, beim Erdöl wird dies erstmals in der Menschheitsgeschichte nicht nur eine nationale, sondern eine globale Erscheinung sein. Nach Berechnungen der Energiegruppe des IIASA wird sich der Weltbedarf an flüssigen Brennstoffen von 3,8 TW im Jahre 1975 auf 7 bis 11 TW im Jahre 2030 erhöhen (Energy, 1981).[6] Dem entspricht ein summarischer Verbrauch bis zum Jahre 2030 von etwa 300 bis 400 TWyr, d. h. 70 bis 90 % der gegenwärtigen Weltvorräte an Erdöl aus konventionellen Quellen.[7]

Weltweit wird um die weitere Erschließung von Energiequellen und deren rationelle Nutzung gerungen. Dazu gehört die Anwendung der Kernenergie, die Kohleveredlung, der Einsatz energiesparender Technologien sowie die Nutzung von Sonnen-, Gezeiten- und Windenergie. In der DDR wurden frühzeitig entsprechende Maßnahmen eingeleitet bzw. realisiert, z. B. Entwicklung der energetischen Basis auf der Grundlage einheimischer Braunkohle, Kohleveredlung, Resubstitution von Heizöl durch Braunkohle, Senkung des spezifischen Energieverbrauchs, langfristige Entwicklung der Kernenergie.

Die Rohstoffverknappung betrifft nicht nur – wie das in den letzten Jahren besonders spürbar war – das Erdöl, sondern auch zahlreiche andere mineralische Rohstoffe. Einige Zahlen mögen die Größenordnungen verdeutlichen, um die es dabei geht (vgl. Chosin, 1982). Zum Beispiel erhöhte sich bei Metallen, wie Eisen, Mangan und Nickel, in den vergangenen hundert Jahren der Produktionsverbrauch weltweit auf etwa das 50- bis 60fache, bei Aluminium, Vanadium und Nikkel sogar auf das 100- bis 200fache. 1970 betrug die Weltfördermenge an Mineralstoffen pro Kopf der Weltbevölkerung etwa 27 t. Bis zum Jahre 2000 ist mit einer Erhöhung der Fördermengen auf etwa das 6fache des Standes von 1970 zu rechnen. Diese verstärkte Nachfrage nach Rohstoffen führt dazu, daß in immer stärkerem Maße Lagerstätten mit ökonomisch ungünstigen Abbau- und Aufbereitungsbedingungen erschlossen werden und daß abproduktfreie bzw. -arme Technologien, geschlossene Stoffkreisläufe, die Rückgewinnung von Rohstoffen und die Materialökonomie generell gewichtiger werden.

Eine zunehmende regionale Verknappung ist auch bei der Bereitstellung von Nahrungsgütern zu verzeichnen. Das Ernährungsproblem betrifft vor allem die Entwicklungsländer, wo infolge des schnellen Bevölkerungszuwachses die Nachfrage nach Nahrungsgütern extrem schnell gestiegen ist und in verschiedenen Ländern ein Großteil der Bevölkerung Hunger leidet. Das betraf 1983 bereits 500 Millionen Menschen. Bei Fortsetzung des Trends wären es im Jahre 2000 mindestens 750 Millionen (vgl. Castro 1983, S. 95/96). Zum globalen Ernährungsproblem gibt es sehr differenzierte Einschätzungen. Die Weltproduktion an Nahrungsmitteln ist im Prinzip ausreichend, um alle Menschen zu versorgen. Die Pro-Kopf-Produktion an Nahrungsmitteln zeigt eine wachsende Tendenz. Sie betrug 1980 in den entwickelten Ländern 111 % und in den unterentwickelten Ländern 103 % des Standes von 1970. Trotzdem sind viele Entwicklungsländer auf Nahrungsmittelimporte angewiesen. „In über 70 Ländern der unterentwickelten Welt waren die letzten 20 Jahre von einem absoluten Rückgang in der Nahrungsmittelproduktion je Einwohner gekennzeichnet... Die Getreideproduktion pro Kopf der Bevölkerung verringerte sich in mindestens 66 unterentwickelten Ländern, darunter 31 afrikanischen Ländern." Gleichzeitig wird „... die Bevölkerung der dritten Welt von 1980 bis zum Jahr 2000 noch um weitere 1,6 Milliarden Menschen zunehmen... Die Weltbevölkerung, die sich 1900 auf 1,6 Milliarden Menschen belief, hat sich in den ersten 80 Jahren unseres Jahrhunderts fast verdreifacht. 20 Jahre wird es noch dauern, bis weitere 2 Milliarden Menschen hinzukommen." (ebd., S. 97, 121, 176)

Die Weltmarktpreise landwirtschaftlicher Produkte sind schnell gestiegen. Für die DDR hat sich das besonders bei Futtermittelimporten bemerkbar gemacht.

Ein weiteres globales Problem betrifft die Umwelt. Die Reproduktion des ökonomischen Systems ist eng mit der Reproduktion des ökologischen Systems verbunden. MARX war sich dessen bewußt, wenn er die Arbeit als allgemeine Bedingung des Stoffwechsels zwischen Natur und Mensch verstand. Freilich ist die ökologische Situation heute anders als im 19. Jahrhundert. Mit wachsender Industrieproduktion hat die Belastung des Bodens, des Wassers und der Atmosphäre enorm zugenommen. Die Landwirtschaft unternimmt große Anstrengungen, um die Reproduktion des Bodens zu sichern. Insgesamt fordert die Erhaltung unserer natürlichen Reproduktionsbedingungen mehr Mittel als bisher und neue umweltfreundliche und umweltentlastende Technologien.

In den Schwerpunkten unserer ökonomischen Strategie ist der Weg für das weitere Wachstum von Produktivität und Effektivität sowie für den sozialen Fortschritt aller Bürger aufgezeigt. Damit wird zugleich eine wissenschaftlich begründete Antwort auf die Herausforderungen durch die veränderten Reproduktionsbedingungen gegeben. Mit ihrer Realisierung wollen wir das notwendige Wirtschaftswachstum sichern, das für die Befriedigung der steigenden Bedürfnisse gebraucht wird. In den anderen sozialistischen Ländern sind gleiche oder ähnliche Schwerpunkte für die Wirtschaftspolitik gesetzt. Sie zielen auf Fortschritte bei der Intensivierung der nationalen Wirtschaft bei gleichzeitiger Lösung der oben genannten Probleme ab. Zugleich vollzieht sich mit der Realisierung dieser Strategie ein wesentlicher Strukturwandel in der Wirtschaft, hervorgerufen durch die Dynamik der Entwicklung der Produktivkräfte, durch die Beschleunigung des wissenschaftlich-technischen Fortschritts, durch die Umsetzung neuer Schlüsseltechnologien in allen Bereichen der Volkswirtschaft und der Gesellschaft.

1.3. Wissenschaftlich-technischer Fortschritt und neue Schlüsseltechnologien als Grundlage der Intensivierung

Die wissenschaftlich-technische Revolution ist in eine neue Etappe eingetreten. Ein wesentliches Merkmal ist die umfassende Durchdringung des gesamten volkswirtschaftlichen Reproduktionsprozesses mit den Schlüsseltechnologien. Zu ihnen gehören heute die Mikroelektronik, die moderne Rechentechnik, die rechnergestützte Konstruktion, Projektierung und Steuerung der Produktion, flexibel automatisierte Fertigungssysteme, neue Bearbeitungsverfahren und Werkstoffe, die Biotechnologie, die Kernenergie, die Lasertechnik. Mit der breiten Anwendung der Schlüsseltechnologien ergeben sich neue Wege für die rasche Erneuerung der Produktion, für die Erhöhung ihrer Qualität und für die Senkung des Aufwandes in einem Maße, wie das bisher nicht möglich war.

International zeichnet sich ab, daß die erfolgreiche Bewältigung des wissenschaftlich-technischen Fortschritts mit all seinen ökonomischen,sozialen und militärischen Wirkungen in den Mittelpunkt der Auseinandersetzung zwischen Sozialismus und Imperialismus gerückt ist.

Es ist nicht zu übersehen, daß sich das Tempo des wissenschaftlich-technischen Fortschritts weiter erhöhen wird. Von Bedeutung ist deshalb die Meisterung vor allem jener Schlüsseltechnologien, die bis zur Jahrtausendwende bestimmend sein werden und unserer leistungsfähigen Wirtschaft angemessen sind. Mit der sich weltweit vollziehenden wissenschaftlich-technischen Revolution ist das Spektrum der aussichtsreichen Möglichkeiten zur Realisierung ihrer Errungenschaften breiter geworden. Damit verschärft sich zugleich das Problem der Auswahl von Ziel und Weg in der naturwissenschaftlich-technischen Arbeit.

Analysiert man die internationale Tendenz der Entwicklung von Wissenschaft und Technik, so ist sie durch vier Momente gekennzeichnet:

Erstens hat sich das Tempo erhöht, in dem neue Erkenntnisse, Verfahren und Technologien entwickelt und praktisch angewandt werden. Damit verbunden ist eine Verkürzung der Neuerungszyklen. In vielen Bereichen schlagen heute die Technologien alle 3 bis 4 Jahre um. Damit verbunden ist eine beschleunigte Erneuerung der Produktion, die Verkürzung der Marktperioden bzw. des Generationswechsels der Erzeugnisse, ein höherer moralischer Verschleiß, der zur ständigen Modernisierung zwingt.

Zweitens hat sich die Ausbreitungsgeschwindigkeit neuer wissenschaftlich-technischer Erkenntnisse, insbesondere bei neuen Verfahren und Technologien, wesentlich vergrößert. Der integrierte Schaltkreis zum Beispiel wurde in 5 Jahren und der Mikroprozessor in ca. 1 Jahr entwickelt und industriell genutzt. Ähnlich schnell setzen sich Industrieroboter durch. Wir erleben gegenwärtig diesen Prozeß international mit der Einführung der CAD/CAM-Technik und modernen

Kommunikationssystemen. Die vollen Auswirkungen in allen Sphären des gesellschaftlichen Lebens sind heute noch gar nicht abzusehen.

Drittens rückt die Beschleunigung des technologischen Fortschritts in das Zentrum des Wirtschaftswachstums. Sehr schnell vollzieht sich der Übergang zu neuen Schlüsseltechnologien, die das Produktionsniveau und das Verhältnis von Aufwand und Ergebnis grundlegend verändern. Das betrifft die Nutzung von Computern, der CAD/CAM-, der Laser- und Glasfasertechnik sowie von biotechnologischen Verfahren.

Die neuen Informations- und Kommunikationstechniken forcieren den technologischen Fortschritt auf anderen Gebieten. Die zunehmende Bedürfnisvielfalt, ihre effektive Befriedigung durch die materielle Produktion, ein größeres Teilesortiment, die gesamte Richtung der flexiblen Automatisierung sind nur mit modernsten Informations- und Kommunikationstechniken zu bewältigen.

Viertens sind das Angebot neuer Erzeugnisse mit neuen Gebrauchseigenschaften, verbunden mit einer hohen Effektivität und Qualität, der verstärkte Technologietransfer und der Export immaterieller Leistungen wesentliche Bestandteile des Konkurrenzkampfes auf dem Weltmarkt geworden. Wer als erster ein neues Erzeugnis, eine neue Technologie auf den Markt bringt, erzielt nicht nur einen großen Extragewinn, sondern kann sich auch wichtige internationale Positionen erobern. Jedes spätere Erscheinen auf dem internationalen Markt verschlechtert sofort das Verhältnis von Aufwand und Ergebnis.

Die rasche Entwicklung und breite Nutzung der Schlüsseltechnologien entspricht dem Gesetz der Ökonomie der Zeit. Die Anwendung der Schlüsseltechnologien ist von herausragender Bedeutung, um den umfassenden Charakter der intensiv erweiterten Reproduktion auch künftig zu wahren.

Schlüsseltechnologien beeinflussen die Wirtschaft und die Gesellschaft als ganze nachhaltig. Sie fördern bzw. erzwingen den volkswirtschaftlichen Strukturwandel und führen zu einer erheblichen Steigerung der Arbeitsproduktivität. Der Querschnittscharakter und die starke Ausstrahlung auf die gesamte Wirtschaft sind wesentliche Merkmale der Schlüsseltechnologien. Hervorzuheben ist ihre Impulswirkung für die Weiterentwicklung von Wissenschaft und Produktion. Von Bedeutung sind die Integrationswirkung, die zu einer engeren Verflechtung von Wissenschaftsdisziplinen, Produktionszweigen und Anwendererfordernissen führt, und die Qualitätswirkung, sowohl in bezug auf Technologien selbst als auch auf die damit hergestellten Erzeugnisse. Das alles mündet in der Produktivitätswirkung, in dem Einfluß dieser Schlüsseltechnologien auf die Dynamik der Produktivkraftentwicklung.

Betrachtet man diese Wirkungen der Schlüsseltechnologien zusammen mit der Veredlung in der Metallurgie, in der chemischen Industrie und in der Landwirtschaft sowie mit der Energierationalisierung, so sind das Vorgänge und Tatsachen, die von qualitativen Veränderungen in der Wirtschaft unseres Landes zeugen. Ihre erfolgreiche Bewältigung entscheidet über das Wachstum der Arbeitsproduktivität. Davon hängt ab, wie die wachsenden Bedürfnisse der Menschen immer besser befriedigt werden können, die Akkumulationserfordernisse gewahrt werden und wie sich die DDR in der Welt behaupten kann. Zugleich verändert sich die Stellung des Werktätigen im Arbeitsprozeß; er kann neue, schöpferische Aufgaben übernehmen.

Entwicklungsstand und weiterer Fortschritt der Schlüsseltechnologien und vieler weiterer Technologien wären nicht denkbar ohne die stürmische Entwicklung der Mikroelektronik mit ihrem Potential für grundlegende Erneuerungen, für neue Produkte, neue Systeme und Verfahren. Keine der Schlüsseltechnologien, vor allem die Kommunikations- und Informationstechnologie, wäre technisch denkbar und wirtschaftlich realisierbar ohne die Ergebnisse der Mikroelektronik. Von ihr gehen somit große Impulse auf die Produktivität und Effektivität in der gesamten Volkswirtschaft und in anderen gesellschaftlichen Bereichen aus.

Von besonderer Bedeutung für die Informations- und Kommunikationstechnik ist die Verbindung von Mikroelektronik und Optik, vor allem im Hinblick auf höhere Leistungsfähigkeit und Wirtschaftlichkeit bei der Übertragung und Speicherung von Informationen. Kennzeichnend dafür ist heute das komplexe Zusammenwirken von Computer-, Laser- und Glasfasertechnik.
Wichtig ist zugleich die Verbindung von Mikroelektronik und Mechanik, bei anhaltendem Trend zur weiteren Miniaturisierung. Mit Hilfe der Mikroelektronik können Gebilde der Mechanik, wie z.B. Mikroventile, Membranen, Sensoren u.a., in mikroskopisch kleinen Abmessungen hergestellt werden, wie sie im konventionellen feinmechanischen Bereich undenkbar sind. Auf diese Weise vollzieht sich eine komplexe Integration von elektronischen und mechanischen Komponenten auf einem Chip.

Die Bereitstellung einer leistungsfähigen Bauelementebasis und die Anwendung in international konkurrenzfähigen Erzeugnissen, Geräten und Anlagen sind eine wichtige Aufgabe. Insbesondere geht es um qualitativ hohe Rechen-, Informations-, Büro-, Nachrichten-, Steuerungs- und Automatisierungstechnik, um Sensor- und Meßtechnik sowie um leistungsfähige wissenschaftliche Geräte.

Großen Einfluß hat die Mikroelektronik auf die Biotechnologie, weil sie zur Beherrschung der Verfahren unter anderem hochpräzise Geräte sowie leistungsfähige schnelle Rechner zur Verfügung stellt. Die stürmische Entwicklung von Mikroelektronik, Informationstechnik und Biotechnologie läßt auf den Beginn einer neuer Phase der wissenschaftlich-technischen Revolution schließen.

Kaum ein anderes Gebiet der wissenschaftlich-technischen Entwicklung hat in der letzten Zeit derart weitreichende Veränderungen erfahren wie die Kommunikationstechnik und ihre Anwendung. Systeme und Geräte des Fernmeldewesens, einschließlich der Massenkommunikation, haben mit der Herausbildung völlig neuer Übertragungs-, Speicher- und Wiedergabeverfahren bisher kaum denkbare Dimensionen erreicht. Der wissenschaftlich-technische Fortschritt in der Mikroelektronik und die darauf basierende Schaffung von Computersystemen sowie der Kommunikationstechnologie haben die bisherigen Grenzen zwischen elektronischen Massenmedien, Satellitennutzung und Datenfernübertragung aufgehoben. Nachrichten und Informationen sind heute zu einem besonderen „Rohstoff" von strategischer Bedeutung geworden.

Ein wichtiger Schwerpunkt zur Erhöhung der Effektivität ist die wirksamere Gestaltung der Arbeit im produktionsvorbereitenden Bereich. Bekanntlich war hier seit der Jahrhundertwende bis Ende der 60er Jahre die Produktivitätssteigerung relativ gering. Gravierende Änderungen in der Methodik und bei der Anwendung geeigneter technischer Systeme für die Masse der Tätigkeiten gab es nicht. Demgegenüber gelangen im Fertigungsbereich durch die breite Nutzung leistungsfähiger Technologien und neuartiger prozeßspezifischer Technik Produktivitätserhöhungen bis zu 1000%. Wenn man bedenkt, daß produktionsvorbereitende Tätigkeiten entscheidenden Einfluß auf Niveau und Kosten der Fertigung haben, daß mit der Konstruktion beispielsweise bis zu 70% die Herstellungskosten eines Erzeugnisses und bis zu 95% des Montagevorganges bestimmt werden, so unterstreicht das deutlich, wie dringlich gerade hier die Anwendung aufwandsenkender wissenschaftlich-technischer und organisatorischer Lösungen ist. Den Weg dafür zeigen die moderne Rechentechnik und Informatik. Durch die zunehmende Anwendung rechnergestützter und rechnerintegrierter Verfahren in der Produktionsvorbereitung und ihre Kopplung mit der Produktionssteuerung und -durchführung entstanden hocheffektive Lösungen in Form von CAD/CAM-Systemen. Mit ihnen gelingt es,

- die Produktivität der lebendigen Arbeit beträchtlich zu vergrößern;
- den Produktionszyklus zu verkürzen;
- Material- und Energiekosten zu senken;
- die Produktion von Neuwert je Arbeitsstunde und je Einheit Rohstoff und Energie zu erhöhen;
- die Reaktionsfähigkeit auf Kundenwünsche wesentlich zu steigern.

Darüber hinaus ermöglicht die Nutzung von CAD/CAM-Systemen, prinzipiell neue Aufgaben in Angriff zu nehmen, z.B. bei der Entwicklung und Herstellung mikroelektronischer Bauelemente. Ohne rechnergestützte Arbeiten wären Layout, Miniaturisierung und Speicherdichte moderner elektronischer Bauelemente in vertretbaren Zeiten nicht zu realisieren. Mit CAD/CAM entsteht eine geschlossene durchgängige Verbindung von der Entwicklung über die Konstruktion, die Technologie bis zur Steuerung des Fertigungsprozesses, zur Qualitätssicherung, zum Kundendienst und zurück zur Dokumentation.

Die Vorbereitung und der ökonomisch erfolgreiche Einsatz von CAD/CAM-Lösungen sind jedoch nicht allein eine Frage des Entwicklungsstandes der Produktionstechnik, der Leistungsfähigkeit verfügbarer Rechner sowie der entsprechenden Software. Von gravierender Bedeutung sind die auf die Leistungsfähigkeit der modernen Rechentechnik neu auszurichtende Betriebswirtschaft und Organisation. Bereits jetzt ergeben sich prinzipielle Konsequenzen für die Neuordnung der gesamten Betriebsorganisation, für Arbeitsabläufe im produktionsvorbereitenden und -steuernden Bereich, für die Ordnung im Belegwesen, für den Zugriff und die Sicherheit der Daten, für die Bilanzierung von Kapazität und Material sowie für viele andere Fragen. Mit frühzeitigen Leitungsentscheidungen über Veränderungen in den Organisationsabläufen und in der gesamten Betriebswirtschaft kann man vermeiden, daß die Nutzung der Vorzüge der Rechentechnik an den Grenzen herkömmlicher betriebswirtschaftlicher und organisatorischer Methoden zum Stehen kommt.

Die durch die Beschleunigung des wissenschaftlich-technischen Fortschritts ausgelöste Dynamik der Produktions- und Produkterneuerung, aber auch die wachsenden Bedürfnisse nach mehr Originalität und Gestaltungsvielfalt der Erzeugnisse führen immer mehr zu einer kundenwunschorientierten Herstellung von Produkten aller Art. Mit starren, einzweckautomatisierten Anlagen und Verfahren ist diese anwachsende Erzeugnisvielfalt ökonomisch und zu den geforderten Terminen nicht herstellbar. Hingegen sind bei der flexiblen Automatisierung der Produktion die Arbeitsmittel den sich verändernden Aufgaben und Bedingungen angepaßt. Sie können innerhalb eines Basiserzeugnisses auf wechselnde Varianten, Gebrauchseigenschaften, Bearbeitungsfolgen und Organisationsformen eingestellt werden. Im Vergleich zum Einzweckverfahren (z.B. automatische Transferstraße) sind die technischen und technologischen „Fähigkeiten" der Arbeitsmittel erweitert. Moderne Rechentechnik, CAD/CAM, Roboter, rechnergesteuerte Maschinen und Anlagen bilden eine Einheit.

In flexiblen automatisierten Systemen wirken mehrere Schlüsseltechnologien komplex zusammen. Diese Form der Fertigung, mit deren weiterem Voranschreiten immer weniger Prozesse der Vermittlung durch menschliche Arbeit bedürfen (bedienarme → bedienfreie → unbemannte Fertigung), erstreckt sich zunächst auf die Herstellung von einzelnen Teilen und Bauelementen in kleinen Serien, erfaßt zunehmend aber auch die automatisierte Montage dieser Teile und Elemente zu Baugruppen und Fertigteilen sowie die Produktion kleintonnagiger Chargen. Außerdem werden die Transport-, Umschlags- und Lagerprozesse einbezogen, indem automatisch gesteuerte Lager- und Transportsysteme mit dem Takt der Produktion gekoppelt sind. Mit der Herausbildung flexibler automatisierter Fertigungsstätten, mit ihrer Verbindung zu geschlossenen Produktionssystemen, mit der Verbindung zu rechnergestützten und rechnerintegrierten vor- und nachgelagerten Prozeßstufen entstehen sukzessive Voraussetzungen für einen immer mehr automatisierten Betrieb.

Die durchgängige Einführung der modernen Informationsverarbeitungstechnik ist ein tiefgreifender Prozeß, mit dem der gesamte Reproduktionsprozeß im Betrieb und Kombinat eine neue Qualität annimmt, ein Prozeß, der zugleich qualitative Wandlungen im volkswirtschaftlichen Reproduktionsprozeß bewirkt. Damit werden auch neue Anforderungen an die reproduktionstheoretische Erfassung volkswirtschaftlicher Zusammenhänge gestellt.

Entscheidende Impulse auf die Erhöhung der Produktivität und Effektivität gehen von der Anwendung neuer Bearbeitungsverfahren und Werkstoffe aus. Mit der Entwicklung und Anwendung neuer und weiterentwickelter Bearbeitungsverfahren für das Formen, Trennen, Fügen, Beschichten und für die Stoffumwandlungsprozesse soll eine überdurchschnittliche Steigerung der Arbeitsproduktivität erreicht werden. Es geht um die Erhöhung der Prozeßgeschwindigkeit, um die Senkung der Anzahl von Prozeßstufen, um die Einsparung von Material und Energie genauso wie um die Schaffung abproduktarmer und umweltfreundlicher Prozesse mit integrierten Qualitätssicherungssystemen. Neue und weiterentwickelte Bearbeitungsverfahren und Technologien werden auch für die Herstellung und Verarbeitung neuer Werkstoffe benötigt. Neue Werkstoffe entstehen durch die Höherveredlung der zur Verfügung stehenden Rohstoffe und Zwischenprodukte, aber auch durch die Herausbildung spezifischer Eigenschaften, die immer genauer auf den vorgesehenen Einsatzort und auf die Erfüllung dortiger Anforderungen ausgelegt werden. Man spricht vom Werkstoff nach Maß. Neue Bearbeitungsverfahren und Werkstoffe sind also in der Regel in Einheit zu betrachten, wie das auch bei Technologien und Erzeugnissen im Rahmen der Erzeugniserneuerung typisch ist. An Bedeutung gewinnen heute solche Verfahren wie

- die Pulvermetallurgie;
- die Laser-, Plasma-, Ionen- und Elektronenstrahltechnik;
- das Explosivumformen, Kaltfließpressen und spezielle Walzverfahren;
- die Kombination von Formgebungs- und Wärmebehandlungsverfahren in einem Prozeß.

Neuen Werkstoffen begegnen wir heute vor allem bei Konstruktionswerkstoffen, amorphen Metallen, Sinter- und Verbundwerkstoffen, Plaste und Keramikwerkstoffen. So bieten metallische Hochtemperatur- und Sonderwerkstoffe auf Grund ihrer ausgeprägten Festigkeits-, Zähigkeits- und thermischen Eigenschaften vorteilhafte Einsatzmöglichkeiten für Motor- und Turbinenteile, für Schutzrohre, Heizelemente, Ventile und Wärmeaustauscher. Amorphe Metalle reduzieren in hohem Maße Verlustenergie, z. B. in Transformatoren.

Die aus verschiedenartigen pulverförmigen Metallegierungen gesinterten und gepreßten pulvermetallurgischen Werkstoffe gestatten neben kompliziert geformten Fertigteilen zugleich eine sehr unterschiedliche Porösität. Solche definiert porösen Werkstoffe sind beispielsweise besonders vorteilhaft in Gleitlagern einzusetzen, weil man einfach und dauerhaft Schmierungskomponenten mit „einlagern“ kann.

Mit ihren bekannten Eigenschaften, wie Rostbeständigkeit, geringes spezifisches Gewicht, Chemikalienbeständigkeit und relativ einfache Bearbeitung, entwickeln sich Polymere zu dem Werkstoff für Fasern, Folien, Lacke, für Kautschuke, Kondensatoren und Isolatoren. Durch Spezifizierung gewinnen sie auch immer mehr Raum für den Einsatz bei Lichtleitern, bei Verbundwerkstoffen, in der Holografie und Chip-Herstellung, bei elektronischen Schalt- und Speicherelementen, im Karosseriebau und bei kraftübertragenden Bauteilen, wie Pleuel, Federn und Wellen.

Eine bedeutende Entwicklung nimmt der Werkstoff Keramik. In speziell zusammengesetzten Variationen gelingt es, neben klassischen Eigenschaften, wie

Rost-, Temperaturwechsel- und Verschleißbeständigkeit, neue Eigenschaften herauszubilden und auf diese Weise auch erfolgreich neue Einsatzgebiete zu erschließen. Solche neuen Eigenschaften sind beispielsweise erhöhte Bruchsicherheit, Lichtleitfähigkeit, elektrische Leitfähigkeit, Körperverträglichkeit. Damit verbunden ist der verstärkte Einsatz dieser Stoffe in der Fertigung von Motoren, Armaturen und Maschinenelementen, Sensoren, mikroelektronischen Bauelementen, aber auch von Zahn- und Knochenersatz.

In verschiedenen Zweigen der Volkswirtschaft und im Gesundheitswesen gelingt bereits heute eine effektive Anwendung der Lasertechnik. Mit der physikalischen Möglichkeit, bestimmte Materialien (Gase, Festkörper, Flüssigkeiten) zum Aussenden von parallel gerichtetem, gebündeltem Licht mit definierter Wellenlänge anzuregen und dieses Licht mit vorausbestimmbarer Energiedichte auf einen Punkt oder eine feststehende Fläche einwirken zu lassen, erlangt die Lasertechnik eine große Anwendungsvielfalt. Sie reicht heute von der Bestimmung der chemischen Zusammensetzung von Substanzen über Möglichkeiten zur Energieübertragung bis zum Schneiden beliebiger Werkstoffe. Weltweit verfügt man zur Zeit über mehr als 450 verschiedene Laser für über 12000 unterschiedlichste Einsatzfälle.

Die schnelle Entwicklung der Mikro- und Molekularbiologie, der Biochemie und der Verfahrenstechnik sowie die durch die Mikroelektronik entstandenen geräte- und meßtechnischen Voraussetzungen haben die Möglichkeiten zur technischen Nutzung biologischer Prozesse stark erweitert. Dadurch wird die Biotechnologie zunehmend zu einer der wichtigsten Schlüsseltechnologien. Sie durchdringt bereits heute viele Zweige der Volkswirtschaft. Weder die pharmazeutische, die chemische oder Nahrungsgüterindustrie, die Futtermittel- und Getränkeherstellung noch die Papier-, Textil- und fotochemische Industrie können heute noch auf mikrobielle Verfahren oder Produkte verzichten. Ebenso finden mikrobiologische Verfahren Anwendung im Umweltschutz, in der Wasserwirtschaft, in der Material- und Energiewirtschaft. Mit der Verdoppelung des Wissens zur Biotechnologie – im Weltmaßstab alle zwei Jahre – wird die große Dynamik gekennzeichnet, der die Entwicklung dieser Schlüsseltechnologie unterworfen ist.

Die Biotechnologie nutzt die Syntheseleistung lebender Zellen (Mikroorganismen, pflanzliche und tierische Zellkulturen) und daraus hergestellte Enzyme (Biokatalysatoren) zur Gewinnung oder Umwandlung von Stoffen im Rahmen industrieller Produktionsverfahren mit dem Ziel, neue und qualitativ bessere Erzeugnisse herzustellen und technologische Verfahren effektiver zu machen. Die Gentechnik gestattet es, Zellen oder Mikroorganismen durch gezielte Programmierung zur Biosynthese von Stoffen zu veranlassen, die von ihnen sonst nicht hergestellt werden.

Die Vorzüge biotechnologischer Verfahren liegen vor allem

– in der Durchführung komplizierter Produktionen in häufig nur einem Verfahrensschritt;

– in der Möglichkeit, großtechnisch Stoffe herzustellen, die bisher einer industriellen Erzeugung nicht zugänglich waren;

– in geringen energetischen Aufwendungen zur Prozeßführung (im Gegensatz zu chemischen Verfahren verlaufen biotechnologische Prozesse zumeist bei Normaldruck und -temperatur);

– in der praktisch unbegrenzten Ausbeutesteigerung durch die Leistung von Mikroorganismen;

– in dem abproduktarmen bzw. abproduktfreien Produktionsprozeß.

Auf Anwendungsgebieten der Biotechnologie, wie z. B.

- Ertragssteigerung in der Tier- und Pflanzenproduktion,
- Herstellung von Nahrungsmitteln und Futtereiweißen,
- Produktion von Arzneimitteln, Pflanzenschutz- und Farbstoffen, Kosmetika und Haushaltchemie,
- Verarbeitung von Sekundärrohstoffen und Abprodukten zu neuen Rohstoffen oder ihre Verwertung für die Energiegewinnung,
- Abbau von Rohstoffen aus „armen" Lagerstätten, Halden und industriellen Abfällen,

kann man wichtige Quellen der Intensivierung erschließen.

Die Anwendung der Biotechnologie ist mit nachhaltigen sozialen Wirkungen verbunden. Durch die Entdeckung und massenweise Produktion von Antibiotika und Impfstoffen wurde es möglich, Infektionskrankheiten weitestgehend zu beherrschen. Pharmazeutische Produkte wie Insulin und Hormone werden gentechnisch produziert. Neue Arzneimittel werden in der Behandlung jetzt noch gefährlicher Krankheiten zu weiteren Fortschritten führen und zur Verbesserung der Reproduktion der Arbeitskraft beitragen. Stabile Grundlagen für die menschliche Ernährung können durch den Einsatz von Antibiotika in der Tierproduktion, von neuen Futtermitteln, durch Neuzüchtung in der Tier- und Pflanzenproduktion sowie durch neue Düngeprinzipien und Pflanzenschutzmittel geschaffen werden.

Die Schlüsseltechnologien sind eine wichtige Grundlage für eine hocheffektive Erneuerung der Produktion. Die ökonomische Ergiebigkeit einer wissenschaftlich-technischen Lösung wird heute zunehmend davon bestimmt, wie es gelingt,

– in kürzester Zeit aus der engen Verbindung von Wissenschaft und Produktion Spitzenleistungen mit hohem ökonomischem Gewicht hervorzubringen,

– hochveredelte Finalerzeugnisse schnell und in bedarfsgerechten Stückzahlen auf den Markt zu bringen und günstig zu verkaufen.

In einem hohen Erneuerungsgrad der Produktion äußert sich also, in welchem Maße es den Betrieben und Kombinaten gelingt, wissenschaftliche Ergebnisse ökonomisch zu verwerten. Eine solche Erneuerung kann, bei aller fundamentaler Bedeutung, nicht allein der Forschung und Entwicklung zugeschrieben werden. Sie stellt neue Anforderungen an alle Bereiche des Reproduktionsprozesses, insbesondere auch an Zulieferer- und Kooperationspartner sowie an das gesamte System der Leitung und Planung.

Eine Kardinalfrage unseres wirtschaftlichen Wachstums, die alle Bereiche und Zweige, die lebendige und die vergegenständlichte Arbeit, zutiefst berührt, ist die höhere Veredlung in Einheit von Gebrauchswerterhöhung und Werterhöhung.

Der Kern der Höherveredlung besteht in der Nutzung qualifizierter Arbeit, das heißt in der Fähigkeit der konkreten Arbeit, Material und Energie ökonomisch hochwirksam in Erzeugnisse mit höherem Gebrauchswert umzuwandeln und in diesem Prozeß den Zuwachs an neugeschaffenem Wert zu vergrößern. Qualifizierte oder komplizierte Arbeit wirkt wie multiplizierte einfache Arbeit; sie vermag in der gleichen Zeit mehr zu schaffen, mehr an Gebrauchswerten und mehr an Wert. Das unterstreicht die Rolle hochproduktiv wirkender Arbeit in Neuerungsprozessen für den Wertzuwachs. Denn: „Die Arbeit von ausnahmsweiser Produktivkraft wirkt als potenzierte Arbeit oder schafft in gleichen Zeiträumen höhere Werte als die gesellschaftliche Durchschnittsarbeit derselben Art.“ (MEW 23, S. 337.)

Es geht bei der Höherveredlung nicht schlechthin um Einsparung von Energie und Material. Je schneller es gelingt, den ganzen ökonomischen Kreislauf nach dem Prinzip der Veredlung zu gestalten, desto höher ist das Leistungswachstum.

Der Prozeß der Höherveredlung wurde in der gesamten Volkswirtschaft eingeleitet. Eine wesentliche Richtung der Veredlung besteht in der stärkeren und wirtschaftlicheren Nutzung der einheimischen Braunkohle als Energieträger und Rohstoff. Die eigene Braunkohle ist und bleibt für einen langen Zeitraum der wichtigste Ausgangsstoff der Energiewirtschaft und der chemischen Industrie der DDR. Besonders kommt es darauf an, die Veredlung der Rohbraunkohle zu Energieträgern mit besseren Gebrauchseigenschaften – wie Briketts, Brennstaub, Koks und Stadtgas – durchzuführen und dabei eine weitere Senkung des energetischen Aufwandes zu erreichen.

Die komplexe planmäßige Beherrschung des Reproduktionsprozesses auf dem Wege der höheren Veredlung der Produktion erfordert eine qualifizierte langfristig konzeptionelle Arbeit in den Kombinaten mit ihren Betrieben. Dabei erweist sich die Veredlungskonzeption als entscheidendes Führungsinstrument der Generaldirektoren der Kombinate für die Vorbereitung und zielgerichtete Durchführung des Fünfjahrplanes sowie der Jahresvolkswirtschaftspläne. Die Veredlungskonzeption enthält Ziele, Aufgaben und Realisierungsbedingungen zur Gestaltung des einheitlichen Reproduktionsprozesses im Kombinat für den künftigen Zeitraum. Inhalt dieser Konzeption sind die entscheidenden Leistungsziele des jeweiligen Kombinates. Ausgewiesen wird, wie der Leistungszuwachs auf dem Wege der umfassenden Intensivierung erreicht werden soll. Wichtig ist, die Veredlungskonzeption mit entsprechenden Konzeptionen der zweiglichen und volkswirtschaftlichen Entwicklung zu verbinden.

Der Übergang zur vorwiegend intensiv erweiterten Reproduktion der Volkswirtschaft, ihr Strukturwandel und die Einführung von Basisinnovationen und

Schlüsseltechnologien sind Prozesse, die sich über einen Zeitraum von 10 und mehr Jahren erstrecken. Sie sind einerseits wichtige Bedingung für weiteres Wirtschaftswachstum, d. h. für das Erreichen hoher Ergebnisse. Andererseits fordert ihre Realisierung hohen Vorleistungsaufwand. Es ist klar, daß hierbei die Frage der Effektivität, des Verhältnisses von Aufwand und Ergebnis, von großer Tragweite ist. Die einzelnen Entwicklungskonzeptionen müssen zunächst in bezug auf die direkten Produktionslinien nach Varianten durchgerechnet werden (zur Vorgehensweise vgl. SCHWARZ, 1979). Darüber hinaus verlangt das Gesetz der planmäßig proportionalen Entwicklung der Volkswirtschaft, daß auch die quantitativen Auswirkungen auf die gesamte Volkswirtschaft berechnet werden. Schließlich kommt es darauf an, daß eine effektive Kombination der verschiedenen Entwicklungsstrategien über einen längeren Zeitraum quantitativ ermittelt wird. Es geht letztendlich um die beste zweigliche und zeitliche Verteilung von Ressourcen, Aufwendungen und Ergebnissen.

Die Reproduktionstheorie bildet die wesentliche Grundlage für das Verständnis der volkswirtschaftlichen Zusammenhänge. Die volkswirtschaftliche Modellierung ist ein wichtiges Mittel, um die Erkenntnisse der Reproduktionstheorie über mathematische Gleichungen und Software für den rechnergestützten Planentwurf verfügbar zu machen.

In diesem Buch unternehmen wir den Versuch, wichtige Aussagen der Reproduktionstheorie in einem Reproduktionsmodell abzubilden und die Ergebnisse von Modellrechnungen mit den von der Wirtschaftsstatistik quantitativ erfaßten Entwicklungen von volkswirtschaftlichen Hauptkennziffern zu konfrontieren. Das eröffnet neue Möglichkeiten, Aussagen der Reproduktionstheorie anhand von Modellexperimenten und von empirischen Befunden der Wirtschaftsstatistik qualitativ und quantitativ zu überprüfen. Mit diesem interdisziplinären Ansatz möchten wir die Einheit von Reproduktionstheorie, volkswirtschaftlicher Modellierung, Wirtschaftsstatistik und volkswirtschaftlicher Gesamtrechnung weiter entwickeln, so daß eine wechselseitige Überprüfung ihrer Aussagen über die ökonomische Realität ermöglicht wird. Daher wird im nächsten Kapitel der aktuelle Erkenntnisstand der Reproduktionstheorie vor allem hinsichtlich jener Grundlagen reflektiert, auf denen die volkswirtschaftliche Modellierung aufbaut. Gleichzeitig erfordert die sich beschleunigende Produktivkraftentwicklung, reproduktionstheoretische Zusammenhänge neu zu bestimmen und zu untersuchen. Hierbei erfahren klare Begriffsbestimmungen, Kreislaufbetrachtungen, Größen und Größenbeziehungen eine besondere Betonung in Kapitel 2.

2. Grundlagen der Reproduktionstheorie

2.1. Reproduktionsprozeß

Die Theorie der sozialistischen Reproduktion erfaßt den ökonomischen Gesamtprozeß der sozialistischen Gesellschaft in seinem Zusammenhang mit der ständigen Erneuerung, Erweiterung und qualitativen Entwicklung der materiellen Lebensgrundlage. Im Sozialismus geht es darum, „... vermittelst der gesellschaftlichen Produktion allen Gesellschaftsgliedern eine Existenz zu sichern, die nicht nur materiell vollkommen ausreichend ist und von Tag zu Tag reicher wird, sondern die ihnen auch die vollständige freie Ausbildung und Bestätigung ihrer körperlichen und geistigen Anlagen garantiert..." (MEW 20, S. 263, 264); ein Sachverhalt, der auch als Grundgesetz oder Hauptaufgabe der sozialistischen Produktion formuliert wird. Die materielle Produktion schafft materiellen Reichtum, Reichtum ist die Grundlage für die Ausgestaltung aller Bereiche der sozialistischen Gesellschaft und für jene Bedürfnisbefriedigung, die der freien und allseitigen Entwicklung der sozialistischen Persönlichkeit dienlich ist. Eine grundlegende Aufgabe der sozialistischen Gesellschaft besteht hierbei darin, „... den Zusammenhang zwischen dem Umfang der gesellschaftlichen Arbeitszeit, verwandt auf die Produktion bestimmter Artikel, und dem Umfang des durch diese Artikel zu befriedigenden gesellschaftlichen Bedürfnisses" herzustellen (MEW 25, S. 197). Durch die gesellschaftlich planmäßige Verteilung der Arbeitszeit wird „... die richtige Proportion der verschiednen Arbeitsfunktionen zu den verschiednen Bedürfnissen..." geregelt (MEW 23, S. 93). Die Reproduktionstheorie hat die Funktion, zur Lösung dieser Aufgaben wissenschaftliche Erkenntnisse über den ökonomischen Gesamtprozeß und über seine Wechselwirkungen mit anderen gesellschaftlichen Prozessen sowie Naturprozessen zu liefern.

2.1.1. Arbeitsprozeß und Produktionsprozeß

Arbeitsprozesse und Naturprozesse vermitteln die Erhaltung, Entwicklung und Reproduktion des menschlichen Lebens, indem sie menschliche Bedürfnisse befriedigen. Diese Prozesse wirken einerseits direkt bedürfnisbefriedigend in Form von Arbeitsleistungen, die unmittelbar konsumiert werden, oder in Form natürlicher Wirkungen, wie z.B. der Sonneneinstrahlung. Andererseits resultieren diese Prozesse in Gegenständen, Dingen oder Stoffen, mit denen Bedürfnisse befriedigt werden. Zugleich gehen, wie z.B. in der Grundstoffindustrie, Naturgüter in Arbeitsprozesse ein, und Naturprozesse sind, z.B. in der Landwirtschaft und der mikrobiologischen Industrie, notwendig für Arbeitsprozesse. Umgekehrt können Arbeitsprozesse erforderlich sein, um Naturprozesse und Naturkräfte für die Bedürfnisbefriedigung zu nutzen oder um einstmals frei verfügbare, aber verbrauchte Naturgüter zu erzeugen (Wasser, Luft u.a.) oder wiederherzustellen (Rekultivierung von Bergbaufolgelandschaften).

Für die Quellen des Reichtums gilt die Bestimmung, welche MARX für den stofflichen Reichtum von PETTY übernimmt: „Die Arbeit ist sein Vater ... und die Erde seine Mutter." Im 1. Abschnitt des „Kapital" heißt es: „Ein Ding kann Gebrauchswert sein, ohne Wert zu sein. Es ist dies der Fall, wenn sein Nutzen für den Menschen nicht durch Arbeit vermittelt ist. So Luft, jungfräulicher Boden, natürliche Wiesen, wildgewachsendes Holz usw." (MEW 23, S.58, 55.) Der Reichtum (vgl. auch Abschnitt 2.2.3.) ist als Gesamtheit von Gebrauchswerten Grundlage der Bedürfnisbefriedigung, und seine beiden Quellen sind die Arbeit und die Natur (Abb. 2.1.).

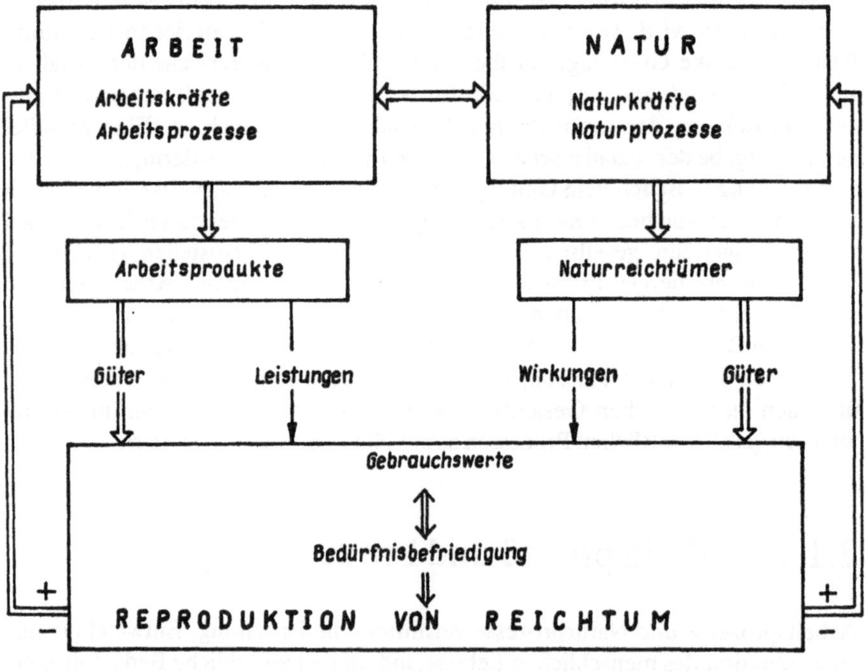

Abb. 2.1. Arbeit und Natur als Quelle des Reichtums

Ökonomisch konstitutiv ist vor allem der Arbeitsprozeß. „Die Arbeit ist zunächst ein Prozeß zwischen Mensch und Natur, ein Prozeß, worin der Mensch seinen Stoffwechsel mit der Natur durch seine eigne Tat vermittelt, regelt und kontrolliert", wobei er zugleich seine eigene Natur verändert (MEW 23, S. 192).

Die einfachen Momente des Arbeitsprozesses sind die Arbeit selbst, ihr Gegenstand und ihr Mittel. Zu letzteren gehören auch allgemeine Arbeitsmittel, d. h. alle gegenständlichen Bedingungen, die zwar nicht direkt in den Arbeitsprozeß eingehen, ohne die er aber nicht oder nur unvollkommen erfolgen kann. Darunter versteht MARX die Erde als locus standi des Arbeiters sowie als Wirkungsraum des Arbeitsprozesses und die durch Arbeit geschaffenen Arbeitsgebäude, Kanäle, Straßen usw., also die natürlich vorhandene und die durch Arbeit geschaffene Infrastruktur, wie man heute auch sagt.

Vom Standpunkt des Produkts erscheinen Arbeitsmittel und Arbeitsgegenstand als Produktionsmittel und die Arbeit selbst als produktive Arbeit. Dabei zählt MARX „z. B. den Fisch, der noch nicht gefangen ist", zu den Produktionsmitteln, eine Bemerkung, die sich logisch konsistent auch auf Naturkräfte und -bedingungen ausdehnen läßt (MEW 23, S. 197).

MARX stellt den Arbeitsprozeß im „Kapital" als zweckmäßige Tätigkeit zur Herstellung von Gebrauchswerten dar, er beschreibt hier das Moment der konkreten Arbeit. Das Moment der abstrakten Arbeit faßt er unter dem Begriff Wertbildungsprozeß, und die Einheit von Arbeitsprozeß und Wertbildungsprozeß heißt Produktionsprozeß: „Wie die Ware selbst Einheit von Gebrauchswert und Wert, muß ihr Produktionsprozeß Einheit von Arbeitsprozeß und Wertbildungsprozeß sein." (MEW 23, S. 201.) Beide repräsentieren verschiedene Seiten des Produktionsprozesses. Die Produzenten gehen in ihm gesellschaftliche Verhältnisse ein, Produktionsverhältnisse. Diese sind historisch bestimmt durch die Form des Eigentums an Produktionsmitteln. „Dies soziale Verhältnis, Produktionsverhältnis, erscheint in fact als ein noch wichtigeres Resultat des Prozesses als seine materiellen Resultate. Und zwar produziert innerhalb dieses Prozesses der Arbeiter sich selbst als Arbeitsvermögen und das ihm gegenüberstehende Kapital, wie andrerseits der Kapitalist sich produziert als Kapital und das ihm gegenüberstehende lebendige Arbeitsvermögen." (MARX, 1953, S. 362.)

Bei MARX ist immer die Rede von der Produktion gesellschaftlicher Individuen auf einer bestimmten gesellschaftlichen Entwicklungsstufe, wobei in der Abstraktion alle Epochen der Produktion gewisse Merkmale gemein haben. Darüber hinaus unterscheidet er den unmittelbaren vom gesellschaftlichen Produktionsprozeß wie folgt: Letztes Resultat des gesellschaftlichen Produktionsprozesses ist „... die Gesellschaft selbst, d. h. der Mensch selbst in seinen gesellschaftlichen Beziehungen. Alles, was feste Form hat, wie Produkt etc., erscheint nur als Moment, verschwindendes Moment in dieser Bewegung. Der unmittelbare Produktionsprozeß selbst erscheint hier nur als Moment." (MARX, 1953, S. 600.)

Allerdings sind diese Unterscheidungen zwischen Arbeits- und Produktionsprozeß bei MARX nicht starr, sondern eher fließend. Zwar wird der Arbeitsprozeß definitorisch vom Wertbildungsprozeß unterschieden, doch liegt der Wertbildung abstrakte Arbeit bzw. Verausgabung gesellschaftlich durchschnittlich notwendiger Arbeitszeit zugrunde, und diese erfolgt nicht getrennt vom wirklichen Arbeitsprozeß. Zwar wird bei der Behandlung des Produktionsprozesses die gesellschaftliche Determiniertheit besonders herausgearbeitet, doch trifft diese auch auf den Arbeitsprozeß zu.

Dennoch ist der Produktionsprozeß eine umfassendere Kategorie als der Arbeitsprozeß. Zunächst kann er neben Arbeitsprozessen im allgemeinen auch Naturprozesse einschließen. Sofern letztere mit den Arbeitsprozessen zeitgleich einhergehen, beeinflussen sie vor allem die Produktivkraft der Arbeit. Andernfalls wird der Unterschied von Arbeits- und Produktionsprozeß auch zeitlich im Unterschied von Arbeits- und Produktionszeit deutlich, wie MARX ausführt. Die Produktionszeit umschließt die Zeitdauer für Arbeitsprozesse und für Naturprozesse, die ohne Mittat der Arbeit produktnotwendige Veränderungen der Produktionsmittel bewirken, ferner die Zeit der Vorratshaltung an Arbeitsgegenständen und unvollendeter Produktion und die Dauer von Unterbrechungen im Produktionsprozeß. Ökonomie der Zeit bedeutet in dieser Hinsicht Verkürzung der Produktionszeit.

Vor allem aber besteht der kategoriale Unterschied darin, daß die Produktion Kernstück der Reproduktion ist und wesentlich die Beziehung zu den anderen Phasen, Sphären oder Momenten der Reproduktion vermittelt.

2.1.2. Phasen der Reproduktion

Die in der Produktion erzeugten Gebrauchswerte (Güter und Leistungen) werden in der Konsumtion genutzt und verbraucht. Wie jede andere Gesellschaft, muß auch die sozialistische ununterbrochen produzieren und konsumieren. „Welches immer die gesellschaftliche Form des Produktionsprozesses, er muß kontinuierlich sein oder periodisch stets von neuem dieselben Stadien durchlaufen. So wenig eine Gesellschaft aufhören kann zu konsumieren, so wenig kann sie aufhören zu produzieren. In einem stetigen Zusammenhang und dem beständigen Fluß seiner Erneuerung betrachtet, ist jeder gesellschaftliche Produktionsprozeß daher zugleich Reproduktionsprozeß." (MEW 23, S. 591.) Dabei wird beständig ein Teil der Produkte als Produktionsmittel für die Neuproduktion eingesetzt. Zugleich mit der Reproduktion der Produktivkräfte und der Reproduktion der materiellen Lebensbedingungen der Gesellschaft erfolgt die Reproduktion der Produktionsverhältnisse.

MARX unterscheidet zwischen einfacher und erweiterter Reproduktion und bei erweiterter Reproduktion zwischen extensiver und intensiver Reproduktion. Werden im Reproduktionsprozeß die verbrauchten sachlichen Reproduktionsbedingungen aus dem gesellschaftlichen Gesamtprodukt ersetzt, so daß der Produktionsprozeß in gleicher Weise wie der vorangegangene weitergeführt werden kann, so liegt einfache Reproduktion vor. Wird dagegen durch ökonomische Verwertung sowie Materialisierung des wissenschaftlich-technischen Fortschritts und durch Akkumulation von Teilen des Mehrprodukts die Summe der verbrauchten Produktionsmittel nicht nur ersetzt, sondern darüber hinaus die materielle Produktionsgrundlage der Gesellschaft erweitert, so erfolgt erweiterte Reproduktion.

Die sozialistische erweiterte Reproduktion hat die ständige Erweiterung und Vervollkommnung der materiellen Produktionsgrundlage der Gesellschaft auf der Basis des Höchststandes von Wissenschaft und Technik zum Inhalt. Das verlangt aber, über den Ersatz verbrauchter Produktionsmittel hinaus einen Teil des gesellschaftlichen Mehrproduktes für die Erweiterung der Reproduktion einzusetzen. Die Akkumulation ist die Verwendung eines Teils des Mehrprodukts zur Vermehrung der Produktivkräfte der Gesellschaft.

Die Akkumulation einer gegebenen Periode ist somit von wesentlicher Bedeutung für den Zuwachs und die Effektivität der Produktion und damit der Bedürfnisbefriedigung in den nächstfolgenden Perioden. Sie ist gleichzeitig die Voraussetzung für die nächstfolgende Akkumulation, also für den kontinuierlichen Fortgang der Erweiterung und Intensivierung des gesamten Reproduktionsprozesses. Hierin zeigt sich, daß die Akkumulation im Zusammenhang mit dem wissenschaftlich-technischen Fortschritt ein entscheidender Faktor für die stetige Entwicklung der sozialistischen intensiv erweiterten Reproduktion ist. Das gilt für ihren Umfang wie für ihre Struktur und nicht zuletzt für die Effektivität des Akkumulationsprozesses selbst.

Ein weiterer Charakterzug der sozialistischen Akkumulation besteht in der engen Verflechtung zwischen materieller und geistiger Produktion und, in Verbindung damit, in der zunehmend aktiven Funktion gesellschaftlich nützlicher Leistungen außerhalb der materiellen Produktion für den gesamten gesellschaftlichen Reproduktionsprozeß.

Produktion und Konsumtion sind die beiden Pole des Reproduktionsprozesses, zwischen denen als vermittelnde Glieder die Distribution (Verteilung) und die Zirkulation stehen. Zwischen diesen *Phasen* finden im Reproduktionsprozeß vielfältige Wechselbeziehungen statt. Sie wirken aufeinander, durchdringen sich und wirken im Reproduktionsprozeß zurück. So stellt sich die Reproduktion als ein System ineinander verschlungener und miteinander verketteter Kreisläufe dar. Aber die Reproduktion wird insgesamt entscheidend durch den Produktionsprozeß bestimmt.

1. Produktion:

Die Produktion bringt den Bedürfnissen entsprechende Gebrauchswerte hervor, sie ist bei Warenproduktion stets Einheit von Arbeits- und Wertbildungsprozeß. Als „... Aneignung der Natur von seiten des Individuums innerhalb und vermittelst einer bestimmten Gesellschaftsform..." (MEW 13, S. 619) ist sie Ausgangspunkt des Reproduktionsprozesses. Im Reproduktionsprozeß ist sie zugleich Endpunkt, insofern das Verbrauchte von neuem produziert, reproduziert werden muß. Die materielle Produktion ist noch in anderer Hinsicht produktiv. Im und durch den Produktionsprozeß gewinnt der Mensch nicht nur Arbeitserfahrungen und -fertigkeiten, sondern auch neue Erkenntnisse in der Naturwissenschaft, Technik und Organisation. Die materielle Produktion ist die bedeutendste Sphäre der menschlichen Praxis und demzufolge entscheidend für die Bildung und Qualifizierung der menschlichen Arbeitskraft.

Als Phase im Reproduktionsprozeß steht die Produktion in vielfältigen Wechselbeziehungen zu den anderen Phasen, dialektisch wird sie als Moment einer Totalität begriffen. „Die Produktion bringt die den Bedürfnissen entsprechenden Gegenstände hervor; die Distribution verteilt sie nach gesellschaftlichen Gesetzen; der Austausch verteilt wieder das schon Verteilte nach dem einzelnen Bedürfnis; endlich in der Konsumtion tritt das Produkt aus dieser gesellschaftlichen Bewegung heraus, es wird direkt Gegenstand und Diener des einzelnen Bedürfnisses und befriedigt es im Genuß" (MEW 13, S. 620). Bei der Distribution wird die Vermittlung von der Gesellschaft in Form allgemeiner Bestimmungen getragen, im Austausch werden Produktion und Konsumtion durch die zufällige Bestimmtheit des Individuums vermittelt.

2. Distribution

„Die Distribution bestimmt das Verhältnis (das Quantum), worin die Produkte an das Individuum fallen; ..." (ebd., S. 621). Zugleich ist die Verteilung durch die allgemeinen gesellschaftlichen Bestimmungen auf die verschiedenen Klassen, Gruppen und Schichten der Gesellschaft bezogen. MARX zeigt, daß die Distribution, ehe sie Distribution der Produkte sein kann, die Distribution der Produktionsbedingungen, Produktionsmittel und Arbeitskraft auf die verschiedenen Klassen, Gruppen und Schichten der Gesellschaft sowie die Distribution der gesamten gesellschaftlichen Arbeit auf die verschiedenen Bereiche, Zweige und Arten der gesellschaftlichen Produktion ist. Die Distribution der Produktionsbedingungen und der gesellschaftlichen Arbeit auf die verschiedenen Klassen und Schichten einerseits und auf die verschiedenen Produktionszweige andererseits ist jedoch keine selbständige, nach und außerhalb der Produktion stattfindende Reproduktionsphase. Sie ist vielmehr der wesentliche sozialökonomische Aspekt der Produktion selbst. In jedem Falle bestimmt die in der Produktion gegebene Distribution der Produktionsbedingungen entsprechend den jeweiligen Eigentumsverhältnissen den Inhalt, das Ausmaß und die Art der Distribution des Produkts. MARX schreibt: „Die Distribution der Produkte ist offenbar nur Resultat dieser Distribution, die innerhalb des Produktionsprozesses selbst einbegriffen ist und die Gliederung der Produktion bestimmt" (MARX, 1953, S. 17). Im „Kapital" heißt es: „Keine Gesellschaft kann fortwährend produzieren, d. h. reproduzieren, ohne fortwährend einen Teil ihrer Produkte in Produktionsmittel oder Elemente der Neuproduktion rückzuverwandeln." (MEW 23, S. 591.) Damit wird die gegebene soziale Distribution der Produktionsbedingungen durch die gesellschaftlich verteilbaren Produkte verändert und zugleich die Erneuerung der gesellschaftlichen Verteilung der Produktionsbedingungen für die Neuproduktion der nächstfolgenden Produktionsperiode geregelt. So vollzieht sich, zusammen mit der Reproduktion der Produktivkräfte, die Reproduktion der Produktionsverhältnisse.

Die Distribution der Produkte wird über Ware-Geld-Beziehungen vermittelt und erfolgt in der Zirkulation.

3. Zirkulation

Sie ist die Gesamtheit von Austauschen, welche die Produktion und Distribution mit der Konsumtion zum gesamten Reproduktionsprozeß zusammenfügen. Als selbständige Phase ist die Zirkulation Austausch von Waren gegen Geld. Die beiden grundlegenden Zirkulationsakte sind der Verkauf von Waren (W → G) und der Einkauf von Waren (G → W).

Das Wesen der Zirkulation ist die Bewegung der Eigentumstitel an den Waren (MEW 24, S. 151) oder am Geld. Erstere heißt Warenzirkulation, letztere Geldzirkulation. Zugleich gibt es innerhalb der Geldzirkulation Geldtransaktionen, die sich von der Warenbewegung loslösen und eigenständige Phänomene hervorbringen (Zahlungsbedingungen, Kreditbedingungen, Auf- und Abzinsung, Liquidität usw.). Die Bewegung der Eigentumstitel an Geld kann stofflich durch Geld als Zahlungsmittel (in Form von Münzen, Geldscheinen u. ä.) sowie durch schriftliche oder elektronische Kommunikationsmittel vermittelt werden.

MARX hat im 2. Band des „Kapital" dargelegt, daß die Einsparung an Zirkulationszeit produktivitätsfördernd ist. Im Hinblick auf die Warenzirkulation geht er ausführlich auf die geschwindigkeitsbestimmende und damit zeitsparende Rolle der Transport- und Kommunikationsmittel ein. Sieht man von festem Inventar (z. B. Häuser) ab, so ist die Warenzirkulation stofflich an die Bewegung von Waren im Sinne der Ortsveränderung gebunden.

In der Zirkulation gibt es Vorräte und Flüsse. Beide bedingen einander: Abflüsse vermindern Vorräte, Zuflüsse bauen sie auf. Die Gesamtheit der Vorräte und Flüsse konstituiert die Zirkulation als Kreislauf.

Die Zirkulation verbindet die Produktion und die Konsumtion. Durch sie werden die Produkte dem Verbraucher zugeführt. Zugleich findet innerhalb der Zirkulation Produktion, Distribution und (produktive) Konsumtion statt. Transport und Kommunikation, Lagerung, Sortimentierung und Vollendung des Produkts sind solche Produktionsprozesse.

Zirkulation im Sinne des Austausches von Tätigkeiten und Fähigkeiten ist wesentliches Moment der Produktion. Der Austausch wird einerseits bestimmt durch das von den Eigentumsverhältnissen an den Produktionsmitteln gegebene Verhältnis der Klassen und Individuen zueinander. Zum anderen ist er bestimmt durch die gegebene Verteilung der gesellschaftlichen Gesamtarbeit auf die verschiedenen Bereiche und Zweige der Produktion und durch deren Art und Weise des Zusammenwirkens, also vornehmlich durch den Grad und die Teilung der Arbeit, der Kooperation und der Kombination.

4. Konsumtion

Die Konsumtion ist wesentlich „vernichtender Gegensatz der Produktion" und als solcher Endpunkt der Reproduktion. Zugleich ist sie Sinn- und Zweckbestimmung der Produktion. Erst in ihr werden die erzeugten Gebrauchswerte verwirklicht, d. h., die potentiellen Gebrauchswerte der Produktion werden als wirkliche bestätigt, indem sie wirklich zur Bedürfnisbefriedigung genutzt und verbraucht werden. Bei langlebigen Konsumgütern und Arbeitsmitteln erscheint die Konsumtion als Nutzung und allmählicher Verbrauch (Verschleiß); bei Arbeitsgegenständen und sonstigen Konsumgütern, insbesondere Lebensmitteln, als unmittelbarer Verbrauch (Verzehr). Konsumtion von Produktionsmitteln ist produktive Konsumtion. Sie ist Produktion neuer Produkte. Der Wert der verbrauchten Produkte wird auf das neue Produkt übertragen.

Die Befriedigung gesellschaftlicher Bedürfnisse heißt gesellschaftliche und die Befriedigung individueller Bedürfnisse individuelle Konsumtion. Die individuellen Bedürfnisse beinhalten vor allem Bedürfnisse nach Kleidung, Nahrung, Wohnung, Gesunderhaltung, Körperkultur, Sport, Tourismus, Entspannung, allseitiger Bildung der Persönlichkeit, wissenschaftliche, kulturell-ästhetische Bedürfnisse, das allgemeine Bedürfnis nach Information und das Bedürfnis nach gesellschaftlicher Aktivität und Mitwirkung an der freien Gestaltung des gesellschaftlichen Lebens überhaupt.

Zum Verständnis des Reproduktionsprozesses genügt es nicht, bei der gegensätzlichen Bestimmung von Produktion und Konsumtion stehenzubleiben. Die Produktion ist einerseits selbst Konsumtion, und zwar produktive Konsumtion, indem sie produktiver Verbrauch der menschlichen Arbeitskraft und der Produktionsmittel ist. Sie produziert damit zugleich die Notwendigkeit der Konsumtion, die Notwendigkeit, die menschliche Arbeitskraft zu erhalten und zu erneuern, und die Notwendigkeit, den Produktionsprozeß zur Erzeugung materieller Güter für die Reproduktion der Arbeitskraft und des Ersatzes verbrauchter Produktionsmittel fortzusetzen und zu wiederholen.

Andererseits hat die Konsumtion produktive Aspekte, die sich nicht in der produktiven Konsumtion erschöpfen. „Die Konsumtion gibt, indem sie das Produkt auflöst, ihm erst den finishing stroke; denn Produkt ist die Produktion nicht als versachlichte Tätigkeit, sondern nur als Gegenstand für das tätige Subjekt... Ohne Bedürfnis keine Produktion. Aber die Konsumtion reproduziert das Bedürfnis." (Marx, 1953, S. 13)

Den Phasen des Reproduktionsprozesses korrespondieren in der Statistik der DDR und anderer sozialistischer Länder folgende *Sphären der Volkswirtschaft:*

- Sphäre der materiellen Produktion (produzierende Sphäre);
- Sphäre der gesellschaftlichen Konsumtion (immaterielle oder nichtproduzierende Sphäre);

– Sphäre der individuellen Konsumtion (Haushalte der Bevölkerung).

Der Phase der Konsumtion entsprechen dabei zwei Sphären, während Bereiche der Zirkulation in die Sphäre der materiellen Produktion einbezogen werden.

Für die Wirtschaftsbereiche dieser Sphären werden statistische Größen ermittelt, die der empirischen Verifikation reproduktionstheoretischer Aussagen und der Volkswirtschaftsplanung dienen. Sie bilden daher den Ausgangspunkt für das in Kapitel 3 entwickelte Reproduktionsmodell.

Empirische Aussagen über den Reproduktionsprozeß und seine Phasen basieren auf Definitionen der Statistik und Erhebungen statistischer Größen in bezug auf Wirtschaftsbereiche, Haushalte der Bevölkerung usw.

Statistisch werden folgende Wirtschaftsbereiche als produzierende (Sphäre der materiellen Produktion) erfaßt: Industrie und produzierendes Handwerk, Bauwirtschaft, Land- und Forstwirtschaft, sonstige produzierende Zweige. Letztere umfassen zum Beispiel Leistungen der Projektierungs-, Textilreinigungs- und Rechenbetriebe sowie der hauswirtschaftlichen Reparaturbetriebe, produktive Leistungen der Anlagenbaubetriebe und der Filmstudios, Warenproduktion der geologischen Untersuchungsbetriebe und den Umsatz der Verlage. Auch Verkehrswesen, Post- und Fernmeldewesen sowie Binnenhandel, welche die Zirkulation vermitteln, werden der produzierenden Sphäre zugerechnet. Diese Bereiche erzeugen das gesellschaftliche Gesamtprodukt (vgl. Abschnitt 2.3.).

Die Sphäre der gesellschaftlichen Konsumtion erfaßt Betriebe und Einrichtungen folgender Bereiche:

– der kulturellen und sozialen Betreuung der Bevölkerung: dienstleistende Wirtschaft für die Bevölkerung, Bildungswesen, Gesundheitswesen, Sozialwesen, Kultur und Kunst, Sport und Erholungswesen (vgl. ausführlich dazu: Die Leitung und Planung der kulturell-sozialen Bereiche, 1984);

– der Befriedigung gesamtgesellschaftlicher Bedürfnisse: dienstleistende Wirtschaft für diese Zwecke, Wissenschaft und Forschung, staatliche Verwaltungen.

Diese immateriellen Bereiche konsumieren materielle Produkte und verbrauchen Werte, um Leistungen zu erbringen, die für die materielle Produktion, die individuelle Konsumtion und den volkswirtschaftlichen Reproduktionsprozeß unerläßlich sind. Diese Leistungen sind zwar nicht wertbildend, sie bilden, erhalten und entwickeln aber Produktivkräfte für die materielle Produktion und tragen damit oft in hohem Maße zur Steigerung der Arbeitsproduktivität bei. Die Aus- und Weiterbildung hochqualifizierter Arbeitskräfte, die Reproduktion des gesellschaftlichen Arbeitsvermögens überhaupt, beruht auf diesen immateriellen Leistungen. Wissenschaft und Forschung in der Akademie der Wissenschaften und in Hochschulen gehören zu den wichtigsten Quellen von Innovationen zur Entwicklung der materiellen Produktion. Insbesondere die Grundlagenforschung hat Entdeckungen hervorgebracht (z. B. Elektron, Atomenergie, Gen), in deren Gefolge neue, hocheffektive Wirtschaftszweige entstehen und die darüber hinaus bestehende Wirtschaftszweige revolutionär wandeln.

Die Sphäre der individuellen Konsumtion umfaßt hauptsächlich die Haushalte der Bevölkerung. Diese sind Endpunkt des Reproduktionsprozesses, indem erst hier viele der in der materiellen Produktion erzeugten potentiellen Gebrauchswerte (die Konsumtionsmittel) als Gebrauchswerte bestätigt und verwirklicht werden. Sie sind zugleich Ausgangspunkt. Hier entstehen Bedürfnisse, auf deren Befriedigung die materielle Produktion gerichtet ist. In den Haushalten der Bevölkerung wird Arbeitsvermögen produziert und reproduziert, das dann als lebendige Arbeit in den produzierenden Bereichen (als „Feuer der Arbeit") wirkt oder in den nichtproduzierenden (immateriellen) Bereichen notwendige Leistungen hervorbringt.

Obzwar die Sphäre der individuellen Konsumtion bzw. die Haushalte der Bevölkerung zur Reproduktion gehören, sind sie sozialökonomisch wesensverschieden von den Bereichen der materiellen Produktion und der immateriellen Sphäre. Die Reproduktionsbeziehungen zwischen den Bereichen der materiellen Produktion sind grundlegende Beziehungen der Arbeitsteilung und Kooperation, der Vergesellschaftung durch Austausch von Tätigkeiten. Ihnen kommt die dominierende, die wertschaffende Rolle im Entwicklungsprozeß der Gesellschaft zu. Auch die immateriellen Bereiche sind in den gesellschaftlichen Austausch der Tätigkeiten einbezogen. Dieser Austausch ist für die Beziehungen zwischen den Haushalten nicht wesensbestimmend. Die von MARX herausgearbeitete Dialektik von Produktion und Konsumtion spiegelt sich in der Gegensätzlichkeit von materiellen und immateriellen Bereichen einerseits und Haushalten der Bevölkerung andererseits wider. Dennoch darf über dem Gegensatz nicht ihre notwendige Einheit für den Reproduktionsprozeß vergessen werden. Diese Einheit findet mit der Planung des Lebensstandards in der Volkswirtschaftsplanung Berücksichtigung. Zugleich stehen im Hinblick auf die Haushalte interessante Aufgaben der ökonomischen Forschung an.

Die verschiedenen Bereiche der Volkswirtschaft sind durch vielfältige Wechselbeziehungen miteinander verbunden, womit sie einen Gesamtzusammenhang konstituieren. In der Zirkulation tauschen sie Größenarten aus, es werden Transaktionen durchgeführt, innerhalb vieler Bereiche findet Transformation (Umwandlung) von Größenarten statt. Der Gesamtzusammenhang ist ein Kreislauf.

2.2. Reproduktionsprozeß als Kreislauf

2.2.1. Zum Begriff des Kreislaufs

Der Begriff des Kreislaufs wurde zuerst von dem Arzt und Ökonomen QUESNAY in Analogie zum Blutkreislauf für die Ökonomie angewandt und dann von MARX für die Analyse des Kreislaufs des Kapitals weiterentwickelt.

Kreislauf bedeutet einen Fließprozeß zwischen verschiedenen Punkten oder Polen, bei dem Dinge oder Qualitäten zu einem Ausgangspunkt zurückkehren, wobei sie unterwegs Verwandlungen erfahren. QUESNAY führt den Kreislaufbegriff für die Warenzirkulation ein, auch MARX führt ihn im „Kapital" zunächst so ein: „Der Formwechsel, worin sich der Stoffwechsel der Arbeitsprodukte vollzieht, W → G → W, bedingt, daß derselbe Wert als Ware den Ausgangspunkt des Prozesses bildet und zu demselben Punkt zurückkehrt als Ware. Diese Bewegung der Waren ist daher Kreislauf." (MEW 23, S. 128.)

Neben der Rückkehr zum Ausgangspunkt ist für einen Kreislauf Verwandlung (Qualitätsänderung) charakteristisch, die MARX häufig als Formwechsel oder Metamorphose bezeichnet: „Die beiden umgekehrten Bewegungsphasen der Warenmetamorphose bilden einen Kreislauf: Warenform, Abstreifung der Warenform, Rückkehr zur Warenform. Allerdings ist die Ware selbst hier gegensätzlich bestimmt. Am Ausgangspunkt ist sie Nicht-Gebrauchswert, am Endpunkt Gebrauchswert für ihren Besitzer... Der Kreislauf, den die Metamorphosenreihe jeder Ware beschreibt, verschlingt sich ... unentwirrbar mit den Kreisläufen anderer Waren. Der Gesamtprozeß stellt sich dar als Warenzirkulation." (MEW 23, S. 126.)

In Kreislaufschemata wie der Verflechtungsbilanz ist es gelungen, diese Kreisläufe partiell zu entwirren und wichtige Zusammenhänge mathematisch zu beschreiben.

2.2.1.1. Größen und Größenbeziehungen im Kreislauf

Für geschlossene Kreisläufe gilt bei reiner Zirkulation, also ohne Quellen (keine Erzeugung, z. B: Neuwertschöpfung) und ohne Senken (z. B. Bestandserhöhungen), und bei wertäquivalentem Tausch das sogenannte Kreislaufaxiom: In jedem Pol ist die Summe der Zuflüsse gleich der Summe der Abflüsse. Das Kreislaufaxiom entspricht der 2. KIRCHHOFFschen Regel für den Stromkreislauf in elektrischen Netzen: In jeder Verzweigungsstelle muß die Summe der wegfließenden Ströme gleich der Summe der zufließenden sein. Führt man in derartige Kreisläufe Bestände als Pole ein, so gilt hier statt des Kreislaufaxioms der Satz: Die Bestandsänderung ist gleich der Differenz aus Zuflüssen und Abflüssen.

Bestände und Flüsse zwischen den Beständen werden mathematisch als Bestandsgrößen (oder Zustandsgrößen) und Flußgrößen abgebildet. Die Klassifizierung der in die Modellierung einzubeziehenden Größen nach Bestands- und Flußgrößen ist ein notwendiger Schritt bei der Systemanalyse und damit der Modellierung dynamischer Systeme. Ohne auf Grundlagen der Systemtheorie oder Probleme der dynamischen Modellbildung näher einzugehen, sei an Hand eines elementaren Beispiels das Grundherangehen an die dynamische Modellierung von Kreislaufprozessen erläutert. Wir betrachten hierzu das in Abbildung 2.2 dargestellte System.

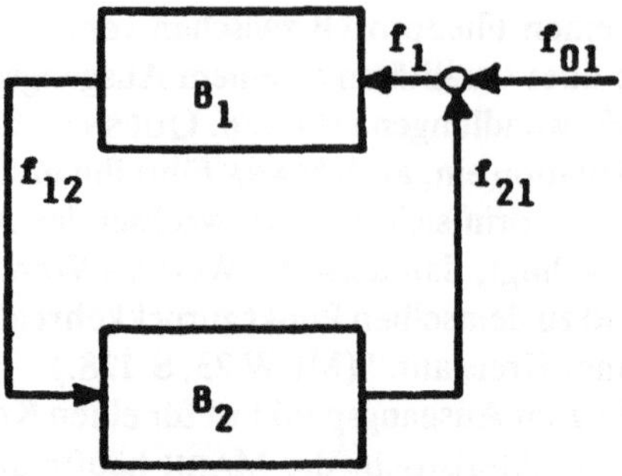

Abb. 2.2. Elementares Beispiel für einen Kreislaufprozeß

Es besteht aus zwei Teilsystemen mit den Bestandsgrößen B_1 und B_2, die durch Flüsse f_{12} und f_{21} gekoppelt sind. Außerdem sei ein Zufluß aus der Umwelt (f_{01}) zu berücksichtigen. Wir nehmen an, daß die Flüsse in den Teilsystemen als Bestände akkumuliert und nach einer bestimmten mittleren Verweilzeit (T_1 bzw. T_2) wieder abgegeben werden. Als Pole haben wir für diesen Kreislaufprozeß die Vereinigungsstelle der Flüsse f_{21} und f_{01} sowie die Bestände B_1 und B_2.

Die Bestandsänderungen seien mit ΔB_1 und ΔB_2 bezeichnet. Dabei ist im Falle der Modellierung als zeitdiskretes System Δ der Differenzenoperator ($\Delta B_t = B_{t+1} - B_t$), im Falle eines zeitkontinuierlichen Systems der Differentialoperator ($\Delta B(t) = \frac{d}{dt} B(t)$). Wie aus der Abbildung ersichtlich, gilt dann

$$f_1 = f_{21} + f_{01}$$
$$\Delta B_1 = -f_{12} + f_1$$
$$\Delta B_2 = -f_{21} + f_{12}.$$

Für die Flüsse f_{12}, f_{21} kann näherungsweise Proportionalität zu den Bestandsgrößen B_1, B_2 angenommen werden

$$f_{12} = \tau_1 B_1,$$
$$f_{21} = \tau_2 B_2.$$

Dabei sind die Proportionalitätsfaktoren τ_1 bzw. τ_2 gleich dem Kehrwert der mittleren Verweilzeit T_1 bzw. T_2. Das Modell des Kreislaufprozesses stellt sich dann dar als

$$\Delta B_1 = -\tau_1 B_1 + \tau_2 B_2 + f_{01}$$
$$\Delta B_2 = \tau_1 B_1 - \tau_2 B_2$$
$$f_{12} = \tau_1 B_1$$
$$f_{21} = \tau_2 B_2.$$

Es beschreibt die Dynamik der Bestandsänderungen in Abhängigkeit von den Beständen und den Einflüssen aus der Umwelt des Systems. Die internen Flüsse f_{12} und f_{21} ergeben sich als abgeleitete Größen aus den Bestandsgrößen. Die gewählte Darstellungsform des Modells entspricht der sogenannten Zustandsdarstellung dynamischer Systeme. Wir werden sie im 3. Kapitel durchgängig anwenden.

Unter bestimmten Voraussetzungen, die hier erfüllt sind, lassen sich die Bestandsgrößen aus dem Modell eliminieren, das dann folgende Gestalt annimmt:

$$\Delta f_{12} = \tau_1 (f_{21} + f_{01} - f_{12})$$

$$\Delta f_{21} = \tau_2 (f_{12} - f_{21}).$$

Diese Darstellung ist äquivalent zur Zustandsdarstellung. Sie enthält aber im Gegensatz zur Zustandsdarstellung als Variable ausschließlich Flußgrößen. Das zeigt, daß die Analyse von Kreislaufprozessen erfolgen kann, ohne daß explizit Bestandsgrößen eingeführt werden müssen. Wir heben diesen Umstand besonders hervor, weil die Analyse des Kreislaufs des Kapitals, die Gegenstand der folgenden Ausführungen sein soll, im Prinzip auf dieser zweiten Herangehensweise beruht.

2.2.1.2. Werterhöhung im Reproduktionskreislauf

Die bürgerliche Kreislaufanalyse gründet sich bei Betonung des Kreislaufaxioms vornehmlich auf die Zirkulation, wobei Wertkonstanz angenommen wird. Demgegenüber hat MARX in Weiterentwicklung des Kreislaufes von QUESNAY die Produktion in die Kreislaufanalyse eingeführt. Damit können Kreisläufe untersucht werden, in denen Werterhöhung auftritt. (In der bürgerlichen Literatur hat SCHUMPETER diesen Ansatz bei Würdigung von MARX aufgegriffen, allerdings mit bürgerlichem Erklärungsziel – er vernachlässigt den Ausbeutungscharakter.) Bei Betrachtung der Gesamtbewegung des Kapitals schreibt MARX: „Das Kapital erscheint hier als ein Wert, der eine Reihenfolge zusammenhängender, durch einander bedingter Verwandlungen durchläuft, eine Reihe von Metamorphosen, die ebensoviele Phasen oder Stadien eines Gesamtprozesses bilden. Zwei dieser Phasen gehören der Zirkulationssphäre an, eine der Produktionssphäre. In jeder dieser Phasen befindet sich der Kapitalwert in verschiedner Gestalt, der eine verschiedne, spezielle Funktion entspricht. Innerhalb dieser Bewegung erhält sich nicht nur der vorgeschoßne Wert, sondern er wächst, vermehrt seine Größe. Endlich, im Schlußstadium, kehrt er zur selben Form zurück, worin er beim Ausgang des Gesamtprozesses erschien. Dieser Gesamtprozeß ist daher Kreislaufprozeß." (MEW 24, S. 56.) „Die Wertveränderung gehört lediglich der Metamorphose P, dem Produktionsprozeß..." (ebd.) In diesem Gesamtkreislauf sind die der Zirkulationssphäre zugehörigen Teilkreisläufe von Waren und von Geld mit der Produktion verschlungen.

Der Reproduktionsprozeß hat als Kreislauf eine bestimmte Zeitdauer. Die Gesamtzeit eines Kapitalkreislaufes ist" ... gleich der Summe von Produktionszeit und Umlaufzeit" (MEW 24, S. 124). Ökonomie der Zeit in bezug auf die Dauer des Reproduktionskreislaufes bedeutet also neben Einsparung an Produktionszeit auch Einsparung an Umlaufzeit. Die Ökonomie der Umlaufzeit durch Kreislaufbeschleunigung in Handel, Transport und Kommunikation bewirkt Produktivitätszuwachs, wie es bereits MARX für die Selbstverwertung des Kapitals nachgewiesen hat (MEW 24, S. 127–128). Die Beschleunigung des Reproduktionskreislaufes ist heute eine wichtige Seite der produktivitätssteigernden Wirkung von Schlüsseltechnologien (vgl. Kap. 1) und moderner Infrastruktur.

2.2.2. Kreislauf des Kapitals

Nachstehend versuchen wir, den von MARX im 2. Band des „Kapital" (MEW 24) untersuchten Kreislauf des Kapitals in einem mathematischen Modell abzubilden. Dabei gehen wir von folgenden theoretischen Grundlagen aus.

2.2.2.1. Formen des Kapitals und Stadien seines Kreislaufes

Gegenstand der MARXschen Analyse des Kapitalkreislaufes sind zunächst die „... verschiednen Formen, worin das Kapital in seinen verschiednen Stadien sich kleidet, und die es bei wiederholtem Kreislauf bald annimmt, bald abstreift..." (MEW 24, S. 31). Die Formen, in denen das Kapital existiert, sind Geldkapital (G), Warenkapital (W) und produktives Kapital (P). Im Kreislauf durchläuft es folgende Stadien (ebd.):

„*Erstes Stadium:* Der Kapitalist erscheint auf dem Warenmarkt und Arbeitsmarkt als Käufer; sein Geld wird in Ware umgesetzt oder macht den Zirkulationsakt G – W durch.

Zweites Stadium: produktive Konsumtion der gekauften Waren durch den Kapitalisten. Er wirkt als kapitalistischer Warenproduzent; sein Kapital macht den Produktionsprozeß durch. Das Resultat ist: Ware von mehr Wert als dem ihrer Produktionselemente.

Drittes Stadium: Der Kapitalist kehrt zum Markt zurück als Verkäufer; seine Ware wird in Geld umgesetzt oder macht den Zirkulationsakt W – G durch."

Dementsprechend stellt sich der Kapitalkreislauf wie in Abbildung 2.3 angegeben dar.

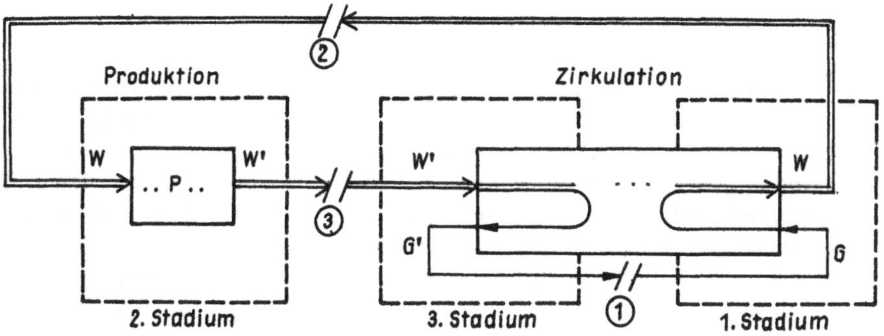

Abb. 2.3. Schema des Kapitalkreislaufes

1.: Beginn des Kreislaufes des Geldkapitals
2.: Beginn des Kreislaufes des produktiven Kapitals
3.: Beginn des Kreislaufes des Warenkapitals

Indem er diesen Kreislauf gedanklich an unterschiedlichen Stellen unterbrach, kam MARX zur Analyse der Kreisläufe der speziellen Formen des Kapitals:

1. Kreislauf des Geldkapitals

G – W ... P ... W' – G'

2. Kreislauf des produktiven Kapitals

P ... W' – G' – W ... P

3. Kreislauf des Warenkapitals

P ... W' – G' – W ... P ... W'

W' bzw. G' symbolisieren, daß Werterhöhung gegenüber W bzw. G stattfindet. So endet der Kreislauf des Geldkapitals mit $G' = G + g$, wobei g dem in der Produktion geschaffenen Mehrwert entspricht. Wird g dem Kreislauf entzogen (z. B. für die individuelle Konsumtion der Kapitalisten verwendet), so ist im Ausgangspunkt wieder G vorhanden, und es findet einfache Reproduktion statt. Wird dagegen ein Teil von g in Geldkapital verwandelt und zum Kauf zusätzlicher Produktionsmittel und Arbeitskraft verwendet, so haben wir Reproduktion auf erweiterter Stufenleiter. MARX hat deshalb die Kreislauffigur für das produktive Kapital auch in der Form

P ... W' – G' . G – W ... P (P')

dargestellt (MEW 24, S. 90). Bei einfacher Reproduktion ist $G = G' - g$, und der Kreislauf endet wieder mit der Größe P. Bei erweiterter Reproduktion gilt $G > G' - g$, und entsprechend ist das Endstadium eines Kreislaufzyklus $P' > P$. Diese Kreislauffigur wird im nächsten Abschnitt Grundlage für ein Modell des Kapitalkreislaufes sein, mit dem dann auch quantitative Aspekte der Reproduktion näher untersucht werden können.

2.2.2.2. Bestände und Flüsse im Kapitalkreislauf

Im Hinblick auf die Modellierung muß auf eine Besonderheit der MARXschen Analyse hingewiesen werden. Die von MARX eingeführten Größen G und W bzw. G' und W' sind Flußgrößen. Sie bezeichnen Kapitalflüsse in die Zirkulation und Produktion bzw. aus diesen heraus (vgl. Abb. 2.3.). Ihr Wert ist jeweils gleich den während eines Jahres aufgewandten bzw. erhaltenen Kapitalmengen. Wir haben im letzten Abschnitt gesehen, daß Kreislaufprozesse modelliert werden können, ohne daß explizit Bestandsgrößen eingeführt werden müssen. Im Falle des produktiven Kapitals können sich hieraus aber Probleme ergeben, die kurz erläutert werden sollen.

Betrachten wir zunächst den in die Produktion fließenden Kapitalstrom W. Seinen physischen Bestandteilen nach ist W produktives Kapital. Es besteht aus Produktionsmitteln (Pm) und Arbeitskraft (A). MARX stellt es dar als W = Pm + A (MEW 24, S. 32). Das produktive Kapital wird eingeführt als Kapital, „... welches die Fähigkeit hat, als Wert und Mehrwert schaffend zu fungieren. Kapital in dieser Form heiße P. Der Wert von P ist aber = Wert von A + Pm, = dem in A und Pm umgesetzten G. G ist derselbe Kapitalwert wie P" (MEW 24, S. 34). Damit ist auch P als Flußgröße eingeführt.

Das Problem für die weitere Analyse besteht darin, daß die Bestandteile des produktiven Kapitals unterschiedlich lange Zeit im Produktionsprozeß fungieren. Das betrifft insbesondere Teile des konstanten Kapitals, d. h. des Wertes der zur Produktion angewandten Produktionsmittel. Diese zerfallen ihrerseits in fixes Kapital (Maschinen, Werkzeuge usw.) und zirkulierendes konstantes Kapital (Material, Roh- und Hilfsstoffe, Halbfabrikate usw.). Das fixe Kapital fungiert im allgemeinen länger als eine Produktionsperiode im Produktionsprozeß. Es entsteht ein Bestand, der stofflich gleich den Produktionsgrundfonds ist. Sein Wert wird sukzessive über mehrere Jahre auf das Produkt übertragen. Die Größe des Übertrages hängt vom Bestand an fixem Kapital und seiner Nutzungsdauer, nicht aber vom Zufluß fixen Kapitals in die Produktion ab. Deshalb kommt es in der Regel zu Differenzen zwischen der innerhalb eines Jahres zugeführten Menge an konstantem Kapital (als Bestandteil von W) und dem Wertübertrag auf das Jahresprodukt (als Bestandteil von W'). MARX weist auf dieses Problem hin (MEW 24, S. 395), nimmt aber bei der Analyse des Kapitalkreislaufes an, daß das während eines Jahres zugeführte konstante Kapital vollständig auf das Jahresprodukt übertragen wird. Das heißt, es findet keine Bestandsbildung fixen Kapitals statt, und es gilt W' = c + v + m = W + m. Bei Diskussion des Problems des Ersatzes fixen Kapitals (MEW 24, S. 446 ff.) wird diese einschränkende Annahme aufgehoben.

Um von vornherein eine möglichst adäquate Abbildung zu erreichen, werden wir im nächsten Abschnitt bei der Modellierung des Kapitalkreislaufes das produktive Kapital als Bestandsgröße einführen.

2.2.2.3. Erweitertes Schema des Kapitalkreislaufes

Das mit Abbildung 2.3. gegebene Kreislaufschema beschreibt den Reproduktionsprozeß des Kapitals noch in sehr vereinfachender Weise. Das betrifft, wie wir im letzten Abschnitt sahen, die Produktion, in gleichem Maße aber auch den Zirkulationsprozeß. Das vereinfachte Schema setzt voraus, daß das Geldkapital G in der Zirkulation auch tatsächlich in Umfang und Struktur in die für die Reproduktion erforderlichen Waren (Pm und A) umgesetzt werden kann und daß gleichzeitig die für die Konsumtion des Arbeitslohnes und Konsumtion des Mehrwertes erforderlichen Waren vorhanden sind. Die Frage, die MARX in diesem Zusammenhang untersuchte, ist: „Wie wird das in der Produktion verzehrte Kapital seinem Wert nach aus dem jährlichen Produkt ersetzt, und wie verschlingt sich die Bewegung dieses Ersatzes mit der Konsumtion des Mehrwerts durch die Kapitalisten und des Arbeitslohns durch die Arbeiter?" (MEW 24, S. 392.) Zur Beantwortung dieser Frage untergliederte MARX das jährliche gesellschaftliche Produkt sowohl gebrauchswert- als auch wertmäßig in folgender Weise. Die Gesamtproduktion der Gesellschaft zerfällt in zwei große Abteilungen:

Abteilung I – Produktion von Produktionsmitteln,

Abteilung II – Produktion von Konsumtionsmitteln.

In jeder Abteilung zerfällt das Kapital in die Bestandteile

c_1 bzw. c_2 – konstantes Kapital der Abteilung I bzw. II

v_1 bzw. v_2 – variables Kapital der Abteilung I bzw. II.

Das in beiden Abteilungen mit Hilfe dieses Kapitals erzeugte Jahresprodukt hat als zusätzlichen, neugeschaffenen Wertteil den Mehrwert (m_1 bzw. m_2).

Für das Warenkapital W' (vgl. Abb. 2.3.) ergibt sich somit folgende gebrauchswert- und wertmäßige Gliederung:

$W' = W_1' + W_2'$ Gebrauchswertgliederung

$W_1' = c_1 + v_1 + m_1$ Wertgliederung

$W_2' = c_2 + v_2 + m_2$

Das Geldkapital G' (vgl. Abb. 2.3) ist dementsprechend zu verwenden für

$c_1 + c_2$ – Ersatz verbrauchter Produktionsmittel,

$v_1 + v_2$ – Kauf von Arbeitskraft zur Gewährleistung der einfachen Reproduktion,

$\Delta c_1 + \Delta c_2$ – Kauf zusätzlicher Produktionsmittel und

$\Delta v_1 + \Delta v_2$ – Kauf zusätzlicher Arbeitskraft für die Erweiterung der Produktion,

$r_1 + r_2$ – **Kauf von Konsumtionsmitteln durch die Kapitalisten der Abteilung I und II.**

Das dieser Gliederung entsprechende erweiterte Kreislaufschema ist in Abbildung 2.4. dargestellt.

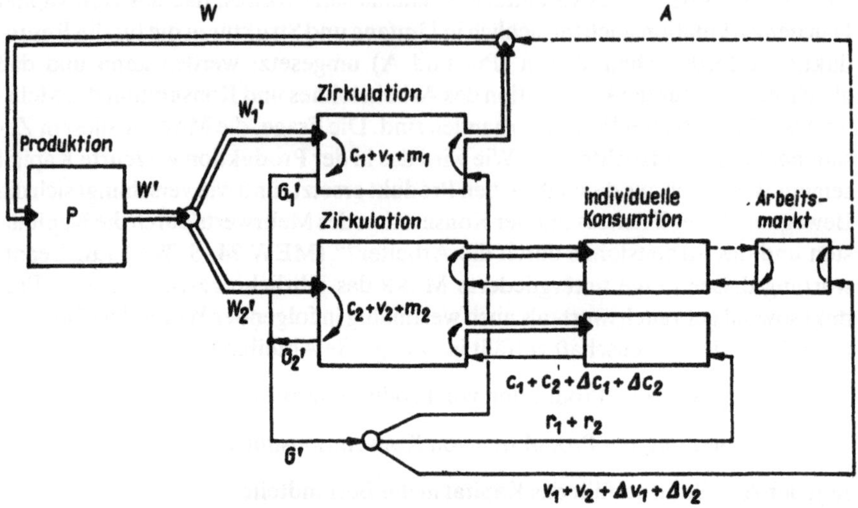

Abb. 2.4. Erweitertes Schema des Kapitalkreislaufes

Für das Funktionieren des Gesamtkreislaufes müssen Proportionalitätsbedingungen erfüllt sein, die sich aus Abbildung 2.4 leicht ablesen lassen.

Zunächst müssen sich beim Austausch der Waren der Abteilung I gleiche Mengen Waren- und Geldkapital gegenüberstehen, d. h.

$$W_1' = c_1 + v_1 + m_1 \quad \text{Aufkommen}$$

$$= c_1 + c_2 + \Delta c_1 + \Delta c_2 \quad \text{Verwendung.}$$

Hieraus folgt

(1) $v_1 + m_1 = c_2 + \Delta c_1 + \Delta c_2.$

Bei einfacher Reproduktion findet keine Akkumulation statt. Es gilt $\Delta c_1 = \Delta c_2 = 0$ **und somit**

(2) $v_1 + m_1 = c_2.$

Dies ist die bekannte Bedingung für die einfache Reproduktion, die MARX in die Formel

$$I_{(v+m)} = II_c$$

gebracht hat. Bei erweiterter Reproduktion gilt $\Delta c_1 + \Delta c_2 > 0$ und dementsprechend erhalten wir aus (1) die Bedingung für die erweiterte Reproduktion in der Form

$$(3) \qquad v_1 + m_1 > c_2$$

oder, in der MARXschen Schreibweise,

$$I_{(v+m)} > II_c.$$

Interessant ist nun, daß die Austauschbedingung für die Abteilung II zu genau den gleichen Bedingungen für die einfache bzw. erweiterte Reproduktion führt. Hier ist zunächst wieder zu fordern

$$\begin{aligned} W_2' &= c_2 + v_2 + m_2 && \text{Aufkommen} \\ &= v_1 + v_2 + \Delta v_1 + \Delta v_2 + r_1 + r_2 && \text{Verwendung.} \end{aligned}$$

Dies ist gleichbedeutend mit

$$(4) \qquad c_2 + m_2 = v_1 + \Delta v_1 + \Delta v_2 + r_1 + r_2.$$

Die Verwendungsstruktur des Mehrwertes stellt sich für beide Abteilungen wie folgt dar:

$$m_1 = \Delta c_1 + \Delta v_1 + r_1$$

$$m_2 = \Delta c_2 + \Delta v_2 + r_2.$$

Unter Verwendung dieser Gleichungen läßt sich (4) schreiben als

$$c_2 + m_2 = v_1 + m_1 - \Delta c_1 + m_2 - \Delta c_2 \text{ oder als}$$

$$c_2 + \Delta c_1 + \Delta c_2 = v_1 + m_1.$$

Das heißt, wir erhalten die gleiche Bedingung (Gleichung (1)), die bereits für die Abteilung I abgeleitet wurde, und entsprechend sind auch die Bedingungen für einfache bzw. erweiterte Reproduktion die gleichen wie für Abteilung I (Bedingung (2) bzw. (3)).

Diese grundlegenden Reproduktionsbedingungen, die MARX im „Kapital" abgeleitet hat, lassen sich an Hand eines Blockschemas des Kreislaufs, wie es in Abbildung 2.4. gegeben ist, leicht nachvollziehen. Es ist wichtig zu erkennen, daß es nicht die gewählte Darstellungsform, z. B. in Form des Blockschemas der Abbildung 2.4., ist, die den Reproduktionskreislauf so übersichtlich macht, sondern vielmehr die zugrundegelegte Kategorie entsprechend hohen Verallgemeinerungsgrades: das Kapital. Diese Kategorie erfaßt in ihren drei Erscheinungsformen, als Waren-, Geld- und produktives Kapital, wesentliche Bestandteile kompliziert ineinander verschlungener Teilkreisläufe der Waren- und Geldzirkulation. Entsprechend einfach und übersichtlich stellt sich dann der Gesamtkreislauf (als Kreislauf des Kapitals) dar.

Es sei allerdings auch noch einmal auf die Voraussetzung aufmerksam gemacht, die dieser Darstellung des Kapitalkreislaufes zugrunde liegt. Sie besteht in der Annahme, daß das jährlich vorgeschossene Kapital genau einmal im Jahr umschlägt. Auf die Probleme, die sich daraus vor allem im Zusammenhang mit dem Wertübertrag des fixen Kapitals ergeben können, haben wir im letzten Abschnitt bereits hingewiesen.

2.2.3. Modellierung des Kapitalkreislaufes

Wir gegen von der Kreislauffigur des produktiven Kapitals in der Form

P ... W' – G'. G – W ... P(P')

aus (MEW 24, S. 90). Das entsprechende Kreislaufschema ist in Abbildung 2.5. dargestellt.

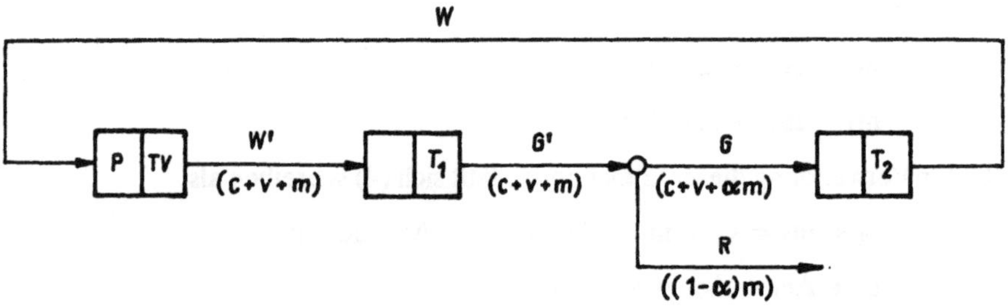

Abb. 2.5. Zur Modellierung des Kreislaufs des Kapitals

W' – Fluß des Warenkapitals aus der Produktion in die Zirkulation
G' – Fluß des Geldkapitals aus der Zirkulation
G – Fluß des Geldkapitals in die Zirkulation, bestimmt zur Verwandlung in produktives Kapital
R – Abfluß eines Teils des Mehrwertes (Revenue) aus dem Reproduktionskreislauf, bestimmt zur individuellen Konsumtion durch die Kapitalisten
W – Fluß des Warenkapitals (als produktives Kapital, bestehend aus Produktionsmitteln und der Ware Arbeitskraft) in die Produktion
P – Bestand an produktivem Kapital
TV – mittlere Verweilzeit des produktiven Kapitals in der Produktion
T_1 – mittlere Verweilzeit des Warenkapitals (W') in der Zirkulation bis zum Abschluß des Zirkulationsaktes W' – G'
T_2 – mittlere Verweilzeit des Geldkapitals (G) in der Zirkulation bis zum Abschluß des Zirkulationsaktes G-W
α – Akkumulationsrate.

Für die Bestandsänderung ΔP und den Fluß W' gilt zunächst

(1) $\Delta P = - c - v + W$

(2) $W' = c + v + m.$

Das heißt, der Bestand an produktivem Kapital wird erhöht durch den Kapitalzufluß W und verringert zum einen um den Wertteil c von W', der Wertübertrag konstanten Kapitals auf das Produkt ist, zum anderen um den Wertteil v von W', der zusammen mit dem Mehrwert m neu geschaffen wurde und der Ersatz des vorgeschossenen variablen Kapitals ist. Die Größe des Mehrwertes kann durch die Profitrate ρ charakterisiert werden, so daß

(3) $$m = \rho \cdot (c + v).$$

Zwischen W' und W besteht eine Zeitverzögerung, die durch die mittlere Verweilzeit TV des produktiven Kapitals in der Produktion bestimmt ist. TV ist das gewogene Mittel aus der Produktionszeit TP (in dieser Zeit wird der Neuwert geschaffen und der Wert des zirkulierenden konstanten Kapitals c_z übertragen) und der mittleren Nutzungsdauer TN der Arbeitsmittel (in dieser Zeit wird der Wert des fixen Kapitals c_f übertragen), d. h.

(4) $$TV = \frac{(v + c_z) \cdot TP + c_f \cdot TN.}{v + c_z + c_f}.$$

Unter diesen Voraussetzungen gilt (vgl. Abschnitt 2.2.1.):

(5) $$c + v = \frac{1}{TV}P.$$

Mit Hilfe der Gleichungen (1) und (5) erhalten wir jetzt für die Bestandsänderung ΔP des produktiven Kapitals

(6) $$\Delta P = -\frac{1}{TV}P + W.$$

Für den Fluß des Warenkapitals W' folgt aus (2), (3) und (5)

(7) $$W' = \frac{(1 + \rho)}{TV} \cdot P.$$

Die Gleichungen (6) und (7) können unter Eliminierung der Bestandsgröße P zusammengefaßt werden zu

(8) $$\Delta W' = -\frac{1}{TV}W' + \frac{1 + \rho}{TV}W.$$

Damit ist das Stadium W...P...W' des Kapitalkreislaufes (Stadium 2 in Abbildung 2.3.) modelliert.

Im nächsten Stadium, dem Zirkulationsstadium W' – G' wird das Warenkapital W' in Geld G' umgesetzt. Wenn wir die Dauer dieses Zirkulationsaktes mit T1 bezeichnen, so gilt

(9) $$\Delta G' = \frac{1}{T1}(-G' + W').$$

Bevor nun das noch verbleibende Zirkulationsstadium G – W modelliert werden kann, ist die Verwendungsstruktur von G' mathematisch zu beschreiben. Sie stellt sich dar als

$$G' = GE + GA + R.$$

Dabei ist GE die Geldmenge, die benötigt wird, um Produktionsmittel und Arbeitskraft in dem Umfang zu kaufen, der die einfache Reproduktion gewährleistet. Aus den Gleichungen (5) und (7) folgt deshalb für GE

$$(10) \qquad GE = c + v = \frac{1}{1+\rho} W'.$$

Die verbleibende Geldmenge G' – GE kann zu einem Teil (GA) zur Erweiterung der Produktion, d. h. zum Kauf zusätzlicher Produktionsmittel und Arbeitskraft, verwendet werden:

$$(11) \qquad GA = \alpha(G' - GE) = \alpha\left(G' - \frac{1}{1+\rho} W'\right).$$

Die Größe α bezeichnet die Akkumulationsrate.

Für die Geldmenge R, die für die individuelle Konsumtion der Kapitalisten verwendet und somit dem Kapitalkreislauf entzogen wird, gilt entsprechend

$$R = (1 - \alpha)(G' - GE).$$

Das Geldkapital, das im Zirkulationsstadium G – W eingesetzt wird, hat dann gemäß (10) und (11) die Größe

$$(12) \qquad G = GE + GA = \frac{1}{1+\rho} W' + \alpha\left(G' - \frac{1}{1+\rho} W'\right).$$

Bezeichnen wir die Dauer der Zirkulation im Stadium G – W mit T2, so gilt

$$\Delta W = \frac{1}{T2}(- W + G)$$

und, wegen (12),

$$(13) \qquad \Delta W = -\frac{1}{T2} W + \frac{1}{T2} \cdot \frac{1-\alpha}{1+\rho} \cdot W' + \frac{1}{T2} \cdot \alpha \cdot G'.$$

Das Gesamtmodell des Kapitalkreislaufes ergibt sich nunmehr aus den Gleichungen (8), (9) und (13) in der Form

$$(14) \qquad \Delta W' = -\frac{1}{TV} W' + \frac{1+\rho}{TV} W$$

$$(15) \qquad \Delta G' = \frac{1}{T1} W' - \frac{1}{T1} G'$$

$$(16) \qquad \Delta W = \frac{1}{T2} \cdot \frac{1-\alpha}{1+\rho} W' + \frac{\alpha}{T2} G' - \frac{1}{T2} W.$$

Es ist ein Differential- bzw. Differenzengleichungssystem, das quantitative Aussagen über das Wachstum der Flüsse W', G' und W des Kapitalkreislaufes und ihre Größenverhältnisse gestattet, was im folgenden an Hand numerischer Beispiele illustriert werden soll.

Beispiel 1:
Wir gehen von dem Zahlenbeispiel aus, das MARX im 2. Band des „Kapital" (MEW 24, S. 505 ff.) untersuchte. Dabei nehmen wir zunächst keine Untergliederung nach den beiden Abteilungen vor, sondern betrachten nur die Entwicklung des Gesamtkapitals (als Summe der Kapitale beider Abteilungen). Wie im weiteren noch gezeigt wird (Beispiel 4), sind Profitrate und Akkumulationsrate ab dem zweiten Jahr des von MARX untersuchten Beispiels konstant, weshalb wir die Größenverhältnisse für dieses Jahr zugrunde legen. Das Warenkapital habe deshalb folgende Wertstruktur (vgl. MEW 24, S. 507):

$$W' = c + v + m$$

mit c = 6000, v = 1900 und m = 1900.

Die Akkumulation beträgt in Abteilung I 550, in Abteilung II 240, insgesamt also GA = 790.
Hieraus folgt

$$\rho = \frac{m}{c + v} = \frac{1900}{7900} = 0{,}2405$$

$$\alpha = \frac{GA}{m} = \frac{790}{1900} = 0{,}4158.$$

Weiter nahm MARX an, daß das produktive Kapital genau einmal im Jahr umschlägt (TV = 1 Jahr). Die Zirkulationsdauer blieb unberücksichtigt, so daß T1 = T2 = 0. Unter diesen Bedingungen reduziert sich das Modell des Kapitalkreislaufes auf ein System 1. Ordnung mit

$$\Delta W' = \frac{\alpha \cdot \rho}{TV} W' = 0{,}1 \cdot W'$$

$$G' = W'$$

$$W = \frac{1 + \alpha \cdot \rho}{1 + \rho} \cdot W' = 0{,}887 \cdot W'.$$

Das heißt, alle Flüsse im Kapitalkreislauf wachsen exponentiell mit dem gleichen Wachstumstempo von 10% jährlich, was mit dem MARXschen Zahlenbeispiel übereinstimmt.

Beispiel 2:
Wir wählen die gleichen Bedingungen wie im Beispiel 1, nur daß jetzt TV = 1,5 Jahre gesetzt wird. Dem liegen folgende Überlegungen zugrunde:

Die mittlere Produktionszeit TP betrage 3 Monate, die mittlere Nutzungsdauer TN der Arbeitsmittel 16 Jahre. Nimmt man ferner an, daß der Anteil des zirkulierenden konstanten Kapitals am gesamten konstanten Kapital 90 % beträgt und die organische Zusammensetzung des Kapitals o = c/v = 6000/1900 = 3,16, so folgt aus Gleichung (4) für TV ein Wert von rund 1,5 Jahren.

Unter diesen Bedingungen ist $\frac{\alpha \cdot \rho}{TV} = 0{,}067$, so daß sich mit 6,7 % pro Jahr ein wesentlich niedrigeres Wachstumstempo als im Beispiel 1 ergibt.

Beispiel 3:
Genau wie im Beispiel 2 wählen wir TV = 1,5 Jahre, wollen aber jetzt auch die Zirkulationsdauer berücksichtigen und setzen T1 = T2 = 3 Monate. Das Modell (14), (15), (16), das wir wegen der kurzen Verzögerungszeiten als zeitkontinuierlich annehmen, hat dann die konkrete Gestalt

$$\frac{d}{dt}W' = -0{,}667 \cdot W' + 0{,}827 \cdot W$$

$$\frac{d}{dt}G' = 4 \cdot W' - 4 \cdot G'$$

$$\frac{d}{dt}W = 1{,}884 \cdot W' + 1{,}663 \cdot G' - 4 \cdot W.$$

Dieses Differentialgleichungssystem hat die drei Eigenwerte

$$\lambda_1 = 0{,}053, \lambda_{2/3} = -4{,}36 \pm 1{,}11 \cdot i.$$

Das heißt, im eingeschwungenen Zustand, der wegen der negativen Realteile von λ_2 und λ_3 schnell erreicht wird, wachsen auch in diesem Beispiel alle Flüsse exponentiell mit dem gleichen Wachstumstempo, das aber jetzt nur 5,3 % pro Jahr beträgt. Die Berücksichtigung der Zirkulationsdauer des Kapitals hat somit noch einmal eine wesentliche Verringerung des Wachstumstempos zur Folge.

Die Ergebnisse der Beispiele 2 und 3 sind ein quantitativer Beleg für die mehrfach erwähnte produktivitätssteigernde Wirkung der Verkürzung der Produktions- und Zirkulationszeit.

Die komplexen Eigenwerte λ_2 und λ_3 zeigen, daß der Kapitalkreislauf zu Schwingungen neigt: Die Trajektorien exponentiellen Wachstums sind durch Schwingungen überlagert, für die eine Zyklusdauer von 5½ Jahren berechnet wurde.

2.2.4. Modellierung des Kapitalkreislaufes bei Berücksichtigung der Gebrauchswertstruktur des Warenkapitals

Ziel der folgenden Untersuchung ist die Modellierung des Kapitalkreislaufes entsprechend dem erweiterten Kreislaufschema, das die Struktur des Warenkapitals W' nach Produktions- und Konsumtionsmitteln berücksichtigt (vgl. Abschnitt 2.2.2., insbes. Abb. 2.4.). Mit dieser Aufgabe haben sich bisher vor allem sowjetische Ökonomen beschäftigt (DADAYAN, 1981). Die bekannt gewordenen Modelle unterscheiden sich meist durch die Wahl der Steuergrößen. Wir wollen ein Modell ableiten, das streng den MARXschen Annahmen über den Mechanismus des Kapitalkreislaufes folgt, insbesondere wählen wir als Steuergröße die Akkumulationsrate der Abteilung I.

Das methodische Herangehen entspricht dem bereits ausführlich erläuterten Herangehen an die Modellierung des Kreislaufs des Gesamtkapitals. Wir verbleiben bei den bereits eingeführten Bezeichnungen, werden aber Indizes 1 bzw. 2 verwenden, um die Zugehörigkeit der entsprechenden Größe zur Abteilung I bzw. II zu kennzeichnen.

Für das Stadium W ... P ... W' des Kapitalkreislaufes gilt für beide Abteilungen in völliger Analogie zu Gleichung (8)

$$(17) \qquad \Delta W'_i = -\frac{1}{TV_i} W'_i + \frac{1+\rho_i}{TV_i} \cdot W_i, \qquad i = 1,2.$$

Die Wertstruktur der Warenkapitale W'_1 bzw. W'_2 stellt sich in Abhängigkeit von den Profitraten ρ_1, bzw. ρ_2 und der organischen Zusammensetzung o_1 bzw. o_2 der produktiven Kapitale der Abteilung I bzw. II dar als

$$(18) \qquad W'_i = c_i + v_i + m_i,$$

$$(19) \qquad c_i = \frac{o_i}{1+o_i} \frac{1}{1+\rho_i} \cdot W'_i,$$

$$(20) \qquad v_i = \frac{1}{1+o_i} \frac{1}{1+\rho_i} \cdot W'_i,$$

$$(21) \qquad m_i = \frac{\rho_i}{1+\rho_i} \cdot W'_i, \qquad i = 1,2.$$

Entsprechend der Definition der Abteilungen I und II gilt für die Verwendungsstruktur von W'_1 und W'_2:

$$W'_1 = c_1 + c_2 + \Delta c_1 + \Delta c_2, \text{ Produktionsmittel,}$$

$$W'_2 = v_1 + v_2 + \Delta v_1 + \Delta v_2 + r_1 + r_2, \text{ Konsumtionsmittel.}$$

Zur Bestimmung des Umfangs der Produktionserweiterung nimmt MARX an, daß die Kapitalisten der Abteilung I einen bestimmten, konstanten Anteil (α_1) des Mehrwertes m_1 für die Akkumulation verwenden. Entsprechend der organischen Zusammensetzung des Kapitals der Abteilung I gilt dann (vgl. (21))

$$(22) \qquad \Delta c_1 = \frac{o_1}{1 + o_1} \alpha_1 m_1 = \frac{o_1}{1 + o_1} \cdot \frac{\rho_1}{1 + \rho_1} \alpha_1 W'_1$$

$$(23) \qquad \Delta v_i = \frac{1}{1 + o_1} \alpha_1 m_1 = \frac{1}{1 + o_1} \cdot \frac{\rho_1}{1 + \rho_1} \alpha_1 W'_1$$

In Abteilung II wird der nach Abzug der für die einfache Reproduktion erforderlichen Produktionsmittel ($c_1 + c_2$) und der Produktionsmittel für die erweiterte Reproduktion der Abteilung I (Δc_1) verbleibende Teil von W'_1 zur Produktionserweiterung eingesetzt (vgl. (18)–(21)):

$$(24) \qquad \Delta c_2 = W'_1 - c_1 - c_2 - \Delta c_1 =$$

$$= \frac{1}{1 + \rho_1} \cdot \frac{1 + \rho_1 + (1 - \alpha_1) o_1 \rho_1}{1 + o_1} W'_1 - \frac{o_2}{1 + o_2} \cdot \frac{1}{1 + \rho_2} W'_2.$$

Dieser Zuwachs an konstantem Kapital erfordert einen entsprechenden Zuwachs an variablem Kapital

$$(25) \qquad \Delta v_2 = \frac{1}{o_2} \Delta c_2.$$

Aus Gründen der Modellvereinfachung lassen wir – genau wie MARX bei der Aufstellung der Reproduktionsschemata (MEW 24, S. 505 ff.) – die Zirkulationsstadien W' – G' und G – W außer Betracht. Dann gilt für W_1 und W_2:

$$(26) \qquad W_1 = c_1 + v_1 + \Delta c_1 + \Delta v_1$$

$$(27) \qquad W_2 = c_2 + v_2 + \Delta c_2 + \Delta v_2.$$

Aus den Gleichungen (17), (18), (19), (22), (23) folgt

$$(28) \qquad \Delta W'_1 = \frac{\alpha_1 \rho_1}{TV_1} W'_1,$$

und aus (17), (18), (19), (24), (25)

$$(29) \qquad \Delta W'_2 = \frac{1 + \rho_2}{TV_2} \cdot \frac{1 + \rho_1 + (1 - \alpha_1) o_1 \rho_1}{1 + o_1} \cdot \frac{1 + o_2}{o_2} W'_1 -$$

$$- \frac{1}{TV_2} W'_2.$$

Die Gleichungen (28) und (29) beschreiben die Dynamik der Warenkapitale der Abteilungen I und II und ihre Größenbeziehungen. Wir wählen einen zeitdiskreten Ansatz mit $\Delta W_i(t) = W_i(t + 1) - W_i(t)$.

Dementsprechend lautet die Lösung des Differenzengleichungssystems (28), (29):

$$(30) \qquad W'_1(t) = (1 + \lambda_1)^{t-1} \cdot W'_1(1),$$

$$(31) \qquad W'_2(t) = (1 + \lambda_1)^{t-1} \cdot W'_1(1) + (W'_2(1) - \beta W'_1(1))(1 - \frac{1}{TV_2})^{t-1},$$

wobei

$$\lambda_1 = \frac{\alpha_1 \cdot \rho_1}{TV_1} \text{ und}$$

$$\beta = \frac{1 + \rho_1}{1 + \rho_2} \cdot \frac{1 + o_2}{o_2} \cdot \frac{1 + \rho_1 + (1 - \alpha_1)o_1\rho_1}{1 + o_2} \cdot$$

$$\cdot \frac{TV_1}{\alpha_1 \rho_1 TV_2 + TV_1} .$$

Hieraus ist ersichtlich, daß sich nach einer relativ kurzen, von TV_2 abhängigen Einschwingdauer für die Entwicklung der Warenkapitale beider Abteilungen wieder Trajektorien exponentiellen Wachstums mit gleichem Wachstumstempo λ_1 ergeben. Das Größenverhältnis von W'_1 und W'_2 ist im eingeschwungenen Zustand konstant (gleich β).

Beispiel 4:
Wir betrachten das Zahlenbeispiel von Marx für das Schema der erweiterten Reproduktion (MEW 24, S. 505). Danach gilt

$\rho_1 = 0{,}2 \qquad \rho_2 = 1/3$

$o_1 = 4 \qquad o_2 = 2$

$\alpha_1 = 0{,}5$

$W'_1 = 6000 \qquad W'_2 = 3000$

$TV_1 = 1 \qquad TV_2 = 1.$

In diesem Fall beträgt das Wachstumstempo $\lambda_1 = \alpha_1 \rho_1 TV_1 = 0{,}1$. Das Größenverhältnis der Warenkapitale beider Abteilungen ist $\beta \doteq W'_2/W'_1 = 0{,}4848$.
Die Lösungen (30), (31) lauten in diesem speziellen Fall

$$W'_1(1) = 6000, W'_2(1) = 3000,$$

$$W'_1(t) = 1{,}1^{t-1} \cdot 6000, W'_2(t) = {}^{t-1} \cdot 2909, \text{für } t = 2, 3, \ldots$$

Die entsprechenden Entwicklungen für W'_1 und W'_2 sind nachfolgend angegeben.

t	$W'_1(t)$	$W'_2(t)$
1	6000	3000
2	6600	3200
3	7260	3520
4	7986	3872
5	8784	4259
6	9663	4685
•		
•		
10	15562	7545

Es sind offensichtlich die gleichen Werte wie im MARXschen Reproduktionsschema (MEW24, S. 505ff.). W'_1 wächst von Anfang an mit einem Wachstumstempo von 10% pro Jahr. Die Einschwingdauer für W'_2 beträgt genau 1 Jahr. Ab $t = 2$ wächst auch W'_2 mit einem Wachstumstempo von 10%.

Beispiel 5:
Genau wie im Beispiel 2 nehmen wir jetzt eine mittlere Verweildauer des produktiven Kapitals in der Produktion an, die größer als 1 Jahr ist. Es sei $TV_1 = TV_2 = 1{,}5$ Jahre.

Entsprechend (30), (31) gilt für diesen Fall

$$W'_1(1) = 6000, W'_2(1) = 3000,$$

$$W'_1(t) = 6000 \cdot (1 + \lambda_1)^{t-1},$$

$$W'_2(t) = 6000\,\beta \cdot (1 + \lambda_1)^{t-1} + (3000 - 6000\,\beta)(1/3)^{t-1},$$

$$\text{mit } \beta = \frac{1 - 0{,}4\,\alpha_1}{1{,}5 + 0{,}3\,\alpha_1} \text{ und } \lambda_1 = 0{,}1333 \cdot \alpha_1.$$

Es sollen zunächst zwei Grenzfälle untersucht werden:

a) $\alpha_1 = 0$, d. h. keine Akkumulation in Abteilung I. Für W'_1 und W'_2 gilt dann:

$$W'_1(t) = 6000$$

$$W'_2(t) = 4000 - 1000\,(1/3)^{t-1}.$$

Das Warenkapital W'_1 der Abteilung I bleibt konstant. Das Warenkapital W'_2 der Abteilung II wächst bei den gegebenen Anfangsbedingungen und nähert sich asymptotisch dem Wert 4000. Im eingeschwungenen Zustand ist das Verhältnis $W'_2 : W'_1$ gleich 1:1,5.

b) $\alpha_1 = 1$, d. h., der Mehrwert der Abteilung I wird vollständig für die Akkumulation verwendet. Jetzt gilt für W'_1 und W'_2:

$$W'_1(t) = 6000 \cdot 1{,}133^{t-1}$$

$$W'_2(t) = 2000 \cdot 1{,}133^{t-1} + 1000 \cdot (1/3)^{t-1}.$$

Dabei wächst W'_1 mit dem maximal möglichen Wachstumstempo von 13,3% jährlich.
W'_2 fällt zunächst und bleibt bis zum vierten Jahr unter dem Anfangswert von 3000 (im ersten Jahr ist die einfache Reproduktion nicht gewährleistet, so daß $\alpha_1 = 1$ bei den gegebenen Anfangswerten eigentlich unzulässig ist). Nach der Einschwingphase (etwa nach 5 Jahren) wächst aber auch das Warenkapital der Abteilung II mit Wachstumstempo 13,3%. Das Verhältnis von $W'_2{:}W'_1$ ist dann gleich 1:3.

Schließlich sei noch entsprechend dem MARXschen Reproduktionsschema der Fall angenommen, daß die Akkumulationsrate $\alpha_1 = 0{,}5$ ist. Es ergibt sich ein Wachstumstempo von 6,67% pro Jahr für beide Abteilungen. Ihr Größenverhältnis $W'_2{:}W'_1$ beträgt 1:2,1.
Auch hier wird wieder im Vergleich mit Beispiel 4 (Wachstumstempo von 10%) die produktivitätssteigernde Wirkung der Verkürzung der Produktionszeit deutlich.

2.2.5. Reproduktionskreislauf in der sozialistischen Wirtschaft

Was die sozialistische Reproduktion betrifft, so sind innerhalb des Produktes jeder der beiden Abteilungen ebenfalls bestimmte Wertbestandteile zu unterscheiden, die in ihrer Zusammensetzung den Wertgrößen c, v und m entsprechen, wie sie MARX bei der Untersuchung der Reproduktion unter kapitalistischen Verhältnissen unterscheidet. Die Wertbestandteile des gesellschaftlichen Gesamtproduktes haben jedoch im Sozialismus einen anderen sozialökonomischen Inhalt. Sie sind im Sozialismus nicht mehr Bestandteile des gesellschaftlichen Gesamtkapitals und Widerspiegelung antagonistischer Ausbeutungsverhältnisse, wie die Kategorien c, v und m, sondern sind Wertteile der durch die sozialistischen Produzenten mittels gesellschaftlicher Produktionsfonds produzierten und der Gesellschaft gehörenden Produkte.

Die planmäßige Gestaltung der erforderlichen Grundproportionen für die sozialistische Reproduktion erfordert eine wesentlich feinere Unterteilung der Produktion, als sie bisher für den Kreislauf des Kapitals angenommen wurde, und darüber hinaus die Berücksichtigung der qualitativen Entwicklung von Reproduktionskreisläufen im Ergebnis von Innovationen. Ein entsprechendes Reproduktionsmodell wird im 3. Kapitel vorgestellt und im 5. Kapitel weiterentwickelt.

Einige grundlegende Kreislaufbeziehungen zwischen den in Abschnitt 2.1.2. angeführten Sphären der sozialistischen Volkswirtschaft veranschaulicht die Abbildung 2.6.

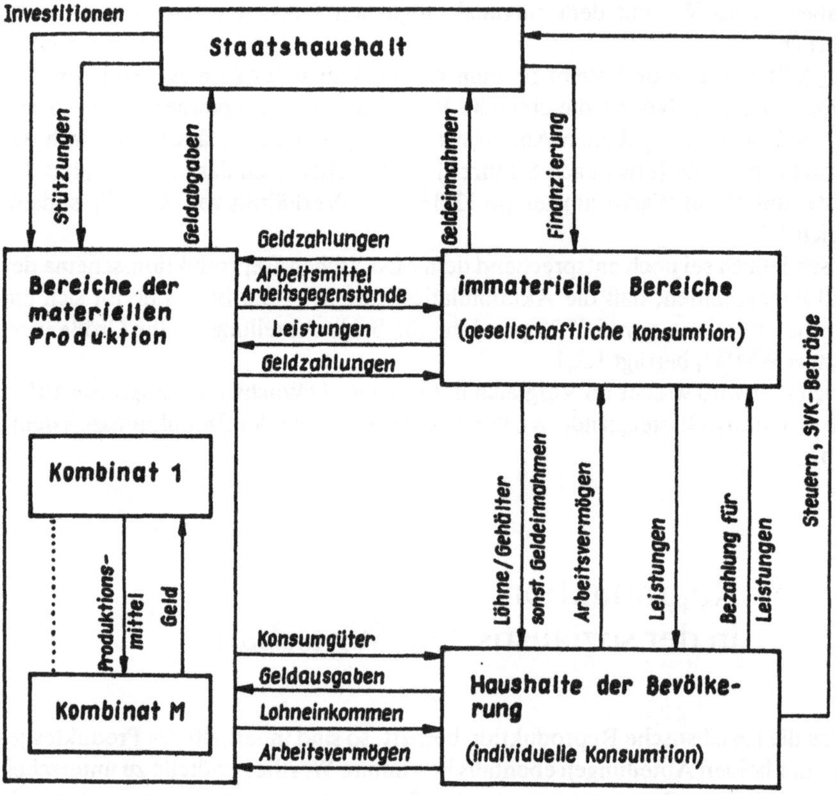

Abb. 2.6. Vereinfachter Kreislauf zwischen Sphären der Volkswirtschaft

Diese Kreislaufbeziehungen werden im Abschnitt 2.4. als Größenbeziehungen erfaßt und dann im 3. Kapitel mathematisch modelliert.

Ein weiterer, von KOZIOLEK (1979) entwickelter reproduktionstheoretischer Ansatz besteht darin, die Wirtschaft tiefer nach Reproduktionskomplexen zu gliedern und die Kreislaufbeziehungen zwischen ihnen zu erfassen (Abb. 2.7.). Die Bildung der Reproduktionskomplexe geht von der Spezifik verschiedener Prozesse aus. Das betrifft u. a. die mit der Nutzung der Naturressourcen verbundene Schaffung der Rohstoff- und Energiebasis, der Nahrungsgüter, die Versorgung mit Arbeitsmitteln und Arbeitsgegenständen, die Versorgung mit Konsumgütern (einschließlich der langlebigen) und mit Dienstleistungen. Ein Ansatz zur mathematischen Abbildung der Kreislaufbeziehungen zwischen diesen Reproduktionskomplexen wird im 5. Kapitel vorgestellt.

Hervorgehoben sei noch, daß der Reproduktionsprozeß nicht als elementarer Kreislauf in dem Sinne zu verstehen ist, daß nach seinem Ablauf alle prozeßbe-

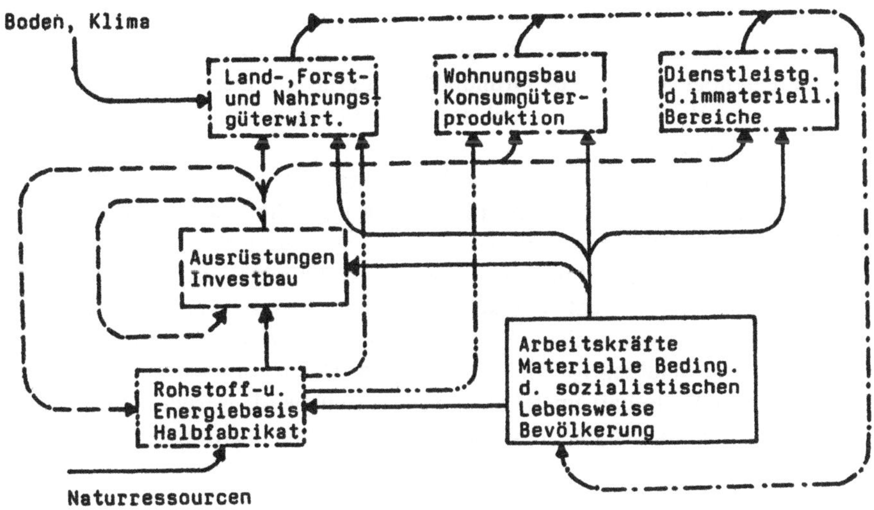

Abb. 2.7. Kreislauf zwischen Reproduktionskomplexen

stimmenden Größen qualitativ und quantitativ zu ihren Ausgangswerten zurückkehren. Vielmehr handelt es sich um einen Entwicklungsprozeß.

Die historischen Reproduktionsbedingungen verändern sich und bewirken somit keinen elementaren Kreislauf, worauf auch SCHUMPETER (1912) hinweist. MARX hat im „Kapital" mannigfach begründet, wie vor allem revolutionäre Wandlungen der Produktivkräfte, neue Erzeugnisse und neue Technologien, kurz: Innovationen, die dynamische Entwicklung des Reproduktionsprozesses vorantreiben. Der konkrete Reproduktionsprozeß beginnt stets auf neuem Niveau, so daß der Reproduktionskreislauf gewissermaßen als Spirale vorstellbar ist. Wichtige Wirkungen von Wissenschaft und Technik auf den Reproduktionskreislauf bestehen im Einsatz höher qualifizierter Arbeit, in Wertrevolutionen, Einverleibung wirkungsvollerer Maschinen und Werkstoffe, Erschließung zusätzlicher Naturkräfte, Erzielung von ausnahmsweiser Produktivkraft bei Ersteinsatz bzw. frühzeitigem Einsatz von Innovationen, Revolutionen in der Infrastruktur u. a. Ein besonders wichtiger Indikator dieser Wirkungen ist die neue Qualität der Grundmittel. All das führt bei feinerer Unterteilung des Reproduktionskreislaufs – etwa zwischen Reproduktionskomplexen, Wirtschaftsbereichen und schließlich zwischen Kombinaten – zu Änderungen der einzelnen Flüsse im Kreislauf, zu neuen Kooperationsbeziehungen, kurz: zu Strukturwandel im Detail.

Es ist eine wichtige Forschungsaufgabe der Wirtschaftswissenschaft, die komplexen Zusammenhänge im Reproduktionskreislauf der sozialistischen Wirtschaft tiefer zu untersuchen und dafür auch die Möglichkeiten der mathematischen Modellierung und der modernen Rechentechnik zu nutzen. Dabei ist es von aktuellem Interesse, die Untersuchungen bis zum Kreislauf zwischen Reproduktionskomplexen zu führen und zugleich die Dynamik des Reproduktionsprozesses im Zusammenhang mit der Intensivierung, vor allem durch neue Erzeugnisse, neue Technologien bzw. neue Grundmittel zu erfassen. Der Schwerpunkt liegt hierbei auf der Verbindung von Schlüsseltechnologien und neuem Niveau des Reproduktionskreislaufes.

MARX hat weithin die qualitativen Beziehungen im Reproduktionskreislauf analysiert (Formwechsel, Metamorphosen usw.) und die Untersuchung schließlich bis hin zu quantitativen Reproduktionsschemata geführt. In der Tat werden im Reproduktionskreislauf in und zwischen Polen Objekte umgewandelt (transformiert) und ausgetauscht, die sich als Größen charakterisieren lassen. Der Kreislauf ist dann wesentlich ein System von Größenbeziehungen; es findet Austausch und Umwandlung von Größenarten statt. Bevor ein solcher Kreislauf der sozialistischen Wirtschaft im folgenden vorgestellt wird, werden zunächst die wichtigsten volkswirtschaftlichen Größen bzw. Hauptkennziffern behandelt.

2.3. Grundbegriffe und Grundgrößen des sozialistischen Reproduktionsprozesses

2.3.1. Gesellschaftliches Gesamtprodukt

2.3.1.1. Begriff des gesellschaftlichen Gesamtprodukts

Das gesellschaftliche Gesamtprodukt umfaßt die Gesamtheit der während eines bestimmten Zeitraums, zum Beispiel eines Jahres, erzeugten Einzelprodukte (materielle Güter[8] und produktive Leistungen). Diese physische Bestimmung des gesellschaftlichen Gesamtprodukts ist die entscheidende, grundlegende. Sie hebt hervor, daß es sich um das gegebene Volumen des gesellschaftlichen Gesamtprodukts in der gegebenen gebrauchswertmäßigen Zusammensetzung, also in der quantitativen und qualitativen Struktur und Beschaffenheit, handelt.

Bei einer solchen Begriffsbestimmung ist das gesellschaftliche Gesamtprodukt allerdings nicht meßbar, da es Produkte zusammenfaßt, die unterschiedliche physikalische Maßeinheiten und Qualitäten haben und somit nicht addiert werden können. Das gesellschaftliche Gesamtprodukt wird deshalb als Preissumme aller während eines Jahres produzierten Produkte erfaßt (genauer: als Summe der Bruttoproduktwerte aller Betriebe der produzierenden Bereiche der Volkswirtschaft [Definitionen, 1987]). Da Preise Veränderungen unterliegen, kommt in der Preissumme nicht notwendig das physische Volumen des Gesamtproduktes zum Ausdruck. Deshalb ist die Bewertung des gesellschaftlichen Gesamtproduktes, wie auch des Produktionsverbrauchs und des Nettoproduktes, von Bedeutung. Diese Größen werden bewertet zu

- Preisen des jeweiligen Jahres (effektive Preise) und
- vergleichbaren Preisen eines Basisjahres (konstante Preise).

In der ersten Form kommt das aktuelle Wertvolumen des gesellschaftlichen Gesamtproduktes, in der zweiten Form sein physisches Volumen, vergleichbar mit dem Volumen des Basisjahres, zum Ausdruck. Dabei ist zu gewährleisten, daß die Vergleichbarkeit zur Preisbasis des entsprechenden Basisjahres auch gegeben ist. Dies erfolgt durch einheitliche Regelungen für die Planung, Rechnungsführung und Statistik (z.B. durch Bildungsvorschriften für die konstanten Planpreise der Industrie [vgl. Definitionen, 1987]).

2.3.1.2. Stoffliche Gliederung

Zunächst sind vom Gesichtspunkt des Gebrauchswertes, der Naturalform der Produkte, her gesehen auch im Sozialismus – entsprechend der grundlegenden Teilung der gesellschaftlichen Produktion in Produktion von *Produktionsmitteln* und Produktion von *Konsumtionsmitteln* – zwei Abteilungen zu unterscheiden:

„Das Gesamtprodukt, also auch die Gesamtproduktion der Gesellschaft, zerfällt in zwei große Abteilungen: I. Produktionsmittel, Waren, welche eine Form besitzen, worin sie in die produktive Konsumtion eingehn müssen oder wenigstens eingehn können. II. Konsumtionsmittel, Waren, welche eine Form besitzen, worin sie in die individuelle Konsumtion ... eingehn." (MEW 24, S.392.)

Diese Einteilung des Gesamtprodukts ergibt sich aus der unterschiedlichen Bestimmung der einzelnen Produkte, die sie im Zusammenhang mit ihrer jeweiligen Naturalform im Kreislaufprozeß der Reproduktion haben. Sie richtet sich danach, ob sie ihrer Naturalform nach als Maschinen, Ausrüstungen, Rohstoffe, Halbfabrikate usw. erneut in der Produktion Verwendung finden bzw. der weiteren Verarbeitung unterliegen, oder ob sie in Form materieller Produkte für den Lebensunterhalt der Menschen die Produktion endgültig verlassen und konsumiert werden.

Soweit einzelne Arten von Produkten ihrer Naturalform nach sowohl die Verwendung als Produktionsmittel wie als Konsumtionsmittel zulassen, ist nicht die Naturalform maßgebend, sondern ihre tatsächliche Verwendung im Reproduktionsprozeß. Das gilt insbesondere für den Teil der Produkte, der die verbrauchten Produktionsmittel zu ersetzen hat und entsprechend dieser Bestimmung ohnehin nicht in die individuelle Konsumtion eingehen kann. „Soweit er es könnte", sagt MARX in bezug auf diesen Produktenteil, „wie z.B. ein Bauer sein Saatkorn essen, sein Zugvieh schlachten könnte, leistet die ökonomische Schranke für ihn ganz dasselbe, als ob dieser Teil in einer nicht konsumablen Form bestände." (MEW 25, S.845.)

Innerhalb des Gesamtprodukts muß demnach die Zuordnung der verschiedenen Produkte zu einer der beiden Abteilungen vom Gesichtspunkt des Verwendungszweckes aus erfolgen. Das gilt insbesondere für Produkte der Landwirtschaft, die in ihrer Masse zwar von vornherein als Konsumtionsmittel erscheinen, jedoch mit zunehmender Arbeitsteilung in wachsendem Umfang erst industriell verarbeitet werden, ehe sie in die Konsumtion eingehen und daher zum größten Teil zunächst Rohstoffe für die Leicht- und Lebensmittelindustrie darstellen. Innerhalb des Gesamtprodukts sind sie als solche daher als Produktionsmittel zu erfassen und zur Abteilung I zu rechnen. Nach diesem Gesichtspunkt, d. h. nach ihrer ökonomischen Bestimmung, ist die Einteilung aller Produkte nach Produktions- und Konsumtionsmitteln für alle Produktionszweige vorzunehmen, um ein richtiges Bild über die Beziehungen zwischen den beiden Abteilungen zu erhalten.

Die Planung der stofflichen Zusammensetzung des gesellschaftlichen Gesamtprodukts nach Produktionsmitteln und Konsumtionsmitteln ist von entscheidender Bedeutung für den gesamten bewußten Vollzug des Reproduktionsprozesses im Sozialismus, insbesondere für das Ausmaß der künftigen Produktion und damit wiederum der künftigen Konsumtion.

Das *Zwischenprodukt* ist der Teil des in einer Zeiteinheit erzeugten gesellschaftlichen Gesamtproduktes, der als Material in derselben Zeiteinheit (in der Regel wird ein Jahr betrachtet) für die materielle Produktion wieder verbraucht wird. Es besteht aus Arbeitsgegenständen und schnell verschleißenden Arbeitsmitteln. Der verbleibende Teil des Gesamtproduktes ist das *Endprodukt.* Es besteht aus Konsumtionsmitteln und den in der betrachteten Zeiteinheit hergestellten, aber nicht verbrauchten Produktionsmitteln. Letztere gehen als Investitionsgüter in die materielle Produktion der nächsten Periode, in die gesellschaftliche Konsumtion oder in den Export ein.

Der *Produktionsverbrauch* erscheint dem unmittelbaren Verständnis zunächst als die Menge der während eines Jahres stofflich verbrauchten Arbeitsgegenstände sowie als Gebrauchswertverlust oder Verschleiß der Arbeitsmittel. Dieser stoffliche Verschleiß erstreckt sich in der Regel über mehrere Zeitperioden. In der jeweiligen Zeiteinheit werden jene Arbeitsmittel ausgesondert, die ihre Lebensdauer beendet haben.

Der *Ersatzfonds* ist jener Teil des Gesamtprodukts, der die ausgesonderten Arbeitsmittel und die verbrauchten Arbeitsgegenstände (den Materialverbrauch), d. h. die körperlich verzehrten Produktionsmittel, ersetzt.

Nicht alle jährlich verbrauchten Produktionsmittel können jedoch stofflich Bestandteil des im selben Jahr erzeugten gesellschaftlichen Gesamtproduktes sein. Der Produktionsverbrauch ist deshalb jene Gesamtheit neu erzeugter Produktionsmittel, die der Gesamtheit der verbrauchten Produktionsmittel gleichwertig ist. Die Gleichwertigkeit beider Produktengesamtheiten wird ökonomisch über Wert und Preis vermittelt.

Das *Nettoprodukt* umfaßt alle Konsumtionsmittel und die über den Produktionsverbrauch hinaus erzeugten Produktionsmittel. Zugleich ist es Teil des Endproduktes.

Zwischenprodukt, Endprodukt, Produktionsverbrauch, Ersatzfonds und Nettoprodukt sind makroökonomische Aggregate von Einzelprodukten und haben infolge des Doppelcharakters der Arbeit Gebrauchswert und Wert. Allerdings werden solche Produktengesamtheiten wie Produktionsverbrauch und Nettoprodukt als stoffliche Entsprechungen von Wertsummen gebildet. Diese Problematik wirft für die Planungspraxis und die empirische Wirtschaftsforschung komplizierte Fragen der Sicherung der Einheit von materieller und finanzieller Planung und der Beziehung von Makro- und Mikroökonomie auf.

2.3.1.3. Wertmäßige Gliederung

Auch im Sozialismus sind innerhalb des Produkts jeder der beiden Abteilungen, wie innerhalb des Gesamtprodukts selbst bestimmte Wertbestandteile zu unterscheiden. Die Grundlage der Analyse der Wertzusammensetzung des Gesamtprodukts ist der Unterschied zwischen jährlichem Produktenwert und Wertprodukt. Wie der Wert jeder Ware gliedert sich auch der Wert der Bruttoproduktion in den durch die konkrete Arbeit übertragenen Wert der im Produktionsprozeß verbrauchten Produktionsmittel und in den Neuwert, der der verausgabten abstrakten Arbeit entspricht. Der Neuwert (das Wertprodukt) zerfällt in den Wert des geschaffenen notwendigen Produkts und in den Wert des geschaffenen Mehrprodukts. Der übertragene Wert der verbrauchten Produktionsmittel ist gleich dem Wert des Teils des Produkts, der für den Ersatz der verbrauchten Produktionsmittel eingesetzt werden muß, um die sachlichen Bedingungen der Produktion zu erhalten und zu erneuern.

Der Wert des Zwischenproduktes wird in der gleichen Zeitperiode auf die Folgeprodukte übertragen. Er gehört nicht zum Wertprodukt der Volkswirtschaft. Allerdings wird bei der Herstellung von Zwischenprodukten, also in der Zulieferindustrie, abstrakte Arbeit verausgabt und Neuwert geschaffen. Der Wert des Endproduktes ist gleich dem Neuwert (Wertprodukt) und dem Teil des übertragenen Wertes, der durch Verschleiß der Arbeitsmittel entstanden ist.

Die Größe des verbrauchten Wertes der Produktionsmittel ist im Normalfall gleich der Größe des übertragenen Wertes und gleich der Größe des zu ersetzenden Wertes. Diese verschiedenen Größen sind zwar gleichwertig, als stoffliche Träger der Werte fungieren aber jeweils andere Produktengesamtheiten, andere stoffliche Qualitäten. Im ersten Fall sind es stofflich verbrauchte Produkte, im zweiten Fall ist es eine in der gleichen Zeitperiode in der Volkswirtschaft erzeugte Produktenmenge und im dritten sind es Produkte, die dem Ersatz der stofflich verbrauchten Produkte in der Volkswirtschaft dienen, die aber, wie z. B. das Erdöl, aus dem Ausland stammen können.

Das Größenverhältnis zwischen den beiden Bestandteilen des Produktionsverbrauchs und der große Anteil des Produktionsverbrauchs am Gesamtprodukt wird aus folgenden Zahlen ersichtlich. In der DDR betrug 1986 bei einem Gesamtprodukt von 771,9 Mrd. M der Produktionsverbrauch 508,9 Mrd. M, d. h. 65,9 %. Davon entfielen 29,2 Mrd. M auf Abschreibungen, Mieten und Pachten. Der weitaus größte Teil des Produktionsverbrauchs (479,6 Mrd. M) beinhaltet Material und produktive Leistungen.

Die genaue Ermittlung des Produktionsverbrauchs ist von Bedeutung für die bewußte Regelung der Produktion und damit vor allem auch für die Verteilung der gesellschaftlichen Gesamtarbeit auf die verschiedenen Zweige der materiellen Produktion. Nur wenn der Produktionsverbrauch genau bestimmt ist, ist auch das Nettoprodukt bekannt. Das Nettoprodukt aber ist die Basis der Konsumtion und Akkumulation.

Innerhalb des Produktionsverbrauchs spielt der Ersatz der verschlissenen Arbeitsmittel eine wichtige Rolle. Langfristig gesehen, muß der sozialistische Staat unbedingt dafür sorgen, daß alle Zweige der Volkswirtschaft sukzessive ihre abgenutzten Arbeitsmittel ersetzen. Solche Zweige, die dabei vernachlässigt werden, zeitigen als Folge ein Überaltern der Grundfonds und ein Zurückbleiben in der Produktivität.

Im Zusammenhang mit dem wissenschaftlich-technischen Fortschritt in der Produktion macht auch der Produktionsverbrauch einen stetigen Strukturwandel durch, den der sozialistische Staat planmäßig organisieren muß. Hinsichtlich der Arbeitsmittel, sowohl der Produktionsinstrumente als auch ihres Zubehörs, vollzieht sich ein mehr oder weniger starker Prozeß des Ausscheidens veralteter und ihrer Ersetzung durch moderne Arbeitsmittel. Dieser Wandel betrifft auch die Arbeitsgegenstände: Es werden neue Werkstoffe entwickelt, bekannte Arbeitsgegenstände verbessert und veraltete Arbeitsgegenstände aus der Produktion gezogen.

2.3.1.4. Realisierung des gesellschaftlichen Gesamtproduktes mittels Geldfonds

Die Waren, die das gesellschaftliche Gesamtprodukt bilden, werden in der Zirkulation für Geld verkauft. Die Summe der dabei erzielten Geldeinnahmen ist gleich dem Preis des gesellschaftlichen Gesamtproduktes, der seinem Wert entspricht. In der materiellen Produktion entstehen als Erscheinungsformen des Wertes des Produktionsverbrauchs Amortisationen und Materialkosten. Damit der Betrieb, der Zweig oder die Volkswirtschaft die Produktion auf der gleichen Stufenleiter fortsetzen kann, müssen im Zusammenhang mit dem Akt W-G objektiv notwendig Geldfonds gebildet werden.

Mittels dieser Geldfonds werden nun die erforderlichen Reparaturarbeiten und Ersatzinvestitionen finanziert und die für die einfache Reproduktion erforderlichen Arbeitsgegenstände gekauft. Diesen Prozeß muß die sozialistische Gesellschaft planmäßig steuern, damit der Reproduktionsprozeß funktionieren kann.

Ein weiterer Teil der Geldeinnahmen bildet Geldeinkommen (Nationaleinkommen im engeren Sinn). Deren Höhe ist gleich dem geschaffenen Neuwert (Wertprodukt) und gleich dem Wert des Nettoprodukts.

2.3.2. Nationaleinkommen

2.3.2.1. Nettoprodukt und Nationaleinkommen

Der zweite große Bestandteil des gesellschaftlichen Gesamtprodukts ist das Nettoprodukt (auch National- oder Volkseinkommen genannt). Wie das Gesamtprodukt ist das Nettoprodukt eine Gesamtheit einzelner Produkte, die Gebrauchswert und Wert hat. Stofflich umfaßt es sämtliche Konsumtionsmittel, also das Produkt der Abteilung II und, bei erweiterter Reproduktion, den Teil der in Abteilung I produzierten Produktionsmittel, der den Produktionsverbrauch übersteigt und folglich Grundlage der erweiterten Reproduktion ist.

Der Wert des Nettoprodukts ist dem Neuwert gleich, doch nicht mit ihm identisch. Die stofflichen Träger beider Wertsummen sind qualitativ verschieden. In den Wert des Nettoprodukts (der Akkumulations- und Konsumtionsmittel) geht auch übertragener Wert als Bestandteil ein, andererseits wird auch bei der Produktion des Produktionsverbrauchs (vor allem in der Zulieferindustrie) Neuwert geschaffen.

In allen Wirtschaftseinheiten der materiellen Produktion entstehen mit der Neuwertbildung Geldeinkommen, deren Summe ebenfalls als Nationaleinkommen bezeichnet wird.

Der Wert des Nettoprodukts, der Neuwert und die Summe der Geldeinkommen müssen quantitativ übereinstimmen. Alle drei werden in der Literatur häufig unter der Kategorie des Nationaleinkommens zusammengefaßt. Das Nationaleinkommen erscheint so in dreifacher Form:

- Neuwert als Summe der Nettoproduktion der Betriebe der materiellen Produktion,
- Geldeinkommen als Summe der ursprünglichen Einkommen,
- Nettoprodukt als Summe von Konsumtions- und Produktionsmitteln, die über den Produktionsverbrauch hinaus hergetellt wurden.

In den Phasen des Reproduktionsprozesses findet die Bewegung des Nationaleinkommens als Formwechsel statt. Nationaleinkommen als Nettoprodukt und als Neuwert ist eine Kategorie der materiellen Produktion. Nationaleinkommen als Geldeinkommen ist eine Distributionskategorie. Die Realisierung der

Geldeinkommen mit dem Nettoprodukt findet in der Zirkulation statt, und schließlich erscheint das Nationaleinkommen in der stofflichen Form des Nettoproduktes gebrauchswertmäßig als Kategorie der produktiven und nichtproduktiven Konsumtion.

Im Reproduktionsprozeß durchläuft das gesellschaftliche Gesamtprodukt zwischen seiner Produktion und Konsumtion die Phase der Verteilung und Umverteilung, in der die finanziellen Prozesse eine erhebliche Rolle spielen. Die Summe der realisierten Werte der gesellschaftlichen Produktion bildet die Summe der Erlöse der Produzenten. Ob und inwieweit sie von den Produzenten selbst in der geschaffenen Größe und Struktur für die produktive und nichtproduktive Konsumtion eingesetzt werden, ob Umverteilungsprozesse zwischen den Betrieben, Zweigen und Bereichen der Volkswirtschaft, zwischen ihnen direkt oder über den sozialistischen Staatshaushalt oder die Bank, zwischen dem notwendigen und dem Mehrprodukt usw. stattfinden, ist eine wesentliche Frage der planmäßigen und proportionalen Gestaltung des Reproduktionsprozesses.

Der Hauptgegenstand der Verteilung und Umverteilung ist das Nationaleinkommen. Im Ergebnis seiner Verteilung entstehen planmäßige Geldeinkommen bei den Endkonsumenten, die ihnen die materielle Aneignung des Nationaleinkommens in der stofflichen Gestalt gewährleisten. Damit wird die Verteilung und Umverteilung der Einkommen zu einer entscheidenden volkswirtschaftlichen Aufgabe bei der Herstellung der Proportionen und der Steuerung des Reproduktionsprozesses.

Das Nationaleinkommen kann nicht ausschließlich als eine Distributionskategorie aufgefaßt werden. Es ist entsprechend seiner Entstehung in erster Linie eine Kategorie der materiellen Produktion. Es muß jedoch hervorgehoben werden, daß wir es seinen Bewegungsstadien entsprechend, die es im Reproduktionsprozeß durchläuft, bestimmen.

Eine der wichtigsten Aufgaben der sozialistischen Planwirtschaft ist es ohne Zweifel, ständig bewußt die notwendige Übereinstimmung zwischen den Bewegungsstadien bzw. Formen des Nationaleinkommens herzustellen und eine entsprechende Kontinuität seiner Bewegung zu wahren. Ein Mangel vieler Betrachtungen über das Nationaleinkommen im Sozialismus bestand in einer sehr starken Vereinfachung der Darlegung seines Formwechsels, die bis zur unterschiedlosen Identifikation der 3 Formen reicht. Natürlich ist es grundsätzlich richtig, daß in der sozialistischen Gesellschaftsordnung im Prinzip Proportionalität und Kontinuität zwischen den Formen des Nationaleinkommens besteht. Sie entstehen jedoch als Ergebnis des bewußten Handelns der sozialistischen Produzenten. Folglich ist es nicht unwesentlich, auch dabei auftretende Widersprüche zu betrachten, um sie zu überwinden und – soweit es sich um solche unvermeidlicher Natur handelt – sie in der volkswirtschaftlichen Bilanzierung zu beachten. Widersprüche zwischen den Formen des Nationaleinkommens können im Prinzip

- zwischen Entstehung und Verteilung und
- zwischen Verteilung und Verwendung hervortreten.

Notwendiges Produkt und Mehrprodukt, Lohneinkommen und Reineinkommen
Sehen wir uns nun die Struktur des Wertprodukts an, das als Ganzes den Wertteil verkörpert, der jährlich durch verausgabte lebendige Arbeit der Werktätigen in der materiellen Produktion geschaffen wird. Diese Arbeit ist im Sozialismus einerseits Arbeit der Werktätigen für sich und andererseits Arbeit für die Gesellschaft. Die letztere ist im Verhältnis zur ersteren Mehrarbeit.

Notwendige Arbeit „für sich" und Mehrarbeit für die Gesellschaft sind die Grundlage für die Aufteilung

- des Neuwertes in den Wert des notwendigen Produkts und den Wert des Mehrproduktes;
- des Nationaleinkommens (als Geldeinkommen) in Lohneinkommen und Reineinkommen.

MARX impliziert diese Aufteilung für die sozialistische Produktionsweise, wenn er schreibt: „Reduziert man allerdings den Arbeitslohn auf seine allgemeine Grundlage, nämlich auf den Teil des eignen Arbeitsprodukts, der in die individuelle Kunsumtion des Arbeiters eingeht; befreit man diesen Anteil von der kapitalistischen Schranke und erweitert ihn zu dem Umfang der Konsumtion, den einerseits die vorhandene Produktivität der Gesellschaft zuläßt ... und den andrerseits die volle Entwicklung der Individualität erheischt; reduziert man ferner die Mehrarbeit und das Mehrprodukt auf das Maß, das unter den gegebnen Produktionsbedingungen der Gesellschaft erheischt ist, einerseits zur Bildung eines Assekuranz- und Reservefonds, andrerseits zur stetigen Erweiterung der Reproduktion in dem durch das gesellschaftliche Bedürfnis bestimmten Grad; schließt man endlich in Nr. 1, der notwendigen Arbeit, und Nr. 2, der Mehrarbeit, das Quantum Arbeit ein, das die arbeitsfähigen für die noch nicht oder nicht mehr arbeitsfähigen Glieder der Gesellschaft stets verrichten müssen, d. h. streift man sowohl dem Arbeitslohn wie dem Mehrwert, der notwendigen Arbeit wie der Mehrarbeit den spezifisch kapitalistischen Charakter ab, so bleiben eben nicht diese Formen, sondern nur ihre Grundlagen, die allen gesellschaftlichen Produktionsweisen gemeinschaftlich sind." (MEW 25, S. 883.)

Es ist daher eine unzulässige Vereinfachung, wenn für den Sozialismus die wertmäßige Gliederung des Gesamtprodukts nur in der Teilung von Ersatzfonds und Nationaleinkommen dargestellt wird, denn diese läßt das Reineinkommen als Quelle und Grundlage der sozialistischen Akkumulation und der gesellschaftlichen Konsumtion nicht sichtbar werden und gibt damit auch keine exakte Grundlage für eine theoretische Analyse der Voraussetzungen der sozialistischen Akkumulation und der gesellschaftlichen Konsumtion. Aus dieser Tatsache, daß im Sozialismus kein Kapital und damit keine Ausbeutung existieren, so daß auch die Kategorien v + m als kapitalistischer Ausdruck der notwendigen Arbeit und der Mehrarbeit mit dem ihnen eigenen antagonistischen Widerspruch aufgehoben und überwunden sind, folgt also keineswegs, daß damit eine Aufteilung des Nationaleinkommens überhaupt entfällt. Dem widerspricht einfach die ökonomische Wirklichkeit im Sozialismus, in der die Teilung des Nationaleinkommens in

Lohn- und Reineinkommen objektiv gegeben ist und sowohl theoretisch wie auch praktisch (in der Kosten- und Rentabilitätsrechnung) größte Bedeutung besitzt. Sie ist daher nicht nur möglich, sondern zugleich notwendig.

Dementsprechend unterscheiden sich auch Lohnfonds und Reineinkommen der sozialistischen Gesellschaft – ebenso wie der Wert des Ersatzfonds vom konstanten Kapital – grundlegend vom variablen Kapital und vom Mehrwert. So ist der Lohnfonds seinem Wesen nach nicht Kapitalteil, der für die Bezahlung der Arbeitskraft als Ware verwendet wird, sondern Fonds für die Vergütung nach der Arbeitsleistung der Werktätigen in der sozialistischen Produktion, und das Reineinkommen ist nicht kapitalistischer Mehrwert, der auf der Grundlage der Ausbeutung vom Kapital als unbezahlte Arbeit angeeignet wird, sondern der Fonds, den die Gesellschaft zur Befriedigung kollektiver Bedürfnisse, in gewissem Maße auch zur Befriedigung individueller Bedürfnisse und zur Erweiterung der Produktion, bildet und verwendet. Diese Aufteilung widerspiegelt in ihrer spezifisch sozialistischen Form zugleich die allgemeine ökonomische Notwendigkeit, daß zur Befriedigung gesellschaftlicher Bedürfnisse wie zur Erweiterung der Produktion stets ein größeres Produkt erzeugt werden muß, als von dem unmittelbaren Produzenten selbst individuell konsumiert wird.

Zu unterstreichen ist, daß ein hohes Tempo des Wachstums des Mehrproduktes nicht im Widerspruch steht zum Wachstum sowohl des gesamten Lohnvolumens als auch des individuellen Arbeitseinkommens. Mehr noch: Gerade auf der Grundlage eines wachsenden Mehrproduktes schafft sich die sozialistische Gesellschaft die Mittel, um die materiell-technische Basis auszugestalten, die Bildung und Qualifikation zu erhöhen und andere Maßnahmen zu treffen, um, verbunden mit wachsenden persönlichen Leistungen der Werktätigen, deren Arbeitseinkommen stetig zu erhöhen. Das Mehrprodukt ist also die materielle Grundlage für die weitere Ausgestaltung der entwickelten sozialistischen Gesellschaft, sei es, um die individuellen Bedürfnisse besser befriedigen zu können, um die Befriedigung der wachsenden Bedürfnisse der gesellschaftlichen Konsumtion auf immer wirksamere Weise zu sichern, sei es vor allem aber auch, um die Akkumulation in der produzierenden sowie in der nichtproduzierenden Sphäre entsprechend vollziehen zu können. Das Mehrprodukt wird also im Interesse der Werktätigen, ja im Interesse aller Altersgruppen der sozialistischen Gesellschaft, verwandt.

2.3.2.2. Die Funktion des Nationaleinkommens in der intensiv erweiterten Reproduktion

Das Nationaleinkommen als Nettoprodukt ist der Teil des gesellschaftlichen Gesamtproduktes, der nach Abzug des Produktionsverbrauchs der gesellschaftlichen Nutzung und Verwendung zur Verfügung steht. Es wird für die individuelle und gesellschaftliche Konsumtion eingesetzt und ist zugleich Quelle der Erweiterung der Reproduktion in den materiellen Bereichen und der Erweiterung der materiellen Fonds in der immateriellen Sphäre.

Lohn und Reineinkommen verhalten sich im Sozialismus nicht antagonistisch. Die Erhöhung des Lohneinkommens auf Kosten des für die Gesamtentwicklung erforderlichen Reineinkommens würde zwar eine momentan größere individuelle Konsumtion und somit größere Bedürfnisbefriedigung bedeuten, sie würde aber zugleich die Entwicklungsmöglichkeiten der materiellen Produktion oder anderer wichtiger Bereiche und damit auch die künftige Befriedigung der Bedürfnisse beschneiden. Umgekehrt würde eine Erhöhung des Reineinkommens auf Kosten der Lohneinkommen die Befriedigung gegenwärtiger Bedürfnisse einschränken. Die sozialistische Gesellschaft muß deshalb das Verhältnis zwischen Lohneinkommen und Reineinkommen so festlegen, daß eine optimale Bedürfnisbefriedigung nicht nur in der Gegenwart, sondern auch in der Zukunft gewährleistet wird.

Mit der Primärverteilung des Nationaleinkommens ist bereits eine wesentliche Entscheidung über seine Verwendung getroffen. Das gilt vor allem für den Bereich der individuellen Konsumtion durch die Bildung des Lohneinkommens der produktiv Tätigen. Dennoch unterliegt sowohl das Lohneinkommen wie auch das Reineinkommen noch weiteren Veränderungen. Denn zwischen der Produktion und der Verwendung des Nationaleinkommens liegt seine Verteilung und Umverteilung. Darauf wird später noch näher eingegangen.

Die Verteilung und Verwendung des verfügbaren gesellschaftlichen Reineinkommens unterliegt keineswegs der willkürlichen Entscheidung durch die Gesellschaft. Sie muß vielmehr auch hier von objektiven Anforderungen ausgehen, die die ständige Höherentwicklung der sozialistischen Gesellschaft in allen Bereichen des gesellschaftlichen Lebens in der wissenschaftlich-technischen Revolution stellt:

Erstens muß ein beträchtlicher Teil des Reineinkommens als produktive Akkumulation zur Sicherung einer ständigen Erhöhung der materiellen Produktion auf einem hohen Niveau der Arbeitsproduktivität eingesetzt werden, um die materiellen Produktionsgrundlagen, die Produktionsfonds, entsprechend dem wissenschaftlich-technischen Fortschritt zu erweitern und zu modernisieren.

Zweitens erfordern die wissenschaftliche Beherrschung der immer komplizierter und vielfältiger werdenden gesellschaftlichen Prozesse sowie die Meisterung des wissenschaftlich-technischen Fortschritts, des gesellschaftlichen Lebens, insbesondere in der materiellen Produktion, einen beträchtlichen Einsatz von Teilen des Reineinkommens für Wissenschaft und Technik.

Drittens ist, eng verbunden mit dem vorgenannten Prozeß, der Einsatz umfangreicher Teile des Reineinkommens für Bildung, Kultur usw. erforderlich, um das wissenschaftliche und kulturelle Niveau der Mitglieder der sozialistischen Gesellschaft zu erhöhen.

Viertens sind für das Erschließen und Nutzbarmachen neuer Wirtschaftsgebiete sowie die Erhöhung der Effektivität — nicht nur des Produktions- und Reproduktionsprozesses, sondern des gesellschaftlichen Lebensprozesses überhaupt – die spezifischen Fonds der Infrastruktur zu erhalten, zu erneuern und zu erweitern.

Fünftens müssen für das Gesundheitswesen sowie für soziale Zwecke im umfassenden Sinne, für das Wohnungswesen, für noch nicht oder nicht mehr Arbeitsfähige, umfangreiche Mittel eingesetzt werden.

Sechstens ergibt sich auf absehbare Zeit noch die Notwendigkeit, daß die sozialistischen Länder beträchtliche Mittel für Verteidigungszwecke einsetzen müssen.

2.3.2.3. Der Weg vom produzierten zum verwendeten Nationaleinkommen

Bereits bei der Unterscheidung von Nettoprodukt und Geldeinkommen können elementare Zusammenhänge, Realisierungsfragen und mögliche Widersprüche im Kreislauf herausgearbeitet werden. Dabei darf nicht übersehen werden, daß die Entstehung der ursprünglichen Geldeinkommen gleichsam die erste Stufe der Realisierung des Produkts voraussetzt, seinen Verkauf an den Handel oder die Produktionsmittelkäufer, also den Akt W' – G'. Damit ist aber keinesfalls schon das Nettoprodukt realisiert und der Kreislauf des Nationaleinkommens abgeschlossen.

Dies geschieht erst durch die Konsumtion des Nettoprodukts in den materiellen und immateriellen Bereichen sowie in den Haushalten der Bevölkerung.

Eine differenziertere Analyse von Kreislaufbeziehungen beruht auf der Unterscheidung von produziertem und verwendetem Nationaleinkommen. Die Abbildung 2.8. zeigt zunächst die stofflichen Beziehungen für das Nationaleinkommen als Nettoprodukt.

Komplizierter sind die Veränderungen, die das erzeugte Gesamtprodukt im Rahmen des Austauschs vollziehen muß, damit sich die für die Akkumulation und Konsumtion stofflich und finanziell erforderlichen Größen herausbilden. Unsere bisherigen Betrachtungen haben gezeigt, daß der effektive Prozeß der Akkumulation und Konsumtion zwei Stufen zur Voraussetzung hat:
- die Schaffung eines entsprechend strukturierten Produktes;
- die Bildung der entsprechenden Geldfonds zur Realisierung des Produkts entsprechend der planmäßig vorgegebenen Verwendung.

Wie hängt diese Problematik nun mit dem produzierten Nationaleinkommen und seiner Verwendung zusammen?

Das produzierte Nationaleinkommen wird aufgefaßt als das Nettoprodukt der Bereiche der materiellen Produktion. Das Nettoprodukt der Wirtschaftsbereiche drückt zunächst wertmäßig ihren Leistungsbeitrag zum produzierten Nationaleinkommen der Volkswirtschaft aus, es entspricht aber stofflich nicht unmittelbar dem produzierten Nationaleinkommen. Teile des Nettoprodukts der Zweige gehen stofflich in den Produktionsverbrauch der Wirtschaft ein, wie umgekehrt Teile des Produkts von Zweigen, die Produktionsverbrauch darstellen, stofflich in das produzierte Nationaleinkommen eingehen. Erst in einem komplizierten Prozeß, über mehrere Stufen hinweg und unter Einschluß der Modifikation durch den Außenhandel, erhält das Nettoprodukt jene stofflich-materielle Struktur, in der es als Grundlage für die Akkumulation und Konsumtion zur Verfügung steht. Daher muß bei der Verwandlung von produziertem in verwendetes Nationaleinkommen im Sinne der stofflichen Realisierung der ursprünglichen Einkommen unbedingt vom Gesamtprodukt ausgegangen werden. Im Rahmen der Bewegung des Gesamtprodukts bildet sich in einem komplizierten Austauschprozeß das verwendete Nationaleinkommen heraus. Was wir daher brauchen, ist eine durchgängige Erfassung und Bestimmung der Bewegung des Nationaleinkommens durch alle Phasen der Reproduktion.

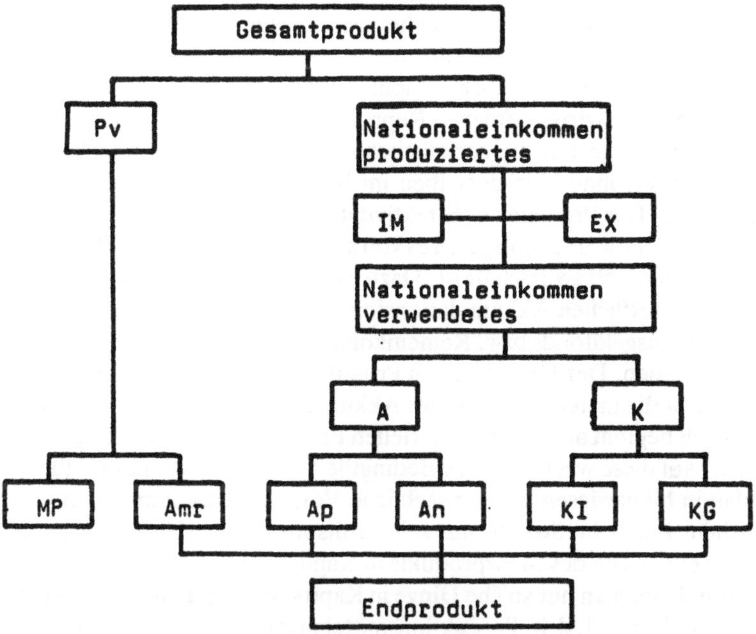

Abb. 2.8. Stoffliche Beziehungen für das Nationaleinkommen als Nettoprodukt

Pv Produktionsverbrauch
IM Importgüter
EX Exportgüter
A Akkumulationsfonds
K Konsumtionsfonds
MP Materialverbrauch
Amr realisierte Amortisationen
Ap Akkumulationsfonds für produzierenden Bereich
An Akkumulationsfonds für nichtproduzierenden Bereich
KI Konsumtionsmittel für individuelle Konsumtion
KG Konsumtionsmittel (Arbeitsgegenstände) für gesellschaftliche Konsumtion

Mit einem hohen Genauigkeitsgrad kann das verwendete Nationaleinkommen nur durch die Aufdeckung der volkswirtschaftlichen Verflechtung der Produktion, Verteilung und Verwendung des Produkts bestimmt werden. In allen sozialistischen Ländern unternehmen Statistiker, Planer und Theoretiker große Anstrengungen, um die Reproduktionsphasen durch Verflechtungsbilanzen komplex zu erfassen. Ein Kerngedanke dabei ist es, die Struktur des erzeugten Produkts, die Entstehung der Geldfonds und ihre Funktion bei der Realisierung sowie die Verwendung des Produkts exakter zu bestimmen und bessere Grundlagen für die Planung zu erhalten. Die Verflechtungsbilanz ermöglicht es, den Kreislauf des gesellschaftlichen Gesamtprodukts, sowohl der Wertform nach als auch in der stofflichen Bewegung, tiefer widerzuspiegeln. Für uns ist dabei besonders wichtig, daß ausgehend von der materiellen Produktion der ganze Prozeß der Bildung der Geldfonds für die Zwecke des Ersatzbedarfs, für die Akkumulation und Konsumtion gezeigt und auch der Anteil der Zweige der materiellen Produktion an der Akkumulation und Konsumtion herausgearbeitet wird.

Die Planung des für Akkumulation und Konsumtion verwendeten Nationaleinkommens ist ein außerordentlich komplizierter Prozeß, der vor allem eine genaue Kenntnis des volkswirtschaftlichen Reproduktionskreislaufes erfordert. Ihre allgemeine Grundlage hat die sozialistische Akkumulation im gesellschaftlichen Gesamtprodukt, innerhalb desselben im Nettoprodukt und hier wiederum im Mehrprodukt. Das Problem der Effektivität der Akkumulation ist lange Zeit sehr wenig untersucht worden, obgleich es von allergrößter Bedeutung für das Wachstumstempo der Volkswirtschaft ist. Dazu ist klar zwischen der Akkumulation als Prozeß, den stofflichen Akkumulationsfonds als Teil des Nettoprodukts und den Akkumulationsgeldfonds bzw. Reineinkommen zur Erweiterung der Produktion zu unterscheiden. Der Überschuß an Produktionsmitteln über den Produktionsverbrauch ist die materielle Basis des Akkumulationsprozesses. Der Akkumulationsprozeß beginnt also in der materiellen Produktion. MARX hat im 1. Band des „Kapital" auf diese wechselseitige Bedingtheit von Produktionsstruktur und Akkumulation hingewiesen. Dieser sachliche Vorgang hat mit anderem sozialökonomischem Inhalt im Sozialismus seine Entsprechung. „Um zu akkumulieren, muß man einen Teil des Mehrprodukts in Kapital verwandeln. Aber, ohne Wunder zu tun, kann man nur solche Dinge in Kapital verwandeln, die im Arbeitsprozeß verwendbar sind, d. h. Produktionsmittel und des ferneren Dinge, von denen der Arbeiter sich erhalten kann, d. h. Lebensmittel. Folglich muß ein Teil der jährlichen Mehrarbeit verwandt worden sein zur Herstellung zusätzlicher Produktions- und Lebensmittel, im Überschuß über das Quantum, das zum Ersatz des vorgeschossenen Kapitals erforderlich war. Mit einem Wort: der Mehrwert ist nur deshalb in Kapital verwandelbar, weil das Mehrprodukt, dessen Wert er ist, bereits die sachlichen Bestandteile eines neuen Kapitals enthält." (MEW 23, S. 606/607.) In der materiellen Produktion wird also bereits die Effektivität der produktiven Akkumulation bestimmt. Je größer die Ökonomie der Zeit bei der Erzeugung von Produktionsmitteln, je mehr sie in Leistungsfähigkeit, Qualität,

Kosten und Erneuerungstempo dem Weltniveau entsprechen und dabei die modernsten Errungenschaften von Wissenschaft und Technik ökonomisch verwerten, um so wirkungsvoller kann die Akkumulation sein. Alles, was in der materiellen Produktion der Akkumulationsmittel versäumt wird, ist unwiederbringlich verloren, genauer gesagt: Es kann nur durch zusätzlichen Einsatz von Arbeitskräften und Produktionsmitteln ausgeglichen werden, beeinträchtigt also in jedem Falle das mögliche Wachstumstempo der Produktion. Der Grad der Ökonomie der Zeit bei der Erzeugung der Produktionsmittel und des Einsatzes dieser Mittel als Ersatzfonds und Akkumulationsfonds hängt weiterhin ab von solchen wichtigen Faktoren der Steigerung der Arbeitsproduktivität wie Qualifikation und Bewußtsein der Arbeitskräfte, Niveau und Ausnutzung der vorhandenen Arbeitsmittel und Arbeitsgegenstände, wissenschaftlich-technisches Niveau der Produktionsorganisation u. a.

Der Akkumulationsprozeß geht gleichzeitig ständig in Form der Reineinkommensanhäufung vor sich. MARX nannte diesen Prozeß im Unterschied zur realen Akkumulation Geldakkumulation. Die Bildung von Akkumulationsgeldfonds ist ein wesentliches Element der Akkumulation. Der sozialistische Staat nutzt diesen Prozeß für die planmäßige Entwicklung der Volkswirtschaft. Er ist primär abhängig vom Resultat der materiellen Produktion. Akkumulationsgeldfonds werden entsprechend den im Plan vorgesehenen Zielen mit stofflichen Akkumulationsfonds realisiert. Die Akkumulationsfonds durchlaufen dabei die Sphäre der Zirkulation und gelangen von dort mittels der Akkumulationsgeldfonds in das Stadium der realen Akkumulation, das Stadium der Wirkung der Akkumulation auf die Produktion durch Vermehrung und Verbesserung der produzierten Grundfonds und Umlauffonds. Das Stadium der realen Akkumulation schließt zwei wesentliche zeitliche Momente ein. Es umfaßt zunächst die Gestaltung des Zuwachses der Produktionsfonds am Ort ihrer Aktivierung, vor allem durch Bau- und Montagearbeiten. Dieser Prozeß ist ein Vorgang, bei dem die sozialistische Gesellschaft bewußt einen Teil gesellschaftlicher Arbeit für die Erweiterung der Produktion zur Verfügung stellt.

Mit der Aktivierung dieser Fonds erfolgt schließlich die reale Akkumulation und damit die Erweiterung der Produktion.

Es ist sehr wichtig, diesen prozessualen Charakter der Akkumulation zu begreifen, denn viele wachstumsfördernde Elemente ergeben sich im Prozeß der Akkumulation. Durch strukturelle Verbesserungen, durch Einsparungen an Arbeit, durch schnelles Wirksamwerden in der Produktion, kurzum, durch Rationalisierung des Akkumulationsprozesses kann mit einem bestimmten Volumen des Akkumulationsfonds eine höhere Zuwachsrate der Produktion erzielt werden. In der sozialistischen Gesellschaft ist es für die Wirtschaftsentwicklung im Interesse größtmöglicher Bedürfnisbefriedigung unerläßlich, sowohl das Volumen der Akkumulation entsprechend den historisch-konkreten Möglichkeiten zu steigern als auch den Akkumulationsprozeß zu rationalisieren. ENGELS hat im „Anti-Dühring" in der Auseinandersetzung mit der Phrase von der Verteilung des vollen Arbeitsertrages die Akkumulation als die wichtigste progressive Funktion der sozialistischen Gesellschaft bezeichnet (MEW 20, S. 290).

Im Verhältnis zur Konsumtion, auf deren Entwicklung es im Sozialismus ankommt und mit deren Gesetzmäßigkeiten wir uns noch stärker befassen müssen, wirkt die Akkumulation als wesentliches Element der Steigerung der Arbeitsproduktivität zurück auf die Entwicklung des Produktionsvolumens, das ihr gegenüber die abhängige Variable darstellt. Genauer gesagt, handelt es sich um das wachsende Volumen des Nationaleinkommens. Die Steigerung der Effektivität der Akkumulation beim Ausbau der materiell-technischen Basis wird vor allem erreicht durch

– die stärkere unmittelbare Verbindung der Wissenschaft mit der Produktion und die konsequente Entwicklung der Produktion zu einer technologischen Anwendung der modernen Wissenschaft;

– die optimale Gestaltung des Verhältnisses zwischen Bau- und Ausrüstungsanteil an den Gesamtinvestitionen;

– die konsequente Beachtung der Sparsamkeit bei der Akkumulationspolitik. Jeder Verlust in irgendeiner Stelle des Akkumulationsprozesses verzögert das Wachstum der Produktion.

Diese drei Tendenzen der Akkumulationspolitik zeigen, wie bei der weiteren Gestaltung des entwickelten Sozialismus die „progressivste Funktion der Gesellschaft“ ausgenutzt wird. Hohe Effektivität der Akkumulation ist nichts anderes als die spezifische Seite, der auf die Akkumulation bezogene Ausdruck der sozialistischen intensiv erweiterten Reproduktion.

Der sozialistische Staat gestaltet auf der Grundlage des gesellschaftlichen Eigentums an den Produktionsmitteln die Entwicklung seiner Volkswirtschaft planmäßig, darunter selbstverständlich auch die Entwicklung solcher elementaren, aber zugleich schwierigen Beziehungen, wie sie zwischen produziertem Nationaleinkommen und seiner Verwendung bestehen. So müssen Veränderungen größerer Art im Verhältnis zwischen Akkumulation und Konsumtion entsprechende Veränderungen in der Produktion oder im Außenhandel usw. vorangegangen sein. An dieser Stelle sei darauf hingewiesen, daß im Sozialismus im Gegensatz zum Kapitalismus die Realisierung des Produkts, damit also die Verwirklichung des Kreislaufs, insbesondere der Vollzug der Konsumtion des Gesamtprodukts und damit des Nettoprodukts, ein gesellschaftlich lösbares Problem ist.

Auftretende Realisierungsprobleme können durch bewußte Einwirkung auf die Produktion und Zirkulation gelöst werden.

Hier ist wohl an erster Stelle der mögliche Widerspruch zwischen produziertem und im Inland zur Verwendung gelangendem Nationaleinkommen zu nennen. In der Regel gibt es wohl in keinem Lande eine Gleichheit zwischen beiden. Welcher Natur können die Abweichungen in einem gegebenen Zeitraum sein?

a) Es kann sich um einfache Verluste handeln, die auf dem Wege von der Produktion bis zur Realisierung des Nationaleinkommens auftreten, wie Lagerungs- und Transportverluste, nichtabsetzbare Erzeugnisse.

b) Die zeitweilige internationale Umverteilung von Nationaleinkommen führt zur Verringerung oder Vergrößerung des produzierten gegenüber dem verwendeten Einkommen.

c) Die außenwirtschaftlichen Verflechtungen bewirken eine strukturelle Veränderung des Nationaleinkommens. Außerdem darf nicht übersehen werden, daß auch über den Außenhandel Verluste oder Gewinne möglich sind, die entsprechend auf die Größe des verwendeten Nationaleinkommens einwirken.

Mit den o. g. Widersprüchen haben wir bisher nur solche erwähnt, die sich zwischen dem Anfangs- und Endstadium des Kreislaufs des Nationaleinkommens ergeben können und bei der volkswirtschaftlichen Bilanzierung beachtet werden müssen. Es sind aber auch mögliche Widersprüche zu beachten, die aus dem Zusammenhang von Produktion und Distribution oder von Distribution und Konsumtion folgen. Später werden wir auf Widersprüche eingehen, die sich aus dem Zusammenhang von Produktion und Distribution oder von Distribution und Konsumtion ergeben.

2.3.2.4. Verteilung und Umverteilung des Nationaleinkommens

Die Distribution ergibt sich bekanntlich in doppelter Weise aus der materiellen Produktion und den ihr Wesen bestimmenden Produktionsverhältnissen:

- im Volumen, also rein quantitativ,
- vor allem aber sozialökonomisch.

Der sozialistischen Bestimmung der Distribution liegt also die Distribution des Eigentums an den Produktionsmitteln zugrunde. Die Distribution gibt Auskunft darüber: Wer realisiert das Produkt und zu welchem Zweck?

Im Unterschied zu Produktion und Konsumtion des Nationaleinkommens, die unmittelbar auch materiell vollzogen werden, haben wir es bei der Distribution bei Warenproduktion vor allem mit der Geldbewegung zu tun. Die verteilten Einkommen stellen in Geldgestalt einen Anspruch dar, eine bestimmte Menge des Produkts zu konsumieren, wobei das im Rahmen einer Produktion entstandene Einkommen im allgemeinen nicht nach der gleichen Produktion nachfragt. Vielmehr greift das Einkommen in breiter Streuung nach Produktion und Dienstleistungen.

Bei der Untersuchung der Zusammenhänge muß auf mögliche Widersprüche geachtet werden, die sich ergeben können, wenn z. B. zwischen Akkumulationsgeldfonds und stofflichen Akkumulationsmitteln oder zwischen Konsumtionsgeldfonds und Konsumgütern keine strukturelle Übereinstimmung besteht. Die wohl bekanntesten offensichtlichen Erscheinungen solcher Widersprüche sind die möglichen Differenzen zwischen Kauf- und Warenfonds sowie zwischen Geldakkumulation und realer Akkumulation.

Schon diese knappe Betrachtung vermittelt einen Einblick in die aktive Rolle der Distribution im Reproduktionskreislauf. Auch diese aktive Rolle ist mehrseitig zu betrachten. Einerseits wirkt z. B. die Tatsache, daß der einzelne produktive Arbeiter entsprechend der Leistung entlohnt wird, als Ansporn zur quantitativen und qualitativen Verbesserung der Produktion. In gleicher Weise muß auch über die Distribution die materielle Interessiertheit der gesamten Belegschaft wirken. Andererseits ist die Distribution aktiv im Sinne des schließlichen Vollzugs des Kreislaufs, also der Realisierung des Produkts.

In der entwickelten sozialistischen Gesellschaft erfolgt die monetäre Verteilung des Nationaleinkommens in zwei Stadien. Das erste Stadium ist die Primärverteilung des Nationaleinkommens. Als Ergebnis der Primärverteilung entstehen die ursprünglichen Einkommen. Das zweite Stadium ist die Umverteilung der ursprünglichen Einkommen.

Die ursprünglichen Einkommen entstehen in der Sphäre der materiellen Produktion:

– der Lohn der produktiven Arbeiter, der ihnen entsprechend der Quantität und Qualität der geleisteten Arbeit zufließt und der dem Wert des notwendigen Produkts entspricht, und

– das Reineinkommen der Gesellschaft, welches dem Wert des Mehrprodukts im Sozialismus entspricht.

Das Reineinkommen der Gesellschaft tritt in zwei Erscheinungsformen auf: als betriebliches Reineinkommen und als zentralisiertes Reineinkommen. Das betriebliche Reineinkommen umfaßt die Reineinkommensteile, die dem Betrieb nach Abführung seiner Verpflichtungen gegenüber dem Staatshaushalt für die Zwecke der Bildung und Verwendung der Fonds der wirtschaftlichen Rechnungsführung verbleiben. Das zentralisierte Reineinkommen umfaßt alle Reineinkommensabführungen der Betriebe und der Kombinate des materiellen Bereichs an den Staatshaushalt.

Damit die nichtproduzierende Sphäre entsprechend der Gesamtentwicklung der sozialistischen Gesellschaft und die in ihr Beschäftigten in Übereinstimmung mit der von ihnen geleisteten Arbeit an der Verwendung des Nationaleinkommens teilnehmen können, muß das Nationaleinkommen umverteilt werden. Mit der Umverteilung des Nationaleinkommens werden in der nichtproduzierenden Sphäre die Einkommen für die dort beschäftigten Werktätigen gebildet. Es handelt sich um abgeleitete Einkommen. Sie schaffen die monetären Voraussetzungen zur Teilnahme dieser Bereiche an der Konsumtion des Nationaleinkommens.

Aus der Tatsache, daß es eine gesellschaftlich notwendige nichtproduzierende Sphäre gibt, erklärt sich ursprünglich die Umverteilung des Nationaleinkommens. Diese Sphäre „produziert" im Sozialismus Dienste verschiedener Art, die für die Gestaltung der entwickelten sozialistischen Gesellschaft größte Bedeutung haben und wesentliche Bedürfnisse befriedigen (Gesundheitswesen, Volksbildung usw.). Nach der traditionellen Theorie produzieren die Werktätigen hier nicht selbst Nationaleinkommen, sondern erhalten Lohneinkommen im Austausch gegen ihre Tätigkeit durch Umverteilung aus dem Reineinkommen. Diese Vorgänge sind nur zu verstehen, wenn man produktive und nichtproduktive Arbeit entsprechend unterscheidet.[9] Von der Erscheinung her sind sie nicht zu erfassen, da eine Verschlingung von ursprünglichen und abgeleiteten Einkommen stattfindet.

Im Verhältnis zum Nettoprodukt sind die bezahlten Leistungen der nichtproduzierenden Bereiche gering; der Großteil dieser immateriellen Leistungen ist im Sozialismus unentgeltlich, d. h., sie werden konsumiert, ohne bezahlt zu werden.

Im Sozialismus ist die Hauptquelle der Bildung abgeleiteter Einkommen das Reineinkommen, aus dem auch die Mittel für die Akkumulation in der immateriellen Sphäre aufgebracht werden. Auch ein nicht geringer Teil der Konsumgüter wird gegen Reineinkommen realisiert, zum Beispiel durch die Bezieher abgeleiteter Einkommen oder in den vielfältigen Formen der unentgeltlichen Konsumtion, aber auch über die Mittel für die Sicherung der Preis- und Tarifstabilität, der Wohnungsmieten usw., um nur einiges anzuführen. Diese Umverteilung widerspiegelt also den Austausch der Tätigkeiten zwischen den Berufstätigen der materiellen und der immateriellen Sphäre.

Die Umverteilung von Nationaleinkommen vollzieht sich zwar mittels des Geldes, darf ursprünglich jedoch nicht monetär gesehen werden, da uns die monetären Ströme selbst nicht erkennen lassen, ob es sich um Umverteilung handelt oder nicht. Niemand kann einem Geldeinkommen und seiner Bewegung ansehen, ob es ursprünglicher oder abgeleiteter Natur ist. Erkennen wir aber den Ursprung des Einkommens richtig, können uns die monetären Ströme wichtige Erkenntnisse vermitteln.

Neben diesem Umverteilungsvorgang gibt es auch einen solchen, der zu abgeleiteten Einkommen führt, die im Augenblick ihres Erhaltes nicht aus gesellschaftlicher Arbeitsleistung entstehen (Stipendien, Renten, Kinderbeihilfen u. a. Einkommen).

Darüber hinaus gibt es einen Umverteilungsvorgang, der sich stark von den bisher genannten unterscheidet, nämlich die Umverteilung zwischen den materiellen Bereichen selbst. Diese letztere Form kann man als innere Umverteilung der Sphäre der materiellen Produktion entsprechend den Erfordernissen der erweiterten Reproduktion bezeichnen. Vor allem über den Volkswirtschaftsplan, Staatshaushalt und die Banken reguliert der sozialistische Staat die notwendige Gleichheit zwischen der geplanten erweiterten Reproduktion der einzelnen Zweige und den dazu erforderlichen Geldmitteln.

Ein weiterer Umverteilungsvorgang vollzieht sich zwischen dem sozialistischen Staat als Repräsentanten aller Werktätigen und dem einzelnen Werktätigen. Die Werktätigen werden zur Finanzierung der kollektiven Aufgaben des Staates herangezogen, andererseits werden weitaus mehr Mittel in Form von Ausgaben für kulturelle und soziale Zwecke mittelbar oder unmittelbar den Werktätigen wieder zugeführt. Durch Abzüge vom Lohneinkommen (Steuern u. ä.) entsteht bei dieser Umverteilung Einkommen, das wie Reineinkommen verwendet wird.

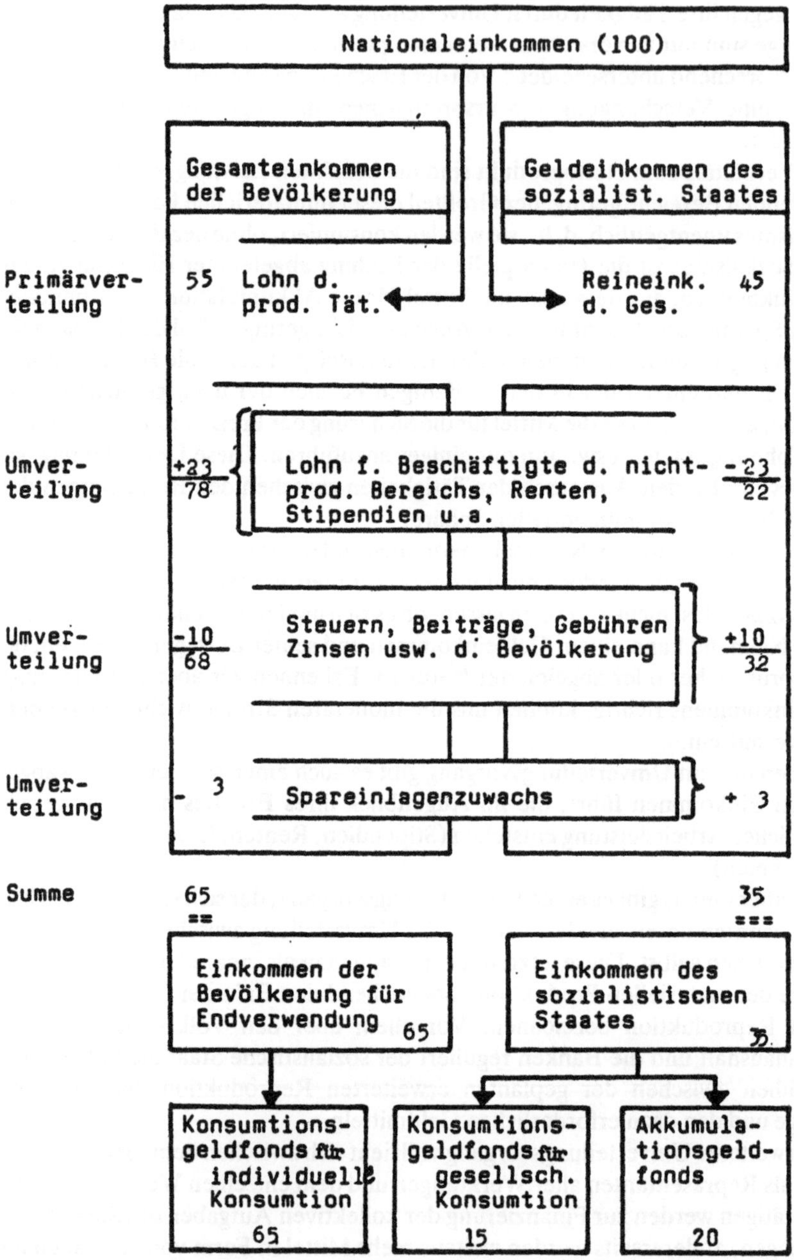

(in Mrd. M – angenommene Zahlen)

Abb. 2.9. Verteilung des Nationaleinkommens mit Hilfe der Finanzen

Charakter und Ergebnis dieser Umverteilung unterscheiden sich grundlegend von der durch den kaptialistischen Staatshaushalt erfolgenden.

Uns interessiert nun noch die Frage nach der Funktion der Umverteilung im Kreislauf. Eine Vielzahl der Umverteilungsvorgänge stellt nur eine Umverteilung innerhalb des Akkumulations- bzw. des Konsumtionsgeldfonds dar, wodurch zwar deren Struktur, nicht aber ihr Umfang beeinflußt wird. Unterstellt man, daß der Käufer der Dienstleistung in der materiellen Produktion beschäftigt ist, so ergibt sich nichts anderes, als daß er entsprechend seinen Bedürfnissen einen Teil seines Einkommens nicht gegen Teile des Nettoproduktes realisiert, sondern gegen einen Dienst, hingegen der Dienstleistende für seine Tätigkeit Einkommen erzielt, das er für den Erwerb von Bestandteilen des Nettoprodukts oder für andere Dienste verwendet.

Ähnliches gilt z.B. für die Umverteilung des Akkumulationsgeldfonds zwischen den verschiedenen Wirtschaftsbereichen.

Neben den eben berührten inneren Umverteilungsströmen gibt es solche, die zu einer Veränderung der Höhe dieser beiden Geldfonds führen. Der wichtigste Fall ist die Abzweigung eines Teiles des Reineinkommens für die Finanzierung neuer Anlagen oder Einrichtungen der nichtproduzierenden Sphäre und die gesellschaftliche Konsumtion.

Die Umverteilung des Nationaleinkommens führt zu einer neuen Kategorie, dem Endeinkommen. Das Endeinkommen ist jenes, mittels dessen, unter Einschluß der Umverteilung und damit der abgeleiteten Einkommen, das Nationaleinkommen schließlich realisiert wird. Es sind also diejenigen Einkommen, die stofflich gegen materielle Produkte, gegen das Nettoprodukt, verwirklicht werden.

Die Abbildung 2.9 stellt die monetäre Umverteilung des Nationaleinkommens schematisch dar.

Die Umverteilung geht von den ursprünglichen Einkommen aus, bewegt sich teils zwischen ihnen, teils auch zwischen abgeleiteten Einkommen und führt schließlich zur endgültigen Herausbildung von Akkumulationsgeldfonds und Konsumtionsgeldfonds für die abschließende Realisierung. Diese sind nach zwei Richtungen von Bedeutung:

Erstens bestimmen sie die Höhe des Einkommens der einzelnen Einkommensempfänger und begründen damit ihren Anteil am Verbrauch des Nettoproduktes.

Zweitens schaffen sie die finanziellen Voraussetzungen für die bedarfsgerechte Realisierung der erzeugten Akkumulations- und Konsumtionsmittel.

Durch die Umverteilung haben sich schließlich folgende Endeinkommen herausgebildet:

– Einkommen der materiellen Sphäre für Zwecke der produktiven Akkumulation;

– Einkommen der immateriellen Sphäre für die nichtproduktive Akkumulation und die gesellschaftliche Konsumtion;

– Einkommen der Bevölkerung für die individuelle Konsumtion;
– Einkommen, die der Erhöhung der Reserven dienen.

Mit der Herausbildung der Endeinkommen ist die finanzielle Verteilung und Umverteilung des Nationaleinkommens abgeschlossen. Durch diese Distribution werden die Proportionen des Aufkommens des Nationaleinkommens in die Proportionen der Verwendung transformiert. Durch sie kommt die den Konsumtionsproportionen entsprechende Fondsstruktur des Nationaleinkommens zustande. Damit hat die Verteilung und Umverteilung ihrerseits eine wesentliche Rückwirkung auf die Fortführung der Reproduktion und deren materielle sowie finanzielle Struktur. Durch die Verteilung und Umverteilung des Nationaleinkommens werden die volkswirtschaftlichen Akkumulations- und Konsumtionsgrößen in die konsumierenden Zweige und Bereiche gelenkt.

Im Ergebnis der Primärverteilung wird das Nationaleinkommen in das Arbeitseinkommen der Werktätigen der materiellen Bereiche und in das Reineinkommen der Gesellschaft geteilt. In der Phase der Umverteilung müssen aus dem Reineinkommen der Gesellschaft alle Werktätigen der immateriellen Bereiche entsprechend ihrer Arbeitsleistung entlohnt sowie die Rentner, Studenten usw. durch die Bildung abgeleiteter Einkommen versorgt werden. Dabei stellt der sozialistische Staat aus dem Reineinkommen der Gesellschaft, vornehmlich über den Staatshaushalt, Gelder für Löhne, Gehälter, Renten, Stipendien zur Verfügung. Dadurch vermindert sich das verbleibende Reineinkommen der Gesellschaft, und die Bruttogeldeinnahmen der Bevölkerung erhöhen sich. Sie setzen sich nunmehr aus dem Lohn und aus den übrigen Geldeinnahmen zusammen.

Die Bruttogeldeinnahmen kommen jedoch nicht in voller Höhe der individuellen Konsumtion zugute. Teile davon unterliegen der Umverteilung durch den Staatshaushalt oder werden durch Inanspruchnahme nichtmaterieller Leistungen von den staatlichen Verwaltungen und Einrichtungen vereinnahmt. Im Ergebnis dieser Umverteilung erhöhen sich die der Gesellschaft zur Verfügung stehenden Geldfonds. Die Nettogeldeinnahmen der Bevölkerung werden für die Konsumtion und für Spareinlagen verwandt. Das der sozialistischen Gesellschaft verbleibende Einkommen setzt sich aus Primäreinkommen und Umverteilungseinnahmen zusammen. Es dient der Bildung von Geldfonds für die Akkumulation und für die materiellen Aufwendungen in der gesellschaftlichen Konsumtion.

Wir haben schon auf einige Widersprüche hingewiesen, die zwischen Entstehung, Verteilung und Verwendung des Nationaleinkommens auftreten können. Im Zusammenhang mit der Umverteilung werden diese Möglichkeiten noch verstärkt. Wenn wir die Einkommen betrachten, die durch die Umverteilung gebildet werden, so haben sie zu einem beträchtlichen Teil relative Selbständigkeit erhalten. Überhaupt besitzt in der Phase der Umverteilung die monetäre (finanzielle) Seite relativ selbständigen Charakter.

Unabhängig von diesem selbständigen Charakter müssen jedoch die Geldbeziehungen der Verteilung und Umverteilung in der Form der Endeinkommen in die Bereiche und Zweige einmünden, in denen entsprechend den Wachstumsbedingungen der Volkswirtschaft das Nationaleinkommen in seiner materiellen Gestalt (als Nettoprodukt) verbraucht werden soll.

Die Einheit von materiellen und monetären Prozessen ist eine entscheidende Bedingung für die Wahrung volkswirtschaftlicher Proportionen und die Stabilität der Staatsfinanzen und der Währung. Die Bildung und Verwendung von Geldeinkommen ist auf das engste mit der Sicherung einer hohen Effektivität des Reproduktionsprozesses, der materiellen Stimulierung und der gesamten Kontrolle verbunden.

Die monetäre Verteilung und Umverteilung des Nationaleinkommens und die Herausbildung konsumgerechter Endeinkommen vollzieht sich durch die bewußte und planmäßige Ausnutzung der Geldkategorien durch den sozialistischen Staat. Hauptformen der monetären Verteilung und Umverteilung des Nationaleinkommens sind

- der Staatshaushalt,
- der Kredit und die damit verbundene Bildung zeitweiliger freier Geldfonds in den Teilbereichen der Volkswirtschaft,
- die Sach-, Personen- und Sozialversicherung,
- die Bildung und Verwendung von Geldfonds bei den Betrieben, Kombinaten und wirtschaftsleitenden Organen,
- der Zins,
- der Kauf und Verkauf von Dienstleistungen.

Zur Funktion des Staatshaushaltes, der Geldakkumulation und des Kredits

Die Rolle und Funktion des Staatshaushaltes im volkswirtschaftlichen Reproduktionsprozeß ist dadurch charakterisiert, daß sich der sozialistische Staat entsprechend der Eigentumsverhältnisse und seiner politischen und ökonomischen Rolle durch Zentralisierung von Geldmitteln unmittelbare Verfügungsgewalt über Geldfonds verschafft und dadurch in die Lage versetzt wird, diese entsprechend den geplanten Proportionen einzusetzen. Die wichtigsten Realisierungsformen der Einnahmen des Staatshaushaltes aus den sozialistischen Betrieben und Kombinaten sind die produktgebundene Abgabe, die Produktions- und Handelsfondsabgabe, die Nettogewinnabführung und der Beitrag für gesellschaftliche Fonds. Diese Abführungen sind wichtige Instrumente zur Verwirklichung der Politik des Staates und werden als ökonomische Hebel zur Gestaltung des Reproduktionsprozesses genutzt.

Über die produktgebundene Abgabe übt der sozialistische Staat gezielt verbrauchslenkende Wirkungen auf der Grundlage der staatlichen Preisbildung aus. Sie trägt dazu bei, entsprechend den volkswirtschaftlichen Reproduktionsbedingungen auf Angebot und Nachfrage einzuwirken. Dabei muß die beabsichtigte progressive Wirkung der produktgebundenen Abgabe auf die Entwicklung und Produktion hochwertiger Konsumgüter hervorgehoben werden. Die wichtigsten Realisierungsformen der Einnahmen des Staatshaushaltes aus den nichtstaatlichen Eigentumsformen sowie aus der Bevölkerung sind Steuern, Beiträge und Abgaben.

Mit diesen Geldbewegungsprozessen nimmt der Staatshaushalt auch unmittelbar auf den Verlauf der Reproduktion in den Betrieben und Kombinaten sowie auf die Entwicklung einer effektiven Struktur der materiell-technischen Basis Einfluß. Einerseits wird durch die Zentralisierungsvorgänge der Spielraum der sich im Rahmen der wirtschaftlichen Rechnungsführung und der stärkeren Eigenerwirtschaftung der Mittel vollziehenden Prozesse der einfachen und erweiterten Reproduktion in der sozialistischen Wirtschaft planmäßig bestimmt. Andererseits beteiligt sich der Staatshaushalt im notwendigen Umfang auch mit zentralisierten Fonds an der Finanzierung von strukturbestimmenden Vorhaben und wirkt damit unmittelbar auf Wissenschaft und Technik als wichtigsten volkswirtschaftlichen Wachstumsfaktor ein.

Aus den Einnahmen des Staatshaushaltes wird sichtbar, daß er unmittelbar mit dem Prozeß der materiellen Produktion verbunden ist. Die planmäßige Gestaltung des Reproduktionsprozesses in den volkseigenen Betrieben und Kombinaten ist die entscheidende Voraussetzung für die Sicherung der Verteilung und Umverteilung des Nationaleinkommens und damit für die Stabilität des Staatshaushaltes. Bei dieser über die Finanzen ausgeübten Hebelwirkung für das kontinuierliche Wachstum des Nationaleinkommens kommt es in erster Linie auf den realisierten Zuwachs an Reineinkommen für den Staat an. So ist der Staatshaushalt in die Lage versetzt, die Erweiterung und Verbesserung der materiell-technischen Basis, die wachsenden gesellschaftlichen Fonds und die notwendigen Aufgaben der Landesverteidigung finanziell zu sichern.

Charakteristisch für die Bildung und Verwendung von Geldfonds über den Staatshaushalt ist, daß es sich dabei um Distributionsvorgänge handelt, die ihrem Wesen nach endgültig sind. Dadurch unterscheidet sich die Umverteilung über den Staatshaushalt beispielsweise von der Umverteilung über das Kreditsystem, wo es sich um zeitweilige und rückzahlbare Geldbewegungen handelt.

Die Endgültigkeit der Einkommensübertragung und die damit verbundene Zentralisierung der Geldmittel sind der wesentliche qualitative Inhalt der Umverteilungsprozesse über den Staatshaushalt. Darauf beruht zugleich die entscheidende Stellung des Staatshaushaltes im Gesamtbewegungsprozeß des Nationaleinkommens sowie bei der Lösung der Aufgaben des sozialistischen Staates.

Im Gesamtverlauf der monetären Verteilung und Umverteilung der Erlöse und Einkommen, in den darin eingeschlossenen finanziellen Prozessen zur Funktion der nichtproduzierenden Sphäre und zur Realisierung ihrer Leistungen sowie in Bildung und Verwendung der Fonds des stofflichen Nationaleinkommens spielen die Geldakkumulation und der Kredit eine wesentliche Rolle. In den einzelnen Gliedern der Volkswirtschaft und auch bei den Bürgern selbst werden die erzielten Erlöse und Einkommen sachlich und zeitlich nicht immer sofort gegen Produkte realisiert. Es findet eine zeitweilige oder länger andauernde Geldakkumulation in Form von Sparkassen- oder Bankguthaben statt. Dieses Geld kann eingesetzt werden, um zeitweiligen Geldbedarf in den Zweigen und Betrieben sowie anderen Gliedern der Volkswirtschaft zu überbrücken, der über deren Erlöse und Einkommen sowie etwaige verfügbare Geldfonds aus früheren Perioden hinausgeht, jedoch durch Erlös und Einkommen der Folgeperioden gedeckt werden kann.

Die Beziehung zwischen zeitweiliger Geldakkumulation und zeitweiligem Geldbedarf vermittelt der Kredit, indem er erstere als Kreditquelle in Anspruch nimmt und den letzteren als zu deckenden Kreditbedarf befriedigt. Der Kredit weitet somit die durch den Fluß der Erlöse und Einkommen für jedes Glied der Volkswirtschaft und damit für diese insgesamt gesetzten Grenzen der vollständigen Ausschöpfung der Ressourcen zur erweiterten Reproduktion in ihrer sachlichen, zeitlichen und örtlichen Spezifik aus. Zusätzlicher zeitweiliger Geldbedarf und Geldakkumulation sind zwei Prozesse, die innerhalb der einzelnen Teilsysteme auf das engste verbunden sind.

Der Kredit übt bei der Finanzierung des Reproduktionsprozesses im materiellen Bereich zusammen mit den eigenen Mitteln der sozialistischen Warenproduzenten eine entscheidende Funktion aus. Der Kredit erhält damit nicht nur eine gelegentliche und zusätzliche Funktion in der Finanzierung des wirtschaftlichen Kreislaufes, insbesondere der Investitionen, sondern ist in einem erheblichen Umfang normalerweise das korrespondierende Element zum Einsatz eigenerwirtschafteter Mittel in der Finanzwirtschaft der sozialistischen Warenproduzenten. In diesem Zusammenhang ist der Zins als Kreditzins bzw. Guthabenzins ein normales Element des Aufkommens, der Verteilung und Umverteilung sowie der Verwendung des betrieblichen Reineinkommens.

2.3.3. Nationaleinkommen und Nationalreichtum

Der Volkswohlstand wird nicht allein durch das jährliche gesellschaftliche Gesamtprodukt bestimmt. Die Möglichkeiten der Bedürfnisbefriedigung und der umfassenden Intensivierung hängen vielmehr zunehmend von der Gesamtheit an Beständen ab, die potentielle Gebrauchswerte verkörpern und Bedürfnisse zu befriedigen vermögen. Diese Gesamtheit an Beständen gesellschaftlich nutzbarer Fonds wird mit dem Begriff Nationalreichtum erfaßt.

In der ökonomischen Literatur wird dieser Begriff verschieden abgegrenzt (vgl. KOZIOLEK 1984; MÜLLER 1987), wobei im weiten Sinne materieller Nationalreichtum, geistiger Nationalreichtum und Naturreichtum[10] einbezogen wird.

Der materielle Nationalreichtum verkörpert jene Güterbestände, die aus der materiellen Produktion hervorgehen: Grundfonds und Umlauffonds in den materiellen und den immateriellen Bereichen (einschließlich Infrastruktur und Wohnungsfonds), Warenvorräte in den materiellen Bereichen, Konsumgüterfonds in den Haushalten der Bevölkerung.

Arbeitsprozesse in den immateriellen Bereichen erzeugen wichtige Teile des geistigen Nationalreichtums. In engerem Sinne sind das gegenständliche Kulturgüter (Museums-, Denkmals- und Archivfonds, Bücherfonds der Bibliotheken, Fonds an seltenen Tieren und Pflanzen, Fonds an wissenschaftlich-technischen Dokumenten u.a.). In weiterem Sinne umfaßt der geistige Nationalreichtum auch die Gesamtheit an Wissen und Können, an wissenschaftlichen Erkenntnissen, technischer Bildung, an Werten und Fähigkeiten. Er wird in seiner Vielfalt von der geistigen Tätigkeit der gesamten Gesellschaft erhalten und entwickelt.

Neben der Arbeit ist die Natur die Quelle des Reichtums (vgl. Abb. 2.1.). Der Naturreichtum wird in der ökonomischen Literatur häufig lediglich in den Beständen (Fonds) an Naturgütern gesehen, wobei MÜLLER (1987) Bodenfonds, Wasser- und Waldfonds sowie Fonds an Bodenschätzen unterscheidet.

Allerdings umfassen die für die Bedürfnisbefriedigung und für den Reproduktionsprozeß bedeutsamen Naturressourcen auch Naturkräfte und natürliche Energie, Wirkungen bzw. Leistungen (Sonnen- und Windenergie, Wasserkraft, Leistungen von Ökosystemen usw.). Hier wird ein Problem sichtbar, auf das wir noch zurückkommen werden.

Die durch die jährliche gesellschaftliche Arbeit geschaffenen Güter fließen in die Bestände des Nationalreichtums. Die sozialistische Gesellschaft erweitert, erhält oder verringert den Nationalreichtum, je nachdem, ob und inwieweit sie den mit der Nutzung des Nationalreichtums eingetretenen Verbrauch ersetzt und darüber hinaus qualitativ und quantitativ neue Güter hinzufügt.

Die erweiterte Reproduktion des materiellen Nationalreichtums wird vom Nationaleinkommen als Nettoprodukt getragen, wobei stoffliche Struktur, Qualität und Menge der Investitionsgüter und der materiellen Konsumgüter prägend sind.

Tabelle 2.1 zeigt die Größenverhältnisse zwischen den Hauptkennziffern Gesellschaftliches Gesamtprodukt, Nationaleinkommen und Produktionsverbrauch. Dabei werden die Erfolge der umfassenden Intensivierung insbesondere in den letzten Jahren deutlich. Während sich bis 1980 diese drei Kennziffern etwa proportional entwickelten, konnte seit 1981 eine wesentliche Verringerung des Wachstumstempos des Produktionsverbrauches bei gleichzeitiger Beschleunigung des Wachstumstempos des Nationaleinkommens gegenüber dem gesellschaftlichen Gesamtprodukt erreicht werden.

Mit dem gesellschaftlichen Endprodukt, das Waren und produktive Leistungen der materiellen Sphäre beinhaltet, erfassen wir jedoch noch nicht die gesamte gesellschaftliche Leistung für die Bedürfnisbefriedigung. Wir müssen in die Betrachtungen unbedingt die Leistungen der immateriellen Sphäre einbeziehen. Diese Ergänzung ist sowohl vom Standpunkt der Intensivierung als auch des wachsenden Volkswohlstandes von Wichtigkeit. Ein erheblicher Teil der Sozialpolitik wird durch die Tätigkeit in der immateriellen Sphäre realisiert. Schon

Tabelle 2.1.: Entwicklung des gesellschaftlichen Gesamtproduktes, des Nationaleinkommens und des Produktionsverbrauchs (alle Angaben in vergleichbaren Preisen, Basis 1985)

Jahr	Gesellschaftliches Gesamtprodukt		Nationaleinkommen		Produktionsverbrauch	
	Wert (Mrd. M)	Wachst.-tempo (%)	Wert (Mrd. M)	Wachst.-tempo (%)	Wert (Mrd. M)	Wachst.-tempo (%)
1971	424,9		127,0		298,0	
1975	532,4	5,8	158,2	5,6	374,3	5,9
1980	655,2	4,2	193,6	4,1	461,6	4,3
1981	678,4	3,5	203,0	4,9	475,4	3,0
1982	678,8	0,1	208,2	2,6	470,6	−1,0
1983	697,6	2,8	217,8	4,6	479,8	2,0
1984	722,6	3,6	229,9	5,6	492,7	2,7
1985	748,6	3,6	241,9	5,2	506,8	2,9
1986	771,9	3,1	252,2	4,3	519,6	2,5

Quelle: Statistisches Jahrbuch der DDR 1987, Berlin 1987; eigene Berechnungen des Wachstumstempos.

Tabelle 2.2: Entwicklung der Arbeitsproduktivität sowie der Anzahl der Berufstätigen in den produzierenden und nichtproduzierenden Bereichen der Wirtschaft

Jahr	Arbeitsproduktivität (= Nationaleink. je Berufstätig. in den produz. Bereichen)		Berufstätige in den produzierenden Bereichen		Berufstätige in den nichtproduz. Bereichen	
	Wert (TM)	Wachst.-tempo (%)	Anzahl (Tausend)	Wachst.-tempo (%)	Anzahl (Tausend)	Wachst.-tempo (%)
1971	18,62	–	6407	–	1387	–
1975	23,01	5,4	6434	0,1	1514	2,2
1980	27,52	3,6	6574	0,4	1652	1,8
1981	28,77	4,5	6614	0,6	1682	1,8
1982	29,43	2,3	6651	0,6	1716	2,0
1983	30,69	4,3	6696	0,7	1749	1,9
1984	32,29	5,2	6725	0,4	1773	1,4
1985	33,90	5,0	6749	0,4	1790	1,0
1986	35,42	4,5	6742	−0,1	1805	0,8

Quelle: Statistisches Jahrbuch der DDR 1987, Berlin 1987; eigene Berechnungen des Wachstumstempos.

MARX hat darauf hingewiesen, daß in jedem Augenblick außer den materiellen Konsumgütern eine Menge von nichtmateriellen Dienstleistungen existiert.

Damit ist in jedem Augenblick die Menge der konsumierbaren Gebrauchswerte größer als die Menge der materiellen Konsumgüter (MEW 26.1, S. 139).

Die immaterielle Sphäre entwickelt sich auf der Grundlage und im engen Zusammenhang mit dem Wachstum der materiellen Produktion. Diese Abhängigkeit kommt darin zum Ausdruck, daß die materielle Produktion die Quelle für die

Erweiterung und Vervollkommnung der immateriellen Sphäre ist, indem sie diese mit modernen Grundmitteln sowie mit Material versorgt und durch wachsende Produktivität ermöglicht, die Zahl der in dieser Sphäre Beschäftigten planmäßig zu erhöhen (vgl. Tab. 2.2.).

Die Entwicklung des Nationalreichtums der DDR widerspiegelt die großen Leistungen der Werktätigen bei der Gestaltung der entwickelten sozialistischen Gesellschaft. Durch langfristig stabilen Zuwachs des Nationaleinkommens auch unter veränderten Reproduktionsbedingungen gelang ein beträchtliches Wachstum der Grundfonds (Tab. 2.3.).

Tabelle 2.3.: Entwicklung der Investitionen und des Grundmittelbestandes in der Volkswirtschaft (vergleichbare Preise, Investitionen: Basis 1985, Grundmittel: Basis 1986)

Jahr	Produzierende Bereiche				Nichtproduzierende Bereiche			
	Investitionen		Grundmittelbestand		Investitionen		Grundmittelbestand	
	Wert (Mrd. M)	Wachst.-tempo (%)	Wert Mrd. M	Wachst.-tempo (%)	Wert Mrd. M	Wachst.-tempo (%)	Wert Mrd. M	Wachst.-tempo (%)
1971	35,9	–	538,3	–	8,6	–	233,0	–
1975	43,9	5,2	673,5	5,8	11,9	8,5	281,0	4,8
1980	51,2	3,1	861,9	5,1	14,5	4,0	353,2	4,7
1981	52,2	2,0	900,5	4,5	15,1	4,1	369,5	4,6
1982	49,5	−5,2	943,9	4,8	14,3	−5,3	387,2	4,8
1983	49,6	0,2	984,3	4,3	14,1	−1,4	407,4	5,2
1984	46,7	−5,8	1023,0	3,9	13,8	−2,1	425,4	4,4
1985	48,3	3,4	1068,1	4,4	14,3	3,6	442,0	3,9
1986	51,6	6,8	1113,3	4,2	14,3	0,0	457,2	3,4

Quelle: Statistisches Jahrbuch der DDR 1987, Berlin 1987; eigene Berechnungen des Wachstumstempos.

Tabelle 2.4.: Entwicklung der Investitionen für Wohnungsneubau, der Anzahl der fertiggestellten Wohnungen und des Wohnungsbestandes

Jahr	Investitionen für Wohnungsneubau		fertiggestellte Wohnungen		Wohnungsbestand	
	Wert (Mio M)	Wachst.-tempo (%)	Anzahl	Wachst.-tempo (%)	Anzahl	Wachst.-tempo (%)
1971	3495		86777	–	6057032	–
1975	5468	11,8	140793	12,9	–	–
1980	7584	6,8	169223	3,7	–	–
1981	8084	6,6	185350	9,5	6562467	0,8
1982	7711	−4,6	187053	0,9	–	–
1983	8188	6,2	197221	5,4	6695061	1,0
1984	8279	1,1	207034	5,0	6762527	1,0
1985	8850	6,9	212222	2,5	6830882	1,0
1986	8617	−2,6	215690	1,6	6910720	1,2

Quelle: Statistisches Jahrbuch der DDR 1987, Berlin 1987; eigene Berechnungen des Wachstumstempos.

Für die Realisierung des Wohnungsbauprogramms wurde ein hoher Anteil an Investitionen bereitgestellt. Es konnte ein planmäßig hoher Zugang an Wohnungsneubauten erreicht (Tab. 2.4.) und die Struktur des Wohnungsfonds wesentlich verbessert werden (Tab. 2.5.). Ebenso wuchs der Anteil langlebiger Konsumgüter erheblich an (Tab. 2.6.).

Tabelle 2.5. Ausstattungsmerkmale des Wohnungsbestandes

Jahr	Von 100 Wohnungen sind ausgestattet mit: Bad/Dusche	Innen-WC	Warmwasser	Wasserleitung i. d. Wohnung
1971	39	39	26	82
1981	68	60	64	94
1983	71	63	-	-
1984	72	64	-	-
1985	74	68	-	-
1986	76	68	-	-

Quelle: Statistisches Jahrbuch der DDR 1987, Berlin 1987

Tabelle 2.6. Ausstattungsbestand der Haushalte an langlebigen Konsumgütern (in Stück)

Jahr	Ausstattungsbestand je 100 Haushalte PKW	Haushaltkälteschränke	Haushaltwaschmasch.	Fernsehempfänger
1970	15,6	56,4	53,6	73,6
1975	26,2	84,7	73,0	87,9
1980	38,1	108,8	84,4	105,0
1981	40,2	114,2	87,7	108,8
1982	42,1	118,8	90,8	111,4
1983	43,7	125,0	94,0	114,1
1984	45,9	131,2	96,7	115,5
1985	48,2	137,5	99,3	117,6
1986	50,5	144,5	102,0	118,9

Quelle: Statistisches Jahrbuch der DDR 1987, Berlin 1987

All dies zeigt, daß ein beträchtlicher Teil des jährlich produzierten Nationaleinkommens Bestandteil des Nationalreichtums wird. Gleichzeitig konnten umfangreiche Mittel für die Entwicklung des Bildungs-, Gesundheits- und Sozialwesens sowie auf dem Gebiet der Kunst und Kultur verausgabt werden, die direkt oder indirekt zur erweiterten Reproduktion des Nationalreichtums beitragen (Tab. 2.7.).

Tabelle 2.7. Entwicklung der Ausgaben des Staatshaushaltes für einige immaterielle Bereiche

Jahr	Ausgaben des Staatshaushaltes für Bildungswesen (einschl. Hoch- u. Fachschulwesen) absolut (Mio M)	Wachst.-tempo (%)	Kultur (einschl. Rundfunk/Fernsehen) absolut (Mio M)	Wachst.-tempo (%)	Gesundheits- und Sozialwesen (ohne Renten) absolut (Mio M)	Wachst.-tempo (%)
1971	6369		1202	–	6115	–
1975	8276	6,7	1953	12,9	7888	6,6
1980	9836	3,5	2287	3,2	9533	3,9
1981	10605	7,8	2428	6,2	10020	5,1
1982	10959	3,3	2484	2,3	10955	9,3
1983	11119	1,5	2540	2,3	11150	1,8
1984	11838	6,5	2708	6,6	11760	5,5
1985	12404	4,8	2951	9,0	12392	5,4
1986	12895	4,0	3214	8,9	13014	5,0

Quelle: Statistisches Jahrbuch der DDR 1987, Berlin 1987; eigene Berechnungen des Wachstumstempos.

Tabelle 2.8. Entwicklung der Ausgaben für Wissenschaft und Technik bzw. für Bildungswesen und geschätzte Entwicklung der entsprechenden Forschungs- bzw. Bildungsfonds

Jahr	Ausgaben für Wiss. u. Techn. absol. Mrd. M	Wachst.-tempo (%)	Forschungsf. (geschätzt) absol. Mrd. M	Wachst.-tempo (%)	Ausgaben für Bildungswes. absol. Mrd. M	Wachst.-tempo (%)	Bildungsfonds (geschätzt) absol. Mrd. M	Wachst.-tempo (%)
1971	4,5	–	24,4	–	6,4	–	49,5	–
1975	5,1	3,1	36,2	10,3	8,3	6,8	73,4	10,4
1980	7,1	6,8	53,2	8,0	9,8	3,5	111,6	8,7
1981	7,7	9,0	57,2	7,5	10,6	7,8	119,5	7,1
1982	8,1	5,7	61,5	7,7	10,9	3,3	128,0	7,1
1983	8,2	0,6	66,1	7,4	11,1	1,5	136,7	6,8
1984	8,7	6,1	70,4	6,6	11,8	6,5	145,4	6,4
1985	9,5	9,2	74,8	6,2	12,4	5,1	154,1	6,0
1986	10,5	10,5	79,6	6,4	12,9	4,0	163,3	6,0

Quelle: Spalte 1 – Stat. Jahrbuch der DDR 1987, a. a. O., S. 103; Spalte 5 – Stat. Jahrbuch der DDR 1987, a. a. O., S. 52. Schätzungen nach der bei MATTHES und MÜLLER (1978a) angegebenen Methode.

Die Entwicklung des materiellen Nationalreichtums in den nichtproduzierenden Bereichen ist eng mit der Entwicklung des geistigen Nationalreichtums verbunden. Obzwar sich letzterer quantitativ schwer erfassen läßt, gibt es einzelne quantitative Indikatoren, insbesondere das Arbeitsvermögen (vgl. Tab. 2.2.) und seine Qualifikationsstruktur, Forschungs- und Bildungsfonds und einige andere. Verfügten 1970 58,7% aller Werktätigen über eine abgeschlossene Berufsausbildung, so waren es 1986 bereits 85,7%. Die Anzahl der Berufstätigen mit Hoch- und Fachschulausbildung entwickelte sich von 716300 im Jahre 1970 auf 1663000 im Jahre 1986. Das sind 21,3% der Berufstätigen in der sozialistischen Wirtschaft.

Es gibt Ansätze zur Bewertung der Forschungs- bzw. Bildungsfonds der Gesellschaft. Dabei wird versucht, diese unbekannten Größen mit Hilfe der bekannten Größen des laufenden Aufwandes für Forschung bzw. Bildung zu bestimmen. Hinter einem solchen Herangehen steht die Vorstellung, daß die laufenden Aufwendungen sich in entsprechenden Fonds akkumulieren. Das Herangehen ist in der Ökonomie weit verbreitet – es geht im Prinzip auf PETTY, einen der genialsten Vertreter der politischen Ökonomie vor MARX, zurück. Wendet man dieses Prinzip zur Schätzung der Forschungs- und Bildungsfonds an, so ergeben sich die in Tabelle 2.8 dargestellten Entwicklungen.

Auffällig ist, daß diese Fonds schneller als die Grundfonds gestiegen sind. Während sich die Grundfonds sowohl der produzierenden als auch der nichtproduzierenden Bereiche im Zeitraum von 1971 bis 1986 etwa verdoppelten (vgl. Tab. 2.3.), haben sich nach dieser Schätzung (vgl. Tab. 2.8.) Forschungs- und Bildungsfonds mehr als verdreifacht. Im weiteren wird es darauf ankommen, dieses rasch gewachsene Potential noch besser für den Leistungsanstieg der Wirtschaft wirksam zu machen.

Hohe Leistungsfähigkeit der Wirtschaft ist die Grundbedingung, um unseren Volkswohlstand zu sichern und zu steigern. Mit dem Nationaleinkommen als stofflichem Nettoprodukt wird der Nationalreichtum erweitert; mit dem Mehrprodukt vieler Jahre wird Reichtum akkumuliert. Andererseits hat der Nationalreichtum mannigfache Rückwirkungen auf die Steigerung der Leistungsfähigkeit der Wirtschaft, insbesondere auf das Wachstum des Nationaleinkommens. So sind die Grundfonds als bedeutender Teil des Nationalreichtums ihrerseits eine Grundbedingung des Reproduktionsprozesses. Die bessere Nutzung der insgesamt vorhandenen Grundfonds, des durch die Arbeit vieler Generationen aufgebauten Produktionsapparates, stellt eine bedeutende Quelle der umfassenden Intensivierung dar. Sie ist ein Schwerpunkt der ökonomischen Strategie in der DDR. Auch die rationelle Nutzung anderer Fonds des Nationalreichtums hat direkte oder indirekte Auswirkungen auf die Effektivitätssteigerung und das Wachstum des Nationaleinkommens. Das betrifft Naturreichtümer, die z.B. in der Land-, Forst- und Wasserwirtschaft und als Bodenschätze unerläßliche Produktionsbedingung sind, ebenso wie den geistigen Nationalreichtum als entscheidende Bedingung für Innovationen im Reproduktionsprozeß.

Die einzelnen Fonds des Nationalreichtums verkörpern potentielle Gebrauchswerte, sie bilden Potentiale, die erst in ganz bestimmten Kombinationen ihre optimale Wirksamkeit erlangen. Sie sind ein Vermögen, das erst mit seiner umfassenden Nutzung als Reichtum wirksam wird. Für die Wechselbeziehungen zwischen materiellem und geistigem Nationalreichtum betonte KOZIOLEK (1984, S. 876): „Einerseits ist der materielle Nationalreichtum – über seine fundamentale Bedeutung für den Volkswohlstand und für die Stärkung und Nutzung der materiell-technischen Basis hinaus – eine entscheidende Grundlage für das Niveau und die Entwicklung des geistigen Nationalreichtums. Andererseits sind das Niveau, die Entwicklung und Wirksamkeit des geistigen Nationalreichtums ausschlaggebend dafür, wie der materielle Nationalreichtum erhöht und genutzt wird." Beispielsweise ist moderne Forschungstechnik unerläßlich für wissenschaftlich-technische Spitzenleistungen, für Entdeckungen, Erfindungen usw. Andererseits kann diese Technik erst mit hoher Qualifikation und Kreativität, entsprechendem Arbeitsethos, Ideenreichtum und Erfindungsgeist voll wirksam werden. Mit Innovationen wächst der materielle und der geistige Nationalreichtum, wobei unter anderem auch neue Forschungstechnik geschaffen wird.

Auch MÜLLER (1987) bemerkt, daß erst durch die Wechselbeziehungen unterschiedlicher Güter und Güterfonds, d. h. durch ihre sich gegenseitig ergänzenden Gebrauchseigenschaften, Bedürfnisse befriedigt werden und Bestandteile des Nationalreichtums gebrauchswirksam werden.

Allerdings bieten der Zusammenhang zwischen Potentialen und ihrer Nutzung, zwischen Vermögen und wirklichem Reichtum (in philosophischer Allgemeinheit: zwischen Möglichkeit und Wirklichkeit) und die Berücksichtigung der erwähnten Wechselwirkungen noch eine Reihe von Forschungsproblemen. In der Literatur zum Nationalreichtum werden vor allem Abgrenzungs- und Bewertungsprobleme erörtert (vgl. dazu MÜLLER, 1987).

Im ganzen bleibt der Nationalreichtum ein Rahmen, mit dem völlig heterogene, in ihrer Funktion qualitativ verschiedene und nur partiell aggregierbare Bestände zusammengefaßt werden. Die Betonung der Wechselbeziehungen zwischen den verschiedenen Beständen verweist auf das Grundproblem: Die Verwirklichung des Nationalreichtums erfolgt in Systemen als Einheit von Struktur und Funktion. Ein Gebrauchswert verwirklicht sich erst im Gebrauch, was immer zumindest einen Nutzer und meist auch andere Gebrauchswerte voraussetzt. Wirkliche Gebrauchswerte sind in der Regel Systemeigenschaften. Die Beziehungen zwischen Beständen bzw. Systemelementen werden durch Flüsse, Wirkungen, Leistungen, Funktionen, Prozesse usw. vermittelt. Diese Sicht der Verwirklichung des Nationalreichtums weist über ihn weit hinaus, makroökonomisch auf die Untersuchung des Reproduktionskreislaufes als Zusammenhang verschiedener Bestände und Flüsse. Auf tieferer Ebene steht die Untersuchung spezieller Systeme an, die der Bedürfnisbefriedigung dienen. Besondere Aufmerksamkeit verdient die Erforschung der bedürfnisbefriedigenden Leistungen von Systemen der Infrastruktur (Verkehrssysteme, Fernsprechsysteme, Rechnernetze usw.) und Ökosystemen. Hierbei ist insbesondere die Bewertung der Leistungen bzw. des Nutzens dieser Systeme ein bislang noch wenig erforschtes Problem, wodurch ihre tatsächliche Effektivität quantitativ oft nicht zur Geltung kommt. Im 3. Kapitel vertiefen wir die Untersuchung des volkswirtschaftlichen Reproduktionskreislaufes als Zusammenhang von Bestands- und Flußgrößen mit mathematischen Mitteln.

2.4. Größenbeziehungen im Reproduktionskreislauf

2.4.1. Stoffliche Kreislaufbeziehungen

Wichtige der soeben dargelegten Zusammenhänge des gesellschaftlichen Gesamtprodukts und des Nationaleinkommens können als Größenbeziehungen mathematisch abgebildet werden. Zunächst wird das für die stofflichen Beziehungen gezeigt.

Das gesellschaftliche Gesamtprodukt ist die Gesamtheit aller während eines Jahres produzierten materiellen Güter und produktiven Leistungen des produzierenden Bereichs. Sein Volumen wird mathematisch mit Hilfe einer Produktionsfunktion bestimmt. Wir werden auf dieses Problem im Abschnitt 3.6.2. näher eingehen. Hier soll das gesellschaftliche Gesamtprodukt als bekannt vorausgesetzt werden.

Die Struktur seiner Verwendung stellt sich makroökonomisch folgendermaßen dar:

(1) $X = MP + IP + IN + KG + KI + ZU$

X – Gesellschaftliches Gesamtprodukt (materielles Volumen)
MP – Verbrauch von Material und produktiven Leistungen in den produzierenden Bereichen
IP – Investitionen der produzierenden Bereiche
IN – Investitionen der nichtproduzierenden Bereiche
KG – Verbrauch von Material und produktiven Leistungen in den nichtproduzierenden Bereichen (gesellschaftliche Konsumtion)
KI – Verbrauch von Konsumgütern und produktiven Leistungen durch die Bevölkerung (individuelle Konsumtion)
ZU – Bestandsänderungen

Werden die stofflichen Kreislaufbeziehungen untersucht, so kommt dem volkswirtschaftlichen Endprodukt große Bedeutung zu. Es ist die Gesamtheit aller Erzeugnisse, die als Konsumtions- und Investitionsmittel sowie als Zuwachs der materiellen Bestände bereitgestellt werden. Sein Volumen ist bestimmt durch

(2) $Y = X - MP,$

seine Verwendung durch

(3) $Y = IP + IN + KG + KI + ZU,$

wobei Y – volkswirtschaftliches Endprodukt.

In den bisherigen Gleichungen wurde der Außenhandel nicht berücksichtigt. Gerade durch die Umverteilung über den Außenhandel erhält aber das Endprodukt erst seine endgültige, bedarfsgerechte Struktur, so daß die Einbeziehung des Exportes und Importes in die Analyse der stofflichen Kreislaufbeziehungen unumgänglich ist. Für die Verwendungsstruktur des gesellschaftlichen Gesamtproduktes gilt dann statt (1)

(4) $X = MP.IL + IP.IL + IN.IL + KG.IL + KI.IL + ZU + EXP$

und für die Verwendung des Importes

(5) $IM = MP.IM + IP.IM + IN.IM + KG.IM + KI.IM$,
EXP – Exportgüter,
IM – Importgüter.

Der Index IL steht dabei für Verbrauch aus Inlandsaufkommen, der Index IM für Verbrauch aus Import, z. B.
KI.IL – individuelle Konsumtion aus Inlandsaufkommen,
KI.IM – individuelle Konsumtion aus Importen,
$KI = KI.IL + KI.IM$.

Das Endprodukt ist bei Berücksichtigung des Außenhandels zu differenzieren, und es ist zwischen produziertem und verwendetem Endprodukt zu unterscheiden. Nach: Definitionen (1987) ist das produzierte Endprodukt die Gesamtheit aller Erzeugnisse, die für inländischen Verbrauch als Konsumtions- und Investitionsgüter sowie als Zuwachs der materiellen Bestände und für den Export bereitgestellt werden. Halten wir uns streng an diese Definition, so folgt für das produzierte Endprodukt aus (4) die Bestimmungsgleichung

(6) $Y.P = X - MP.IL$

Y.P – produziertes Endprodukt (materielles Volumen).

Die Gesamtmenge der für Konsumtion, Investition und Bestandszuwachs verwendeten Erzeugnisse berechnet sich zu

(7) $$Y.V = IP.IL + IN.IL + KG.IL + KI.IL + ZU + IP.IM + IN.IM + KG.IM + KI.IM = IP + IN + KG + KI + ZU,$$

Y.V – verwendetes Endprodukt.

Mit Hilfe der Gleichungen (4), (5) und (6) läßt sich Gleichung (7) für das verwendete Endprodukt auch in folgender Form schreiben:

(8) $$Y.V = X - MP.IL - EXP + IM - MP.IM = Y.P - EXP + IM - MP.IM.$$

Berücksichtigt man nun noch, daß

$$MP.IL + MP.IM = MP,$$

so folgt aus (2) und (8)

(9) $Y.V = Y - EXP + IM.$

Das heißt, das verwendete Endprodukt weicht im allgemeinen vom produzierten Endprodukt ab. Die Größe der Abweichung ergibt sich aus der Differenz von Import- und Exportvolumen.

In Gleichung (6) fällt auf, daß zur Bestimmung des produzierten Endproduktes Y.P nur ein Teil des Materialverbrauchs, nämlich der Materialverbrauch aus Inlandsaufkommen, vom Gesamtprodukt X abzuziehen ist. Im Sinne der angeführten Definition ist das korrekt, denn Gleichung (6) erfaßt tatsächlich die Gesamtheit aller Erzeugnisse, die für inländischen Verbrauch als Konsumtions- und Investitionsgüter sowie als Zuwachs der materiellen Bestände und für den Export bereitgestellt werden. Diese Gleichung ist aber offensichtlich dann nicht korrekt, wenn das produzierte Endprodukt als Wertkategorie aufgefaßt wird und beispielsweise dem produzierten Nationaleinkommen einschließlich der Abschreibungen gleichgesetzt wird (vgl. Definitionen, 1987). Bei einer solchen Bestimmung müßte das produzierte Endprodukt analog Gleichung (2) definiert werden als

(6') $Y.P = X - MP = X - MP.IL - MP.IM,$

wobei dann aber bereits Aspekte der Umverteilung des Endproduktes über den Außenhandel (MP.IM) mit in die Definition des produzierten Endproduktes einbezogen werden. Logisch konsequent wäre es, die mit den Gleichungen (6) und (6') eingeführten unterschiedlichen Größen auch mit unterschiedlichen Bezeichnungen zu belegen. Wir wollen jedoch bei der Bezeichnung produziertes Endprodukt bleiben, darunter aber das materielle Volumen dieser Größe gemäß Gleichung (6) verstehen.

Für die Weiterentwicklung der Reproduktionstheorie wird, insbesondere im Hinblick auf die mathematische Modellierung des Reproduktionsprozesses, eine stärkere Begriffsdifferenzierung unumgänglich sein. Wir haben auf dieses Problem bereits bei der Behandlung des Nationaleinkommens im Abschnitt 2.3.2. hingewiesen.

Das Volumen der produzierten Gebrauchswerte bzw. die Quantität der im stofflichen Kreislauf auftretenden Flußgrößen wird mittels konstanter Preise zum Ausdruck gebracht. Das ist für langfristige Vorausberechnungen des gesellschaftlichen Gesamtproduktes und seiner Verwendungsstruktur grundlegend. Das Gesamtprodukt X und weitere in den obigen Gleichungen auftretende Flußgrößen haben die Dimension Währungseinheit/Zeiteinheit, d. h., sie beziehen sich stets auf einen bestimmten Zeitabschnitt (in der Regel 1 Jahr).

Die Kreislaufbeziehungen zwischen den bisher behandelten Größen sind in Abbildung 2.10. dargestellt.

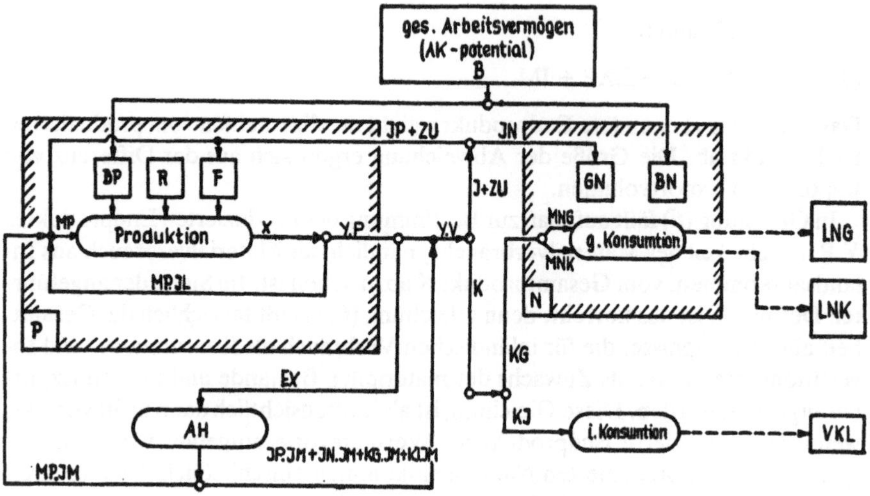

Abb. 2.10. Stoffliche Kreislaufbeziehungen

Ausgangspunkt des Kreislaufes ist zunächst das gesellschaftliche Arbeitsvermögen (B-Berufstätige insgesamt). Es wird verteilt auf die Berufstätigen in der materiellen Produktion (BP) und die Berufstätigen in der immateriellen Sphäre (BN). Für die materielle Produktion sind außer BP die Bestände an Produktionsfonds (F) und an sonstigen Ressourcen (R – Naturressourcen usw.) sowie als Flußgröße der Materialverbrauch (MP) angegeben. BP, F, R und MP sind Faktoren, die über eine geeignet zu wählende Produktionsfunktion (siehe Abschnitt 3.6.2.) den Ausstoß der materiellen Produktion, das gesellschaftliche Gesamtprodukt, bestimmen.

Ein Teil von X fließt als Material (MP.IL) in die Produktion zurück, ein anderer als Export (EX) in den Außenhandel (AH); weitere Teile verbleiben stofflich als Investitions- und Konsumgüter sowie für Bestandsänderungen im Land. Aus dem Außenhandel kommen Importgüter für den Materialverbrauch (MP.IM), für Investitionen (IP.IM, IN.IM), für die individuelle Konsumtion (KI.IM) und für die gesellschaftliche Konsumtion (KG.IM). Das über den Außenhandel umverteilte Endprodukt (Y.V) besteht aus Investitionsgütern (I), Konsumtionsgütern (K) und Zuwächsen für materielle Bestände (ZU). Die Investitionsgüter fließen in die materielle Sphäre (IP) zur Reproduktion der Produktionsfonds und in die immaterielle Sphäre (IN), wo sie in deren Bestand an Grundmitteln (GN) eingehen. Die Konsumgüter (K) fließen in die individuelle Konsumtion (KI), wo sie verbraucht werden (VKL), und in die gesellschaftliche Konsumtion (KG) als Material und produktive Leistungen zur Befriedigung gesamtgesellschaftlicher Bedürfnisse (MNG) sowie zur kulturellen und sozialen Betreuung (MNK).

Die gesellschaftliche Konsumtion ist nicht einfacher Verzehr, sondern vor allem ein Leistungsprozeß, der Arbeitskraft, Grundmittel und Material in genau zu planenden Proportionen erfordert, um Leistungen zur Befriedigung gesamtgesellschaftlicher Bedürfnisse (LNG) und zur kulturellen und sozialen Betreuung (LNK) hervorzubringen. Die Konsumtion dieser Leistungen wird in ökonomischen Kreislaufbetrachtungen gelegentlich als reiner Verzehr behandelt, wobei die entsprechenden Flüsse aus dem ökonomischen Kreislauf ausscheiden. VKL, LNG und LNK liefern jedoch zugleich unentbehrliche Voraussetzungen für den materiellen Reproduktionsprozeß, und zwar vermittelt durch die Reproduktion der Arbeitskraft und durch die auf Wissenschaft, Forschung und Bildungswesen basierenden Innovationen, womit der ökonomische Kreislauf auf qualitativ neuer Stufe vollzogen werden kann. Um diese wichtigen Rückkopplungen genau zu quantifizieren, bedarf es noch weiterer Untersuchungen. Ansätze dazu wurden von KIGYÓSSY-SCHMIDT und SCHWARZ (1983) vorgelegt. Wir lassen sie jedoch zunächst bei der Modellierung noch unberücksichtigt und nehmen vor allem die ausreichend gesicherten theoretischen Aussagen in die Kreislaufschemata auf.

2.4.2. Monetäre Kreislaufbeziehungen

Den bisher betrachteten stofflichen Kreislaufbeziehungen korrespondieren monetäre (finanzielle, geldmäßige) Kreislaufbeziehungen. Das gesellschaftliche Gesamtprodukt erscheint nicht nur in Naturalform, sondern gleichzeitig auch in Wertform, ausgedrückt als Preissumme der in einem Jahr produzierten Waren. Die Preisstruktur des gesellschaftlichen Gesamtproduktes stellt sich makroökonomisch folgendermaßen dar:

(10) $X.P = MP.P + AB + NP.P = PV.P + NP.P$

X.P – Gesellschaftliches Gesamtprodukt (Preissumme)
MP.P – Kosten des in den produzierenden Bereichen verbrauchten Materials und der produktiven Leistungen
PV.P – Produktionsverbrauch (Preissumme)
AB – Abschreibungen
NP.P – Nettoprodukt (Preissumme)

Dieser Preissumme X.P entsprechen in der Phase der Zirkulation Gesamtgeldeinnahmen aus der Realisierung des gesellschaftlichen Gesamtproduktes in Höhe von X.G, womit

(11) $X.P = X.G$

Aus den Gesamtgeldeinnahmen X.G werden einzelne Geldfonds gebildet

(12) $$X.G = MP.G + AM + LP + RE$$

MP.G – Geldfonds zur Wiederbeschaffung des verbrauchten Materials und zur Bezahlung materieller Leistungen
AM – Amortisationen
LP – Lohneinkommen als Geldfonds
RE – Reineinkommen als Geldfonds

Die Preissumme X.P wird im allgemeinen in laufenden (effektiven) Preisen ausgedrückt, das materielle Volumen des gesellschaftlichen Gesamtprodukts (X) hingegen in konstanten Preisen. X.P und X sind über den Preisindex p verknüpft. Wenn man die in der Volkswirtschaft erzeugten Produkte zunächst zu einem homogenen Produkt aggregiert, so gibt es in dieser Abstraktion einen (durchschnittlichen) Preisindex für alle Waren. Die Verbindung zwischen (1) und (10) wird mit den folgenden Gleichungen hergestellt:

(13) $$X.P = p \cdot X$$

(14) $$MP.P = p \cdot MP$$

(15) $$AB = VN \cdot GP.W$$

(16) $$\frac{d}{dt} GP.W = -VN \cdot GP.W + p \cdot IP$$

p – Preisindex, bezogen auf ein Basisjahr
GP.W – Wert der Produktionsgrundfonds (Nettowert)
VN – mittlere Abschreibungsrate

Die Ermittlung der Abschreibungen gemäß (15), (16) ist dabei eine Näherung, die bei dem hohen Abstraktionsgrad gerechtfertigt ist. Tatsächlich erfolgt die Abschreibung ausgehend vom Bruttowert der Produktionsgrundfonds.

Die Gleichungen (1)–(16) können zur Ermittlung der Entwicklung des Preisindexes p verwendet werden. Man kann den Preisindex jedoch auch vorgeben (speziell auch p = 1, d. h. konstante Preise). Dann ergeben sich aus den Gleichungen (1), (2) und (13) bis (16) Bedingungen für die erforderlichen Proportionen zwischen der Entwicklung der Lohneinkommen, des gesellschaftlichen Reineinkommens und der Arbeitsproduktivität. Dieser Ansatz wird auch in unseren Modellrechnungen verwendet (siehe Abschnitt 3.12.1.).

Analoge Beziehungen kann man auch für das Nettoprodukt bzw. das Nationaleinkommen aufstellen. Im Interesse einer übersichtlichen Darstellung wollen wir zunächst auf die Einbeziehung von Umverteilungsprozessen durch den Außenhandel verzichten. Die entsprechende ausführliche mathematische Abbildung unter Einbeziehung des Außenhandels erfolgt im 3. Kapitel.

Für das erzeugte Nettoprodukt bzw. die stoffliche Seite des produzierten Nationaleinkommens (NEP) gilt mit (1) und (2):

$$NP = NEP = X - MP - IPE,$$

IPE – Ersatzinvestitionen.

Für seine wertmäßige Seite, ausgedrückt in Preisen, hat man

$$NP.P = NEP.P = X.P - MP.P - AB.$$

Das Nationaleinkommen als Geldeinkommen ist bestimmt mit

$$NE = LP + RE,$$ wobei

LP – Lohneinkommen in der materiellen Produktion und

RE – Reineinkommen ist.

Die Verwendungsstruktur des Nettoproduktes und das verwendete Nationaleinkommen (NEV) stellen sich mit (3) stofflich wie folgt dar:

$$NPV = NEV = IPA + IN + KG + KI + ZU$$

IPA – Erweiterungsinvestitionen der produzierenden Bereiche (IPE + IPA = IP).

Diesen Produktgesamtheiten sind entsprechende Preissummen zugeordnet, wobei ihre Realisierung mittels Geldfonds erfolgt. Sie erscheinen nach der Umverteilung des Nationaleinkommens als Akkumulations- und Konsumtionsgeldfonds (A.G, K.G):

$$NE = LP + RE = A.G. + K.G$$

Dabei müssen folgende Gleichungen gelten:

$$NEP.P = p \cdot NEP$$

$$NE = p \cdot NEV$$

Die geldmäßige Seite der Verteilung stellt einen relativ selbständigen Prozeß dar. Zugleich finden zwischen den Betrieben, Zweigen und Bereichen der Volkswirtschaft direkt, über den sozialistischen Staatshaushalt oder die Bank, Umverteilungsprozesse statt, wobei das Nationaleinkommen der Hauptgegenstand der Verteilung und Umverteilung ist. Die so entstehenden planmäßigen Geldeinkommen der Endkonsumenten sichern ihnen die materielle Aneignung des Nationaleinkommens in der stofflichen Gestalt.

Die Elemente der Umverteilung und ihre Beziehungen werden in Abbildung 2.11. dargestellt. Hier sind sie zugleich mit den Grundprozessen der materiellen Produktion und dem Weg vom produzierten zum verwendeten Nationaleinkommen (einschließlich Außenhandel) verknüpft.

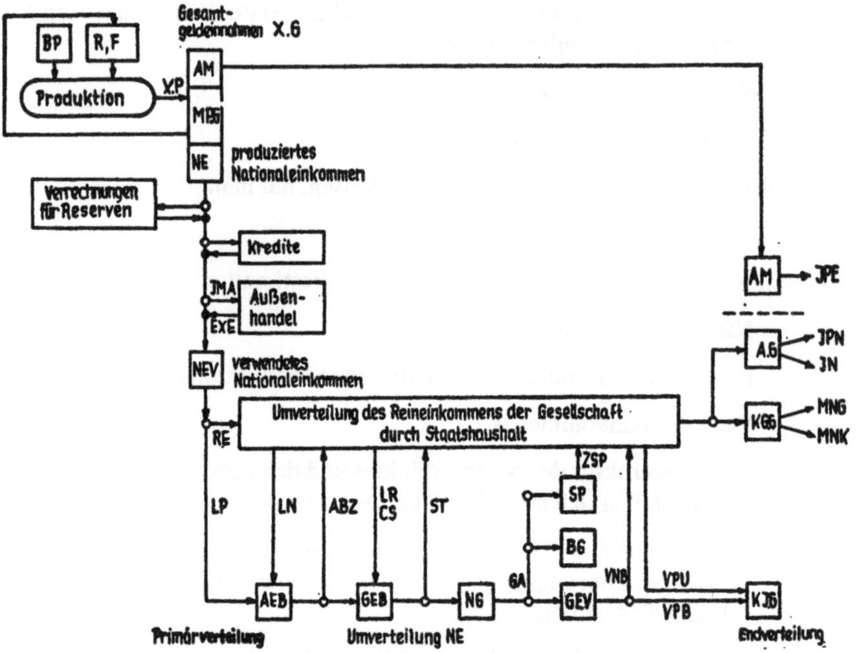

Abb. 2.11. Monetäre Kreislaufbeziehungen

Ausgangspunkt der materiellen Produktion sind die Berufstätigen in den materiellen (produzierenden) Zweigen (BP) sowie die Produktionsfonds (F – Grund- und Umlauffonds). Im Ergebnis der Produktion wird das gesellschaftliche Gesamtprodukt (X) erzeugt, wobei X.P sein Preisausdruck ist. Die monetären Kreislaufbeziehungen beginnen mit den Gesamtgeldeinnahmen (X.G), die bei seiner Realisierung entstehen. Aus ihnen werden die Amortisationen (AM), Geldfonds für den Materialeinkauf (MP.G) und das produzierte Nationaleinkommen (NE) gebildet. Mit den Verrechnungen für die Schaffung neuer Reserven und die Auflösung bestehender, durch Vergabe und Aufnahme von Krediten und indem der Importaufwand des Außenhandels (IMA) abgezogen und sein Exporterlös (EXE) hinzugefügt wird, entsteht aus dem produzierten das verwendete Nationaleinkommen. Es folgt die Primärverteilung des verwendeten Nationaleinkommens (NEV) in das Reineinkommen der Gesellschaft (RE) und in die Löhne in den materiellen Zweigen (LP). Danach wird das Nationaleinkommen umverteilt. Aus dem Reineinkommen werden die Löhne und Gehälter für die Berufstätigen der immateriellen (nichtproduzierenden) Bereiche (LN) gezahlt[11], die zusammen mit LP das Bruttoarbeitseinkommen der Bevölkerung (AEB) bilden. Aus dem AEB entstehen nach Substraktion der gesetzlichen Abzüge (ABZ) sowie durch Addition der aus dem Staatshaushalt finanzierten Renten (LR) und der sonstigen Einkommen der Bevölkerung (CS – Kindergeld, Stipendien u. ä.) die

Nettogeldeinnahmen der Bevölkerung (NG). Nach Abzug der sonstigen Steuern und Beiträge (SST) teilen sich die Nettogeldeinnahmen in die verbrauchswirksamen Geldeinnahmen (GEV) und in die Geldakkumulation der Bevölkerung (GA) auf. Letztere fließt in die Bargeldbestände (BG) und in die Spareinlagen (SP). Der jährliche Zuwachs der Spareinlagen (ZSP) kann durch den Staatshaushalt umverteilt werden.[12] Die verbrauchswirksamen Geldeinnahmen (GEV) werden zur Bezahlung des Verbrauchs nichtmaterieller Leistungen (VNB) – wobei dieses Geld in den Staatshaushalt einfließt – und des Verbrauchs materieller Konsumgüter und produktiver Leistungen (VPB) für die individuelle Konsumtion verwendet. Außerdem wird Geld für den unbezahlten Verbrauch dieser Konsumtion (VPU) aus dem Staatshaushalt zur Verfügung gestellt. VPB und VPU bilden zusammen den Teil des Nationaleinkommens, der am Ende als Geldfonds für die individuelle Konsumtion (KI.G) verwendet wird. Mit der Umverteilung des Nationaleinkommens ist gleichzeitig auch die Endverwendung des Nationaleinkommens in Geldfonds für die Akkumulation (A.G), die gesellschaftliche Konsumtion (KG.G) und die individuelle Konsumtion (KI.G) bestimmt. A.G dient zur Finanzierung der Nettoinvestitionen in die materielle Produktion (IPN) und der Investitionen in die immateriellen Bereiche (IN). Mit KG.G wird der Materialverbrauch der immateriellen Sphäre sowohl für die Befriedigung gesamtgesellschaftlicher Bedürfnisse (Wissenschaft und Forschung, staatliche Verwaltung, innere und äußere Sicherheit – MNG) als auch für die kulturelle und soziale Betreuung der Bevölkerung (Bildungswesen, Kultur und Kunst, Sport und Erholungswesen – MNK) finanziert. Das verwendete Nationaleinkommen besteht also nach der Endverteilung aus den Positionen A.G, KG.G und KI.G.

2.4.3. Einheit von stofflichen und monetären Kreislaufbeziehungen

Den Stoffflüssen der Abbildung 2.10. müssen die finanziellen Flüsse der Abbildung 2.11. entsprechen, wozu die beiden Kreislaufschemata miteinander zu verbinden sind.

Die Einheit von stofflicher, wertmäßiger und finanzieller Reproduktion ist einer der wichtigsten Aspekte der MARXschen Reproduktionstheorie. MARX und LENIN weisen nach, daß im Prozeß der stofflichen Produktion und Reproduktion zugleich der Wert des gesellschaftlichen Produkts entsteht und solche Bedingungen gegeben sein müssen, um das Produkt zu realisieren. So ist zum Beispiel klar, daß der Ersatz der verbrauchten Produktionsmittel einer entsprechenden stofflichen Voraussetzung bedarf und finanziell über die Realisierung des Produkts in Form der Amortisationen und von Geldfonds zur Wiederbeschaffung des verbrauchten Materials und zur Bezahlung materieller Leistungen gedeckt wird.

Löhne, Prämien usw. realisieren sich in Konsumgütern, Dienstleistungen usw. oder fließen in Sparfonds. Das Reineinkommen realisiert sich stofflich in Fonds der Akkumulation, gesellschaftlichen Konsumtion und teilweise individuellen Konsumtion, also gegen Produktions- und Konsumtionsmittel. Diese Grundzusammenhänge zeigen schon, wie wichtig es ist, den untrennbaren Zusammenhang von stofflichen und finanziellen Prozessen zu beachten.

Die Übereinstimmung von stofflichen und finanziellen Strukturen ist nicht automatisch gegeben, sie muß planmäßig hergestellt werden. Dabei handelt es sich um Vorgänge des bewußten Handelns der sozialistischen Produzenten, so daß es nicht unwesentlich ist, auch die auftretenden Widersprüche zwischen ihnen zu betrachten und in der volkswirtschaftlichen Bilanzierung zu beachten.

In der Realität sind diese Prozesse im Detail sehr vielgestaltig, ihre Verwicklungen sehr reichhaltig; zudem sind die Kreisläufe vielfach miteinander verschlungen. Zu ihrer wenigstens näherungsweisen Erfassung kann sich die Reproduktionstheorie heute eines entsprechenden mathematischen Apparates und moderner Rechentechnik bedienen. Im nächsten Kapitel wird ein dafür erarbeitetes Reproduktionsmodell vorgestellt.

In Abbildung 2.12. ist das detaillierte Schema der von diesem Modell erfaßten Kreislaufbeziehungen und Größen angegeben. Symbole in gestrichelten Kreisen bezeichnen Eingabedaten des Modells. Die Bedeutung dieser Symbole ist im Anhang I zusammengestellt. Die Bedeutung der übrigen Symbole kann dem Anhang II entnommen werden. Die mathematischen Beziehungen zwischen den Größen werden im Anhang III zusammengefaßt. Der Leser wird auch auf eine stark vereinfachte Version dieses Blockschaltbildes verwiesen, die lediglich die Grobstruktur der Blöcke und deren Beziehungen wiedergibt (Abb. 3.2.). Überhaupt sei empfohlen, bei der Lektüre des 3. Kapitels auf Abbildung 2.12. zurückzugreifen. Die Abbildung verdeutlicht, auf welche Weise die Einheit von stofflichen und finanziellen Kreisläufen abgebildet und modellmäßig hergestellt wird. In den unteren Blöcken der materiellen Produktion (P), des Außenhandels (AH) und der Verteilung des Nationaleinkommens (V) sind die Kreislaufbeziehungen aufkommensseitig dargestellt. Die stofflichen Kreisläufe im Block P entsprechen der Abbildung 2.10. Im Block V sind die meisten finanziellen Kreislaufbeziehungen der Abbildung 2.11. wiederzufinden. Die Verbindung zwischen stofflichem und finanziellem Kreislauf wird im dick gestrichelten Block im unteren Teil der Abbildung hergestellt. Hier wird die stoffliche Struktur des Endprodukts mit der monetären Struktur von verwendetem Nationaleinkommen plus Amortisationsfonds verglichen und in Übereinstimmung gebracht. Dazu werden jedoch Informationen aus jenen Blöcken im oberen Teil der Abbildung benötigt, welche der Bedarfsermittlung, der Bilanzierung von Aufkommen und Bedarf sowie der Regelung der Berechnungen dienen. Besonders beachtenswert ist, daß der stoffliche Kreislauf und über ihn der finanzielle Kreislauf erst nach der Herstellung der

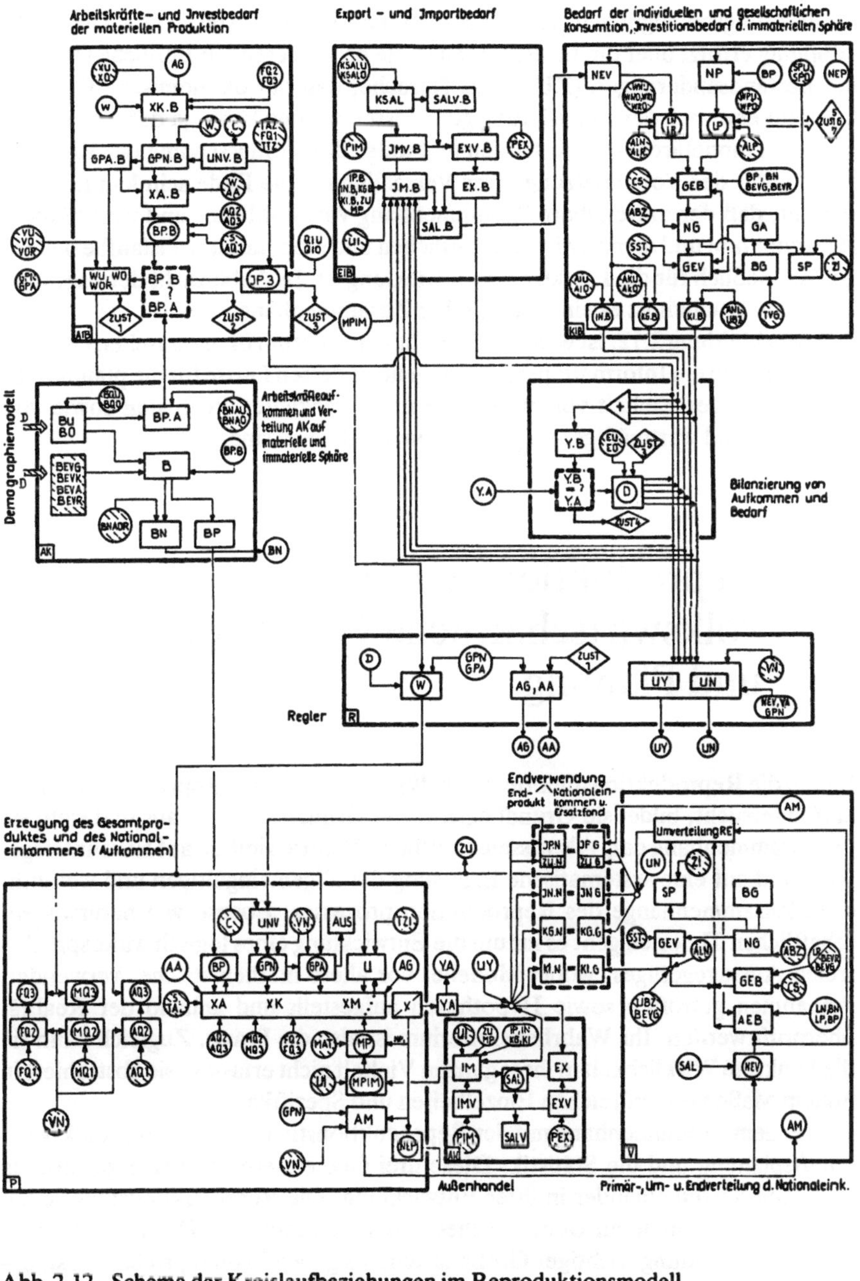

Abb. 2.12. Schema der Kreislaufbeziehungen im Reproduktionsmodell

Realisierungsbedingungen geschlossen werden kann (vgl. Abb. 2.12.). Die Rückkopplung erfolgt über die Investitionen in die produzierenden Bereiche (IP) und die Bestandsänderungen (ZU). Die Tatsache, daß der ökonomische Gesamtkreislauf erst nach der Realisierung geschlossen werden kann, ja daß von stofflichen und monetären Teilkreisläufen erst unter der Voraussetzung der Realisierung, unter der Voraussetzung ihrer Verschlingung die Rede sein kann, unterstreicht, daß der untrennbare Zusammenhang von stofflicher und wertmäßiger Reproduktion und damit zwischen stofflichen und monetären Kreislaufbeziehungen unerläßlich für die Effektivitätsentwicklung ist. In Anbetracht der zugrunde liegenden Dualität ist es ein dialektischer Zusammenhang.

Aus Abbildung 2.12. ist weiterhin ersichtlich, daß zum ökonomischen Gesamtkreislauf noch ein Informationskreislauf gehört, dessen Flüsse für die planmäßige Herstellung der Einheit von stofflichen und finanziellen Prozessen sowie von stofflicher und wertmäßiger Reproduktion unerläßlich sind.

2.5. Reproduktionstheorie, volkswirtschaftliche Gesamtrechnung und Planung

Indem die Reproduktionstheorie den volkswirtschaftlichen Reproduktionskreislauf untersucht, bildet sie Grundbegriffe und Grundgrößen heraus und stellt sie im Zusammenhang dar. Als wissenschaftliche Theorie zielt sie auf Erkenntnisgewinn und auf eine systematische Erfassung der allgemeingültigen und wesentlichen Zusammenhänge des Reproduktionsprozesses. Ebenso wie naturwissenschaftlichen Theorien geht es ihr um die Entwicklung eines logisch widerspruchsfreien Aussagegefüges, wobei Modelle, vor allem mathematische, verwendet, Annahmen getroffen sowie Hypothesen aufgestellt und anhand der Realität überprüft werden. Ihr Wahrheitskriterium ist also die Praxis. Zugleich kann sie die konkrete Wirklichkeit in ihrer ganzen Vielfalt nicht erfassen, sie abstrahiert in hohem Maße von zahlreichen Einzelheiten und Spezifika.

In engem Zusammenhang mit der Reproduktionstheorie stehen die Volkswirtschaftsplanung und die Statistik. Diese drei Gebiete ergänzen sich gegenseitig und beeinflussen einander in ihrer Entwicklung. Die Reproduktionstheorie liefert den beiden anderen Gebieten theoretische Grundlagen. Das betrifft insbesondere die Bildung wichtiger Größenarten, ausgehend von reproduktionstheoretischen Kategorien, das Aufdecken wesentlicher Zusammenhänge und Einflußfaktoren (z. B. des Wirtschaftswachstums) als Grundlage praktischer Handlungsprinzipien oder Entscheidungskriterien der Planung sowie die Erarbeitung mathematischer Modelle, die dann ihre Durchbildung als Planungsinstrumente erfahren (z. B. Verflechtungsbilanz). Andererseits liefern Volkswirtschaftsplanung und Statistik der Reproduktionstheorie Grundlagen der Wirklichkeitserfassung. Drei Momente sollen hier hervorgehoben werden:

Erstens erarbeiten sie Vorschriften zur Quantifizierung der Größen, die den volkswirtschaftlichen Reproduktionsprozeß beschreiben, also das Pendant zu den Meßvorschriften der Naturwissenschaften. Allerdings sind diese statistischen Vorschriften, praktischen Bedürfnissen entsprechend, sehr umfangreich und werden für die wissenschaftliche Öffentlichkeit nur in sehr verkürzter Form dokumentiert. Das ist ein Umstand, der bei der reproduktionstheoretischen Interpretation statistischen Zahlenmaterials sorgfältig zu beachten ist. Weiterhin erfaßt die Statistik die Zahlenwerte aller Grundgrößen des Reproduktionsprozesses als Basis weiterführender wissenschaftlicher Analysen.

Zweitens geben die Volkswirtschaftsplanung und die statistische Praxis Impulse für neue Fragestellungen und Untersuchungsrichtungen der Reproduktionstheorie.

Drittens schließlich liefern diese Gebiete der Reproduktionstheorie die empirische Basis und vermitteln ihre Beziehung zur Praxis. Sie erarbeiten wichtiges Faktenmaterial für die Überprüfung der theoretischen Aussagen.

Allerdings kann die Praxis als Wahrheitskriterium auch nicht vereinfacht verstanden werden. Die Reproduktionstheorie hat nicht die Funktion, eine zu einem historischen Zeitpunkt bestehende Planungspraxis als ewig bestehend zu begreifen, zu begründen oder zu rechtfertigen. Sie denkt diese Praxis in ihrer Entwicklung. Volkswirtschaftsplanung, Statistik und Reproduktionstheorie entwickeln sich mit der Entwicklung der Produktivkräfte und der Produktionsverhältnisse und unterliegen den dialektischen Entwicklungsgesetzen. Ihr Verhältnis ist daher dialektisch widersprüchlich. Die Reproduktionstheorie kann den anderen Gebieten vorauseilen, etwa in Begriffsbildungen oder in der Entwicklung mathematischer Modelle, die dann in die Planungspraxis übergeleitet und praktischen Bedürfnissen angepaßt werden. Ebenso können die volkswirtschaftliche Gesamtrechnung und die Statistik in der Erfassung von wesentlichen Fakten und Zusammenhängen des Reproduktionsprozesses der Theorie vorauseilen oder Fragestellungen aufwerfen, auf die die Theorie noch keine Antwort weiß.

Von einer möglichen Deckungsgleichheit dieser Gebiete kann allerdings auch nur unter theoretischem Aspekt die Rede sein. Das ergibt sich aus der Spezifik der praktischen Aufgaben, die bei der volkswirtschaftlichen Gesamtrechnung im folgenden näher betrachtet wird.

Aufgaben und Funktionen der volkswirtschaftlichen Gesamtrechnung

Je nachdem, ob es sich um vergangene und laufende Prozesse oder um die Gestaltung künftiger Reproduktionsprozesse handelt, unterscheidet man die volkswirtschaftliche Gesamtrechnung als Teil der Statistik oder als Teil der Volkswirtschaftsplanung. In beiden Fällen geht es um die Erfassung der volkswirtschaftlichen Grundgrößen und -proportionen, d.h. um die Widerspiegelung der Struktur, der Dynamik und Effektivität des volkswirtschaftlichen Reproduktionsprozesses in seiner Gesamtheit. Im Unterschied zur Reproduktionstheorie werden die Aufgaben der volkswirtschaftlichen Gesamtrechnung von den praktischen Bedürfnissen der Kontrolle, Steuerung und Planung geprägt. Die statistische Erfassung volkswirtschaftlicher Kennziffern beinhaltet die Datengewinnung, Berechnung, zusammenhängende Darstellung und Analyse auf der Basis laufender Berichterstattungen, der Auswertung sekundärstatistischer Unterlagen, von Schätzungen und repräsentativen Untersuchungen. Die Definitionen, Berechnungsvorschriften, Systematiken und Nomenklaturen der erfaßten Objekte und Kennziffern stimmen mit denen der volkswirtschaftlichen Gesamtrechnung als Teil der Volkswirtschaftsplanung weitgehend überein. Sie sind in gemeinsamen methodischen Grundsätzen verbindlich geregelt (Definitionen, 1981; Methodische Grundsätze, 1981). Diese Grundsätze stützen sich einerseits auf die Erkenntnisse der Reproduktionstheorie, gehen aber zugleich in ihren Details weit darüber hinaus, um die praktischen Aufgaben wirkungsvoll zu unterstützen.

Als Teil der Planung werden die Aufgaben der volkswirtschaftlichen Gesamtrechnung durch die Planungsordnung geregelt. (Anordnung, 1984). Sie zielt auf die Analyse, Planung und Bilanzierung für künftige Prozesse ab. Insbesondere geht es um die Begründung von Entscheidungen über volkswirtschaftliche Grundproportionen und die Herausarbeitung der Konsequenzen dieser Entscheidungen unter Beachtung der vielfältigen Wechselbeziehungen des Reproduktionsprozesses. So heißt es in der Planungsordnung unter anderem: „Mit der volkswirtschaftlichen Gesamtrechnung ist die Planung der volkswirtschaftlichen Grundproportionen, insbesondere der Proportionen des gesellschaftlichen Gesamtprodukts und des Nationaleinkommens sowie ihrer Struktur in ihren zwischenzweiglichen Verflechtungen zu gewährleisten. Dabei ist die Übereinstimmung zwischen dem Volumen und der Struktur der materiellen Fonds und den Fonds der finanziellen Umverteilung des Nationaleinkommens zu gewährleisten. ... Die Grundproportionen des Aufkommens, der Verteilung, der Umverteilung und der Verwendung des gesellschaftlichen Gesamtprodukts und des Nationaleinkommens sowie die dazu erforderlichen materiellen und finanziellen Fonds sind weitgehend nach Wirtschafts- und Verantwortungsbereichen und Erzeugnisgruppen zu untersetzen. ... Mit der volkswirtschaftlichen Gesamtrechnung sind Berechnungen zur Entwicklung der volkswirtschaftlichen Effektivität ... vorzunehmen. ... Aus der volkswirtschaftlichen Gesamtrechnung sind die wichtigsten Kennziffern für die zu erreichenden Produktions- und Effektivitätsziele sowie Ressourcenbegrenzungen abzuleiten“ (Anordnung, 1984, S. 5/6).

Bei der Erarbeitung von Varianten der volkswirtschaftlichen Struktur- und Effektivitätsentwicklung werden die gesellschaftlichen Ziele der Bedürfnisbefriedigung mit den direktiven Bedingungen, Gesetzmäßigkeiten und Entwicklungstendenzen des Reproduktionsprozesses sowie mit den Entwicklungstendenzen des wissenschaftlich-technischen Fortschritts (vor allem der Schlüsseltechnologien) verknüpft.

Die volkswirtschaftliche Gesamtrechnung wird bei der Erarbeitung des Planansatzes durchgeführt, um wichtige Ausgangspunkte für staatliche Planaufgaben und -auflagen zu gewinnen. Gleichzeitig dient sie der Koordinierung der eingereichten Planentwürfe, wobei die Einhaltung der vorgegebenen Ziele geprüft wird und gegebenenfalls Modifikationen der Kennziffern vorgenommen werden. Besonders wichtig ist die volkswirtschaftliche Gesamtrechnung bei der Konzipierung der langfristigen Entwicklung der Volkswirtschaft und bei der Ausarbeitung des Fünfjahrplanes.

Die Planungsordnung sieht vor, „... mit der volkswirtschaftlichen Gesamtrechnung Varianten für die Gestaltung der volkswirtschaftlichen Grundproportionen und die mit diesen Varianten mögliche Entwicklung der volkswirtschaftlichen Effektivität auszuarbeiten und dem Ministerrat zur Entscheidung vorzulegen..." (ebd., S. 6), wobei langfristige Analysen der wichtigsten Proportionen und Effektivitätskennziffern und der sie beeinflussenden Faktoren zu nutzen sind.

Volkswirtschaftliche Grundproportionen

Verhältnisse zwischen Größen des Reproduktionsprozesses, die die Volkswirtschaftsplanung verwendet, um eine stabile und effektive Entwicklung der Volkswirtschaft zu sichern, werden als volkswirtschaftliche Grundproportionen bezeichnet. Dabei kann man zwei große Gruppen unterscheiden:

- Proportionen zwischen Hauptkennziffern der Volkswirtschaft insgesamt;
- Proportionen, die Entwicklungsrelationen zwischen verschiedenen Teilen der Volkswirtschaft zum Ausdruck bringen.

Zur ersten Gruppe gehören die Proportionen zwischen:

- gesellschaftlichem Gesamtprodukt und Nationaleinkommen,
- Ersatzfonds und Nettoprodukt,
- Akkumulations- und Konsumtionsfonds,
- gesellschaftlicher und individueller Konsumtion,
- Importen und Exporten,
- gesellschaftlichem Gesamtprodukt und Außenhandelsumsatz,
- Nettoprodukt und Außenhandelsumsatz,
- Investitionen und Aussonderungen,
- Arbeitsplätzen und Arbeitskräften,
- Arbeitsproduktivitätswachstum und durchschnittlicher Einkommensentwicklung,
- Nationaleinkommen und individueller Konsumtion,
- Nationaleinkommen und Nettogeldeinnahmen,
- Geldakkumulation und Nettogeldeinnahmen,
- Kauf- und Warenfonds,
- Einnahmen und Ausgaben des Staatshaushaltes.

Zur zweiten Gruppe zählen vor allem die Proportionen zwischen:

– Investitionen in die materiellen und Investitionen in die immateriellen Bereiche,
– Beschäftigten in den materiellen und Beschäftigten in den immateriellen Bereichen,
– Abteilung I und Abteilung II der gesellschaftlichen Produktion.

Insbesondere gehören zu dieser Gruppe auch die zahlreichen Wachstumsproportionen (-relationen) zwischen den Wirtschaftsbereichen bzw. Erzeugnisgruppen, z. B. zwischen Industrie und Landwirtschaft, Transport und Gesamtproduktion, Elektroenergieerzeugung und gesellschaftlicher Gesamtproduktion.

Wie bereits in den vorigen Abschnitten gezeigt wurde, sind die Größen des Reproduktionskreislaufes wechselseitig miteinander verbunden. Eine wichtige Funktion der Reproduktionstheorie ist es, den Zusammenhang dieser Größen theoretisch zu erfassen. Ausgehend von diesem Zusammenhang, stellen sich die volkswirtschaftlichen Proportionen als abgeleitete Größen dar. Indem die volkswirtschaftliche Gesamtrechnung und allgemein die Volkswirtschaftsplanung volkswirtschaftliche Grundgrößen, deren Grundproportionen, Effektivitätskennziffern und ihre wesentlichen Einflußfaktoren für praktische Zwecke auch im Hinblick auf Wirtschaftsbereiche und Erzeugnisgruppen zu detaillieren haben, werden die zu beherrschenden Zusammenhänge des Reproduktionsprozesses noch verwickelter. Zur Berechnung der Größen in ihrem Zusammenhang wird in der Volkswirtschaftsplanung ein System von Einzelbilanzen und Bilanzmodellen benutzt.

System von Einzelbilanzen und Bilanzmodellen

Kernstück dieses Systems sind einerseits die Bilanz des gesellschaftlichen Gesamtproduktes und des Nationaleinkommens, die den Zusammenhang wichtiger makroökonomischer Größen darstellt, und andererseits Verflechtungsbilanzen sowie Wertbilanzen der Bereiche zur Erfassung der zwischenzweiglichen Verflechtungen. Darüber hinaus gehören nach der Planungsordnung vor allem folgende Einzelbilanzen und Berechnungen zu diesem System:

– Bilanz der Bevölkerung, der Berufstätigen und der Arbeitskräfteressourcen
– Außenhandelsbilanzen und Bilanzen der internationalen Valutabeziehungen
– Bilanz der Geldeinnahmen und -ausgaben der Bevölkerung
– Bilanz der Entstehung und Verwendung des Realeinkommens der Bevölkerung
– Finanzbilanz des Staates
– Bilanz des Staatshaushaltes
– Bilanz des Kreditsystems
– Bilanz über die Auswirkungen planmäßiger Industrie- und Agrarpreisveränderungen
– Grundmittel- und Investitionsrechnung
– Berechnung der materiellen Umlauffonds

– Berechnungen zur volkswirtschaftlichen Effektivität nach einer festgelegten Kennziffernnomenklatur

Inhalt und Aufbau verschiedener Bilanzen sind näher dargestellt in: Volkswirtschaftsplanung (1974).

Mit diesem Instrumentarium der volkswirtschaftlichen Gesamtrechnung korrespondieren die Material-, Ausrüstungs- und Konsumgüterbilanzen, welche der anschließenden, tiefergehenden Planung und Bilanzierung der Erzeugnisstruktur dienen. Überhaupt werden mit der volkswirtschaftlichen Gesamtrechnung bilanzierte Ausgangsdaten für alle weiteren Teilgebiete der Planung, die tiefer in die zweigliche und territoriale Spezifik eindringen, erarbeitet.

In allen Bilanzen werden die Beziehungen ausgewählter ökonomischer Größen in Form von Tabellen und Gleichungen dargestellt. Dabei werden die Größen als Aufkommen und als Verwendung gegenübergestellt, wobei Gesamtaufkommen und Gesamtverwendung in Übereinstimmung (ins Gleichgewicht) gebracht werden.

Die Mehrzahl der Bilanzen beinhaltet Teilzusammenhänge relativ weniger Größen. Demgegenüber ermöglichen es mathematische Bilanzmodelle, größere Zusammenhänge komplex abzubilden. In der Volkswirtschaftsplanung der DDR wird gegenwärtig vor allem mit einer statischen Verflechtungsbilanz, welche die Verflechtungen von 24 Zweigen abbildet, und mit der statischen Natural-Wert-Verflechtungsbilanz, welche Verflechtungen von ca. 650 Positionen erfaßt, gearbeitet (vgl. den Beitrag von KÖHLER in: FISCHER/SCHWARZ, 1985, S. 28ff.) Bei dieser Ausgangssituation ist es eine Grundfrage volkswirtschaftlicher Gesamtrechnung, wie alle wichtigen Größen des volkswirtschaftlichen Reproduktionsprozesses in ihrem Zusammenhang und in ihrer Entwicklung komplex ermittelt und berechnet werden können. Das ist ein Problem, zu dessen Lösung die Entwicklung der Reproduktionstheorie und der volkswirtschaftlichen Modellierung einen spezifischen Beitrag liefern kann.

Einige Fragen der Vervollkommnung der volkswirtschaftlichen Gesamtrechnung

Die volkswirtschaftliche Gesamtrechnung ist das einzige Gebiet der Planung, das den volkswirtschaftlichen Reproduktionsprozeß im Komplex erfassen kann, wobei in einem schrittweisen, iterativen Planungsprozeß die verschiedenen Bilanzen miteinander abgestimmt werden, um eine bilanzierte Entwicklung der gesamten Volkswirtschaft zu sichern (vgl. BRÄUNER/REYHER, 1973, S. 15).

Die verschiedenen Bilanzen werden in der Verantwortung verschiedener Organisationseinheiten von kompetenten Fachleuten bearbeitet. Das hat den großen Vorteil, daß die subjektive Arbeitserfahrung der Experten bei der Einschätzung künftiger Zahlenwerte volkswirtschaftlicher Größen voll genutzt werden kann. Die Verbindung der Größen verschiedener Bilanzen zu einem System kommt dabei gegenwärtig vorwiegend durch Abstimmungen, d.h. durch die Kommunikation der verschiedenen Fachleute, zustande. Sie dienen der Herstellung des Bilanzgleichgewichtes innerhalb und zwischen den Bilanzen.

Verbesserungsmöglichkeiten ergeben sich hier zunächst durch die Beschleunigung der Kommunikation. Ein wesentliches Mittel der Verbesserung des Informationsaustausches und der Informationstechnologie sind rechnergestützte Bilanziererarbeitsplätze, der Austausch elektronischer Datenträger zwischen verschiedenen Verantwortungsbereichen bzw. Bilanziererarbeitsplätzen bis hin zur elektronischen Vernetzung der Bilanziererarbeitsplätze. Diese Entwicklungsrichtung zielt auf ein durchgängiges rechnergestütztes Informationssystem der volkswirtschaftlichen Gesamtrechnung. Davon wird allerdings der Gegenstandsbereich der Bilanzen nicht berührt. Die volkswirtschaftlichen Größen können zwar schneller, aber nicht unmittelbar in ihrem Gesamtzusammenhang berechnet werden.[13]

In der letzten Richtung wirkt die Vervollkommnung mathematischer Bilanzmodelle, bei denen Bilanzbeziehungen als interne Modellgleichungen erfaßt werden. Grundlage dafür sind die Erfahrungen mit den bewährten Verflechtungsbilanzen. Diese sind statisch, d.h., sie erfassen den Reproduktionskreislauf eines Jahres, und diesen nur partiell. Die volkswirtschaftliche Gesamtrechnung umfaßt in der Regel ein Jahr. Bei der Planung für mehrjährige Planperioden werden die Jahresrechnungen auf eine wissenschaftlich noch wenig ausgewertete Weise miteinander verbunden. Da der Reproduktionskreislauf wesentlich dynamisch ist, ist für die volkswirtschaftliche Gesamtrechnung die Berechnung der Größen auch in ihrer Entwicklung wünschenswert. Dazu können mathematische Modellsysteme für volkswirtschaftliche Vorausberechnungen (bzw. bedingte Prognosen) einen wertvollen Beitrag leisten. Gleichzeitig müssen derartige Systeme einen Hauptvorzug des bisherigen Bilanzsystems der volkswirtschaftlichen Gesamtrechnung einbeziehen, nämlich den Dialog mit den kompetenten Planungsexperten. Sie müssen als interaktive Modellsysteme konzipiert werden.

Im folgenden Kapitel wird ein derartiges System dynamischer Modelle vorgestellt, das auf den reproduktionstheoretischen Grundlagen des Kapitels 2 aufbaut. Zweifellos bedarf es der weiteren Anpassung an die gegenwärtige Planungspraxis, insbesondere auch der Verbindung mit den detaillierteren Einzelbilanzen. Gleichzeitig sind bei der interaktiven Arbeit mit dem Modellsystem auch Veränderungen im praktischen Arbeitsstil wünschenswert. Denn das Modellsystem bilanziert eine Vielzahl volkswirtschaftlicher Größen im Zusammenhang (was den Intentionen volkswirtschaftlicher Gesamtrechnung entspricht), und zwar auch solcher, die gegenwärtig in der Verantwortung verschiedener Abteilungen bzw. Planungsfachleute getrennt bearbeitet werden. Die interaktive Arbeit mit dem System überschreitet in der Regel die Kompetenz des einzelnen Experten bzw. Mitarbeiters. Für eine effektive Arbeit dürfte daher als eigentlicher Adressat oder Nutzer eine Arbeitsgruppe aus verschiedenen Experten geeignet sein, um die Querschnittsaufgaben und die praktischen Erfahrungen komplex zu berücksichtigen.

3. Ein Reproduktionsmodell der Volkswirtschaft

Gegenstand dieses Kapitels ist die mathematische Modellierung volkswirtschaftlicher Reproduktionskreisläufe, wobei wir uns auf die in den ersten beiden Kapiteln dargelegten Grundlagen der sozialistischen Reproduktionstheorie stützen. Insbesondere konzentrieren wir uns auf jene Teile der volkswirtschaftlichen Reproduktion, deren Abbildung in mathematische Strukturen möglich und zweckmäßig ist. Vorrangig geht es also um die Beschreibung und Analyse quantitativer Zusammenhänge zwischen wesentlichen Größen des Reproduktionsprozesses.

Die rechentechnische Realisierung des Reproduktionsmodells ist ein Programmsystem, das wir Dialogsystem der Reproduktion genannt haben. Es ermöglicht dem Anwender, im direkten Dialog mit dem Rechner volkswirtschaftliche Reproduktionskreisläufe zu analysieren und die Entwicklung wesentlicher Größen des volkswirtschaftlichen Reproduktionsprozesses vorauszuberechnen. Das Dialogsystem der Reproduktion unterstützt sowohl die ökonomische Analyse als auch die Entscheidungsfindung bei der Ausarbeitung von Varianten der sozialökonomischen Entwicklung eines sozialistischen Landes. Zugleich können entsprechende quantitative Analysen und Computerexperimente für die weitere ökonomische Theorienbildung Impulse liefern.

3.1. Methodologische Ansätze für volkswirtschaftliche Vorausberechnungen

In volkswirtschaftlichen Reproduktionskreisläufen steht eine Vielzahl von Größen untereinander in Beziehung. Ihre Untersuchung kann zunächst verbal im Sinne des Steigens oder Fallens, des Mehr oder Weniger, vorgenommen werden. Sie erfolgt dann meist unter ceteris-paribus-Annahmen, wobei alle außer den betrachteten Größen in ihrem Einfluß als konstant unterstellt werden. MARX hat diesen methodologischen Ansatz im „Kapital" wiederholt benutzt, z.B. im 1. Band bei der Analyse der Verhältnisse zwischen dem Wert der Arbeitskraft und dem Mehrwert (MEW 23, S. 542–552).

Eine knappere, rationelle und übersichtliche Abbildung der Wechselbeziehungen zahlreicher Größen kann durch Nutzung der Mathematik erreicht werden. Voraussetzung ist, daß die Größen durch geeignete Definitionen und Meßvorschriften quantitativ bestimmt sind. Historisches Paradigma dieses methodologischen Ansatzes ist die theoretische Physik. Theorie und mathematischer Apparat sind hier weitgehend integriert.

Sozialistische Reproduktionstheorie und volkswirtschaftliche Modellierung haben diesen Stand noch nicht erreicht. Offensichtlich ist aber, daß beide, historisch zunächst getrennt entstandene Gebiete eng zusammenhängen. Insbesondere treten zwei Aspekte deutlich hervor. Zum einen braucht die volkswirtschaftliche Modellierung eine solide theoretische Grundlage, soll sie doch die wichtigsten Größen und Gesetzmäßigkeiten des Reproduktionsprozesses in mathematischer Form widerspiegeln. Das ist in der Umsetzung keineswegs einfach. Eine zu starke Konzentration auf die oft komplizierten mathematischen Strukturen kann zur Einschränkung auf eine schmale theoretische Basis führen, bei der die zugrundeliegenden ökonomisch-theoretischen Aussagen, Voraussetzungen und Hypothesen im unklaren bleiben, was dann entsprechende Unklarheiten bei der Interpretation der Modellergebnisse nach sich zieht.

Erhält die volkswirtschaftliche Modellierung durch die Reproduktionstheorie eine solide theoretische Grundlage, so kann zum anderen die Theorie selbst durch Nutzung des mathematischen Apparates eine größere Detailliertheit, Vielfalt und Präzision in der Darstellung volkswirtschaftlicher Größenbeziehungen erreichen. Eine solche Verstärkung der Aussagekraft ist für die Praxiswirksamkeit der Reproduktionstheorie im Hinblick auf die volkswirtschaftliche Gesamtrechnung, Bilanzierung und Planung von großer Bedeutung. Denn letztere haben diese Theorie zur Grundlage, zugleich müssen sie eine Vielzahl volkswirtschaftlicher Größen (bzw. Hauptkennziffern) in ihren Wechselbeziehungen und in ihrer Entwicklung möglichst genau erfassen. Diese positiven Wirkungen einer stärkeren Integration können zur Entwicklung der Reproduktionstheorie in eine Form führen, die derjenigen physikalischer Theorien entspricht.

Das wirtschaftswissenschaftliche Instrumentarium für volkswirtschaftliche Vorausberechnungen bzw. Prognosen umfaßt eine Vielzahl von Methoden, die sich grob in formalisierte, d. h. Prognosen mit Hilfe ökonomisch-mathematischer Modelle, und nichtformalisierte, z. B. Expertenschätzungen, einteilen lassen. Abbildung 3.1. gibt einen Überblick über Prognosemethoden.

Unter den formalisierten Methoden sind die im Rahmen der Statistik und Ökonometrie entwickelten Verfahren der Regressionsanalyse und Trendberechnung weit verbreitet. Sie sind relativ leicht durchführbar, bedürfen aber einer sorgfältigen Auswahl des Funktionstyps. Liegt über die zu untersuchenden Prozesse nur wenig a-priori-Information vor, so wird als Modellstruktur meist ein lineares, im allgemeinen dynamisches Modell gewählt, dessen Koeffizienten dann mit Hilfe gegebener Zeitreihen zu ermitteln sind (MATTHES/MÜLLER, 1978a; SCHNEEWEIß, 1971). Dieses Herangehen an die Modellierung und Vorausberechnung stellt geringe Anforderungen an die ökonomische Theorie. Es basiert auf der Annahme, daß die verwendeten Zeitreihen alle Information über das zu untersuchende System tragen. Theoretische Basis für die Modellerstellung und -verifikation sind mathematische Systemtheorie und Statistik. Statistische Methoden der Vorausberechnung werden vornehmlich auf Prozesse angewendet, für deren Modellierung keine ausreichende theoretische Basis vorhanden ist.

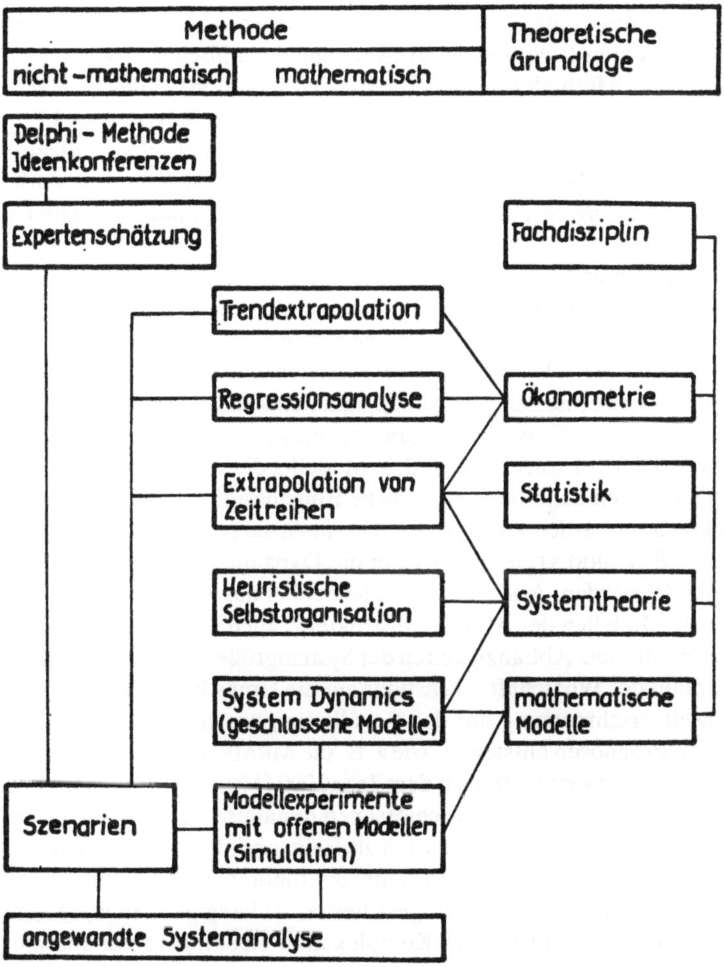

Abb. 3.1.. Übersicht zu Prognosemethoden

Für ihre Anwendung müssen zwei wesentliche Voraussetzungen erfüllt sein: die Existenz hinreichend konstanter Strukturen und stabiler Trends im Beobachtungszeitraum (um das Modell identifizieren zu können) und ihr Weiterexistieren im Vorhersagezeitraum (zur Begründung der Vorausberechnung mit Hilfe des ermittelten Modells).

Die erhaltenen Vorhersagen sind deshalb als Projektionen sich abzeichnender Tendenzen in die Zukunft zu interpretieren. Alternative Vorhersagen, die mögliche zukünftige Maßnahmen zur Abwehr unerwünschter Entwicklungen berücksichtigen, sind mit Hilfe statistischer Methoden im allgemeinen nicht möglich. Deshalb werden diese Methoden auch nur für kurz- bis mittelfristige Prognosen angewendet.

Die Weiterentwicklung statistischer Prognoseverfahren verlief in den letzten Jahren vor allem in Richtung der Anwendung dynamischer Modelle (ARIMA-Methoden und Methoden der Zeitreihenextrapolation). Gleichzeitig wurden neue, dem Prognoseproblem besser gerecht werdende Kriterien und Prinzipien der Modellauswahl entwickelt (z. B. Methode der heuristischen Selbstorganisation: IVACHNENKO/MÜLLER, 1985). Das Grundprinzip statistischer Vorhersagemethoden – die Fortschreibung des status quo in die Zukunft – ist dabei aber erhalten geblieben.

Ein wesentlich anderes Herangehen an die Lösung des Prognoseproblems ist für Modellexperimente mit dynamischen Modellen charakteristisch. Das Modell wird im Ergebnis einer Systemanalyse gewonnen, bei der man versucht, die für die zu prognostizierenden Prozesse wesentlichen Zusammenhänge im Modell zu erfassen und die wechselseitigen Abhängigkeiten wesentlicher Größen mathematisch zu beschreiben. Dabei wurde zunächst versucht, möglichst geschlossene dynamische Modelle zu konstruieren, d. h. Modelle, die keine exogenen Größen haben und mit denen dann ohne zusätzliche Eingangsinformation Prognosetrajektorien berechnet werden können. Mit diesem Ansatz (auch als System Dynamics bekannt, z. B. FORRESTER, 1971) kann die Dynamik der ablaufenden Prozesse gut abgebildet werden. Andererseits verleitet aber das Streben nach möglichst geschlossenen Modellen den Modellkonstrukteur, auch wenig gesicherte Hypothesen über funktionale Abhängigkeiten der Systemgrößen ins Modell aufzunehmen (z. B. Einfluß des Wirtschaftswachstums auf die Umweltverschmutzung, Einfluß der Umweltverschmutzung auf das Bevölkerungswachstum). Dadurch können spekulative Prognosen entstehen, wie z. B. die MEADOWSsche Katastrophenprognose für die Weltwirtschaft nach dem Jahr 2000 (MEADOWS, 1975).

Das Gegenkonzept zu den geschlossenen dynamischen Prognosemodellen ist das der offenen Modelle mit Szenarien als Eingangsinformation. Im Modell werden nur solche Zusammenhänge erfaßt, die theoretisch oder statistisch ausreichend gesichert sind. Die weniger gesicherten Abhängigkeiten werden nicht als funktionale Relationen (d. h. als Komplex aller Reaktionen auf alle möglichen Aktionen) erfaßt, sondern es werden nur einige ausgewählte Kombinationen möglicher, wahrscheinlicher oder auch erwünschter Entwicklungen für die betreffenden Größen vorgegeben. Solche Kombinationen von Folgen exogener Größen werden als Szenarien bezeichnet.

Das Konzept der Anwendung offener dynamischer Modelle in Verbindung mit Szenarien als Eingangsinformation wurde vor allem durch Studien zu globalen Problemen weltweit bekannt. Zu nennen wären z. B. die von einer Gruppe unter Leitung von W. LEONTIEF im Auftrag der UNO erarbeitete Studie zur Entwicklung der Weltwirtschaft bis zum Jahre 2000 (Budušćeje, 1979), die IIASA-Studien zum globalen Energieproblem (Energy, 1981) und zum Ernährungsproblem (Food, 1981) oder die im Auftrag der OECD erarbeitete Studie über die künftige Entwicklung der Weltwirtschaft und ihre Konsequenzen für die Länder der OECD (Facing, 1979). Inzwischen wurden für nahezu alle entwickelten kapitalistischen Länder Modelle zur Vorausberechnung der Entwicklung der nationalen Wirtschaften vorgeschlagen.

In der DDR – wie übrigens auch in den anderen sozialistischen Ländern – basierten die zur langfristigen Vorausberechnung bestimmten Modelle lange Zeit vor allem auf ökonometrischen Ansätzen (in der DDR z. B. BILOW/GRAHL, 1977; WÖLFLING, 1977). In einer Zeit relativ „glatter" Entwicklungen volkswirtschaftlicher Hauptkennziffern war dieses Herangehen an die Vorausberechnung begründet. Bei sich wesentlich verändernden Reproduktionsbedingungen und erheblichem Strukturwandel der Wirtschaft sind ökonometrische Ansätze zur volkswirtschaftlichen Vorausberechnung nicht mehr geeignet. Deshalb wurde versucht, die international positiven Erfahrungen der angewandten Systemanalyse auch in der DDR für den Aufbau von Modellen der volkswirtschaftlichen Vorausberechnung nutzbar zu machen. Solche Ausarbeitungen sind z. B. die Modelle von H. KNOP (1981) und K. SCHWARZ (1982) sowie das im folgenden zu behandelnde Dialogsystem der Reproduktion.

3.2. Aufgabenstellung und methodologische Grundprinzipien

Wie im Kapitel 1 dargelegt, hat die Wirtschafts- und Sozialpolitik der SED, insbesondere ihre ökonomische Strategie, komplexe und langfristige Auswirkungen auf den Reproduktionsprozeß der Volkswirtschaft der DDR. Folglich besteht die Hauptaufgabe für die Modellierung des Reproduktionskreislaufes darin, die Dynamik, die wechselseitigen Abhängigkeiten und die Wachstumsbedingungen volkswirtschaftlicher Grundgrößen quantitativ und möglichst komplex zu erfassen und auf dieser Grundlage die Wechselbeziehungen zwischen sozial- und wirtschaftspolitischen Zielen, Programmen und Entscheidungen einerseits und den objektiven Bedingungen des Kreislaufes der volkswirtschaftlichen Reproduktion andererseits zu analysieren. Die Aussagen der Reproduktionstheorie tragen dazu bei, daß im Sozialismus aus gesellschaftlicher Sicht wissenschaftlich fundiert darüber entschieden werden kann, in welchem Maße und in welchen Proportionen die wachsende Produktivität zur Steigerung der Produktion, zur Erweiterung der arbeitsfreien Zeit, zur Absicherung anderer bedeutender gesellschaftlicher Erfordernisse und insgesamt zur Ausgestaltung der verschiedensten Bereiche der entwickelten sozialistischen Gesellschaft genutzt wird.

Das folgende Reproduktionsmodell unterstützt diese Aufgabe in quantitativer Hinsicht. Es wurde zunächst als einsektorales Modell entwickelt, das makroökonomische Grundgrößen des Reproduktionskreislaufes und ihre Wechselbeziehungen abbildet. In Weiterführung der Untersuchungen werden zwischenzweigliche Verflechtungen einbezogen (vgl. Kapitel 5). Dabei sollen insbesondere die Verflechtungen zwischen Reproduktionskomplexen quantitativ analysiert werden, um eine von Koziolek (1979) angeregte Forschungsrichtung weiter zu verfolgen.

Die Dynamik, die wechselseitigen Abhängigkeiten und die Wachstumsbedingungen volkswirtschaftlicher Grundgrößen werden in folgenden Komplexen, die im Sinne eines Reproduktionskreislaufes miteinander verbunden sind, erfaßt:

- Bevölkerungsreproduktion, Entwicklung des Arbeitskräftepotentials und des Beschäftigtengrades sowie Verteilung der Arbeitskräfte auf die materiellen und die immateriellen Bereiche;
- Fonds der materiellen Bereiche und ihre Reproduktion;
- Kreislauf des Nationaleinkommens;
- Export- und Importströme, Entwicklung der Handelsbilanz;
- Entwicklung des verfügbaren Realeinkommens der Bevölkerung, der individuellen Konsumtion und der Spareinlagen.

Die Ergebnisgrößen der Modellrechnungen sind im Anhang II verzeichnet. Aus diesen Größen können weitere abgeleitete Größen berechnet werden. Die Modellrechnungen erfolgen grundsätzlich in konstanten Preisen. Einige Größen werden bei der Auswertung in effektive Preise umgerechnet.

Nach dem Prinzip des Wenn-Dann-Dialogs kann das Reproduktionsmodell für folgende Hauptrichtungen genutzt werden:

a) *Analyse der vergangenen Entwicklung.* Das Reproduktionsmodell dient als Repräsentant der demographischen und volkswirtschaftlichen Reproduktion der DDR. Auf dieser Basis können die Auswirkungen bestimmter Maßnahmen und Einflüsse der Vergangenheit durch Veränderung der Eingabedaten im Modellexperiment analysiert werden. Eine der Analysemöglichkeiten wird in Abschnitt 4.2. vorgestellt.

b) *Erarbeitung langfristiger Varianten* der Entwicklung volkswirtschaftlicher Grundgrößen entsprechend gegebener Zielvorstellungen.

c) *Analyse gegebener Varianten* auf Empfindlichkeit und Stabilität.

Die beiden letztgenannten Richtungen sind für die Vervollkommnung der Ziel-Programm-Planung und die Durchrechnung langfristiger Entscheidungen von besonderer Bedeutung. Über die Unterstützung langfristiger Entscheidungen hinaus können die Modellrechnungen auch das Verständnis für komplexe volkswirtschaftliche Zusammenhänge vertiefen.

Mit der Realisierung der nächsten Ausbaustufen des Dialogsystems wird die Lösung weiterer ökonomischer Aufgaben angestrebt, wobei vor allem die langfristige Entwicklung zwischenzweiglicher Verflechtungen erfaßt werden soll (vgl. Kapitel 5).

Methodologische Grundprinzipien

Das Dialogsystem der Reproduktion ist ein System offener dynamischer Modelle zur langfristigen volkswirtschaftlichen Vorausberechnung. Der methodologische Ansatz wird durch folgende Überlegungen bestimmt.

Erstens: Es gibt objektiv existierende, durch die Theorie gesicherte und statistisch verifizierbare Zusammenhänge zwischen den zu betrachtenden Größen, die mathematisierbar sind und im Modell in Form analytischer, funktionaler Relationen berücksichtigt werden können.

Der methodische Zugang der Modellierung entspricht dem bekannten system-dynamischen Konzept. Dabei wird die Entwicklung der Volkswirtschaft als ein dynamischer, gesteuerter Prozeß beschrieben.

Zweitens: Es gibt objektiv existierende, jedoch durch die Theorie nicht ausreichend gesicherte Zusammenhänge, die nicht oder nicht hinreichend genau mathematisierbar sind. Für diese werden in Form von Szenarien Kombinationen von Folgen vorgegeben, die wahrscheinlichen bzw. beabsichtigten Entwicklungen entsprechen und die wahrscheinlichen bzw. beabsichtigten Relationen zwischen ihnen berücksichtigen.

Drittens: Das Wachstum und die strukturelle Entwicklung volkswirtschaftlicher Größen werden durch wirtschafts- und sozialpolitische Ziele und Programme wesentlich beeinflußt. Der Anwender des Modells muß die Möglichkeit haben, Zielvorstellungen über die Entwicklung bestimmter Größen vorzugeben und die Auswirkungen alternativer Orientierungen auf die Entwicklung des Gesamtsystems zu analysieren. Die Vorgabe der Ziele und Zielvorstellungen erfolgt im Rahmen der Erarbeitung der Szenarien.

Dabei können sowohl normative Forderungen erhoben als auch der Variationsbereich für die Entwicklung einzelner Größen durch Vorgabe von Ober- und Untergrenzen eingeschränkt werden.

Viertens: Mit der Vorgabe von Zielstellungen über die Entwicklung der Volkswirtschaft sind aber noch nicht die Steuerungen bestimmt, die zur Erreichung der Ziele notwendig sind. Das Modell muß deshalb einen Steuerblock enthalten, der die Aufgabe hat, in jedem Schritt des Simulationslaufes die Steuergrößen so zu bestimmen, daß sie sowohl den Zielvorstellungen als auch den Möglichkeiten, d. h. den sich im Verlauf der Simulation ergebenden Zuständen, entsprechen. Bei Divergenz der aus den Zielen abgeleiteten notwendigen und der aus dem erreichten Zustand möglichen Steuerungen sind Korrekturen notwendig. Die Art und

Weise dieser Korrekturen ist vom Anwender beeinflußbar. Sie erfolgen mit Hilfe von Entscheidungstabellen, die ebenfalls in den Szenarien enthalten sind.

Fünftens: Bei langfristigen Vorausberechnungen dürfen für entscheidende Bilanzen, wie z.B. die Bilanz des gesellschaftlichen Gesamtprodukts, die Nationaleinkommensbilanz oder die Arbeitskräftebilanz, Aufkommen und Bedarf nicht a priori als übereinstimmend postuliert werden.[14] Vielmehr müssen Aufkommen und Bedarf jeweils getrennt modelliert und danach in einem Steuerblock unter Berücksichtigung der in den Entscheidungstabellen formulierten zulässigen Korrekturen bilanziert werden. Das Modell wird bei solch einem Herangehen an die Modellierung als Nichtgleichgewichtsmodell bezeichnet.

Es ist offensichtlich, daß bei dem hier skizzierten Aufbau des Modells der Erarbeitung der Szenarien große Bedeutung zukommt. Gleichzeitig ist der Informationsbedarf eines solchen Modells vergleichsweise hoch. Es erscheint zunächst als methodischer Nachteil, daß zuviel Eingangsinformation benötigt wird. Die Hauptarbeit bei der Ausarbeitung der Prognosen wird stärker als bei anderen Modellen auf die Seite der Szenarien verlegt, für deren Formierung zwar statistische Vorhersagemethoden als Hilfsmittel eingesetzt werden können (zumindest für Basisszenarien), die aber im wesentlichen doch auf Expertenschätzungen oder Hypothesen beruhen. Dieses Herangehen an die Vorausberechnung ist aber dadurch gerechtfertigt, daß die Zukunft nicht durch Automatismen, sondern durch bewußtes Handeln bestimmt wird, das auf die Erreichung sozialpolitischer Ziele gerichtet ist und durch Strategien und langfristige Pläne gelenkt wird. Ein Modell, das zur Vorausberechnung genutzt wird, muß für die Vorgabe von Zielen und Strategien ihrer Verwirklichung aufnahmefähig sein. Dabei ändert sich dann auch gleichzeitig der Charakter der Vorausberechnungen im Vergleich zu früheren Ansätzen: Es geht primär nicht mehr um eine möglichst genaue Vorhersage der Zukunft. Vielmehr sollen Auswirkungen alternativer Strategien (bzw. alternativer Szenarien) abgeschätzt und damit diese Strategien bewertet und zukünftige Entscheidungsfehler abgesteckt werden.

Für die Durchführung der Vorausberechnungen sind prinzipiell zwei Zugänge möglich:

a) Der Anwender gibt die Zielgrößen fest vor. Dann zeigt sich im Verlauf der Simulation, ob es eine Variante gibt, die diesen Zielvorstellungen entspricht, oder ob wesentliche Konsistenz- und Wachstumsbedingungen verletzt sind. Die Vorausberechnung reduziert sich also letztlich auf einen Konsistenztest und die Ausgabe der Information, welche Forderungen gegebenenfalls nicht realisiert werden können.

b) Der Anwender läßt durch Angabe entsprechend großer zulässiger Variationsbereiche bei allen Zielgrößen hinreichenden Spielraum. Dann wird eine Variante berechnet, die den gegebenen Anforderungen entspricht.

Im allgemeinen wird jedoch für die Vorausberechnung ein iteratives Herangehen charakteristisch sein. Anfangs werden für zunächst nur grob vorgegebene

Ziele erste zulässige Varianten ermittelt. Diese werden dann in den Folgeschritten bei Präzisierung der Zielvorstellungen im Mensch-Rechner-Dialog sukzessive verbessert.

3.3. Blockstruktur des Dialogsystems der Reproduktion und Struktur der Szenarien

Das Reproduktionsmodell ist nach Blöcken gegliedert, deren Struktur sich aus der im Kapitel 2 vorgenommenen Analyse des Reproduktionskreislaufes ergibt.

Das detaillierte Flußschema der Informationsverarbeitung und des Informationsaustausches zwischen den Blöcken ist in Kapitel 2 (Abb. 2.12.) angegeben. Das gleiche Schema in seiner Grobstruktur zeigt Abbildung 3.2. Die Blöcke sind durch Flüsse miteinander verbunden, die die drei Hauptarten von Flüssen der ökonomischen Realität abbilden: Flüsse materieller, physischer Art (dicke Pfeile), finanzielle Flüsse (Wellenlinie mit Pfeil) und Informationsflüsse (dünne Pfeile).

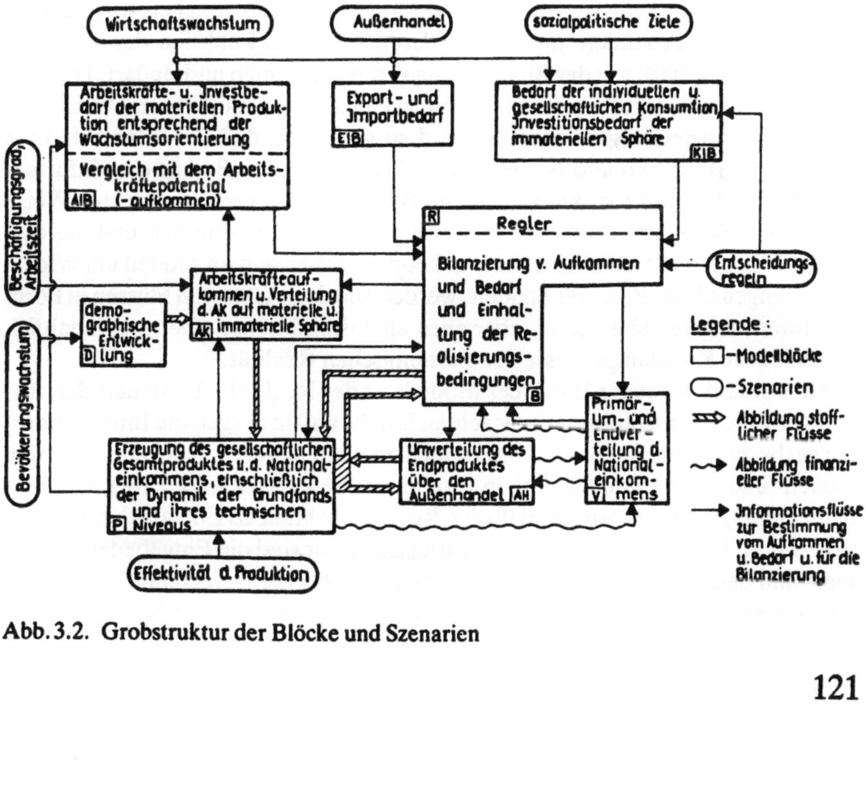

Abb. 3.2. Grobstruktur der Blöcke und Szenarien

Flüsse physischer Art gibt es zwischen den Blöcken demographische Entwicklung (D), Arbeitskräfteaufkommen und Verteilung der Arbeitskräfte auf die materielle und immaterielle Sphäre (AK), Erzeugung des gesellschaftlichen Gesamtproduktes und des Nationaleinkommens (P), Außenhandel (AH) sowie dem Block Verteilung des Endproduktes (V). Die Beziehungen innerhalb dieses Komplexes spiegeln wesentliche Zusammenhänge des stofflichen Reproduktionskreislaufes wider.

Finanzielle Kreislaufbeziehungen betreffen zunächst infolge der stofflich-wertmäßigen Dualität der Warenproduktion die bereits erwähnten Blöcke. Hinzu kommt als zentraler Vermittler der finanziellen Flüsse der Block Primär-, Um- und Endverteilung des Nationaleinkommens. In die oberen Blöcke der Abbildung 3.2. (Arbeitskräfte- und Investitionsbedarf, Bedarf der individuellen und gesellschaftlichen Konsumtion sowie Investitionsbedarf der immateriellen Sphäre) gehen ausschließlich Informationsflüsse ein bzw. werden an andere Blöcke weitergeleitet. Da in diesen Blöcken der Bedarf bestimmt wird, tragen sie reinen Informationscharakter. Aber auch alle anderen bereits genannten Blöcke sind in den Informationskreislauf eingeschlossen.

Der Block B hat eine zentrale Stellung: In ihm verschlingen sich die Flüsse aller drei Arten. Hier werden wesentliche Realisierungsbedingungen modelliert, wobei die Übereinstimmung der stofflichen Bestandteile des Endproduktes mit den finanziellen Komponenten des Nationaleinkommens (Investitionsfonds für die materielle und die immaterielle Sphäre, Fonds der gesellschaftlichen und der individuellen Konsumtion) und mit dem Amortisationsfonds gesichert wird. Dieser Prozeß ist eng verbunden mit einer anderen zentralen Funktion der sozialistischen Planwirtschaft: mit der Bilanzierung von Aufkommen und Bedarf. Deshalb wird die Wechselwirkung beider Prozesse in einem Block modelliert. Die Einhaltung der Realisierungsbedingungen wird so gesichert, daß die Bilanzdifferenz zwischen Aufkommen und Bedarf minimal ist. Indem der Bedarf eine Information über benötigte Produkte ist, sind im Block B in der eben umrissenen Weise finanzielle, Stoff- und Informationsflüsse miteinander verbunden und die entsprechenden Kreisläufe miteinander gekoppelt. Da es sich im Modell um Widerspiegelungen dieser Prozesse handelt, werden alle drei Arten von Flüssen in Form von Informationen abgebildet, aber eben als Informationen über drei inhaltlich verschiedene Kreislaufprozesse der ökonomischen Realität.

Ein weiterer wichtiger Block des Modells ist der Regler R. Er steuert den Ablauf der Berechnungen, ruft die einzelnen Blöcke auf und regelt die Informationsübergabe zwischen ihnen. Im Unterschied zu allen anderen Blöcken hat er rein modell- und programmtechnischen Charakter (siehe Abschnitt 3.13.). Die Modellrechnungen setzen voraus, daß eine Reihe von Daten als Eingabedaten vorgegeben sind. In der Abbildung 3.2. zur Blockstruktur sind die Eingabedaten gruppiert und den Blöcken, in denen sie vorwiegend für die Berechnungen benötigt werden, zugeordnet. Diese Gruppen entsprechen den Szenarien für die künftige Entwicklung (vgl. Abb. 3.3.).

Szenarien-gruppe	Vorgabe von Orientierungs - oder Grenzwerten	Vorgabe der Entwicklung als Folge
Wirtschafts-wachstum	Gesellschaftliches Gesamtprodukt, Nationaleinkommen*)	
Effektivität der Produktion	Investitionen in die materielle und die immaterielle Sphäre*)	Fondsquote, Material-intensität, Arbeits-produktivität
Außenhandel	kumulativer Export - Import - Saldo	Exporterlös, Importaufwand, Importstruktur
Sozialpolitische Ziele und Entwicklung der immateriellen Sphäre	Löhne und Gehälter, Renten, Spareinlagen, gesellsch. Konsumtion	Anteil der Leistungen der immateriellen Bereiche an individueller Konsumtion
Beschäftigungs-grad, Arbeitszeit	Berufstätige im immateriellen Bereich, Anteil der Berufstätigen an Gesamtzahl der Bevölkerung im arbeitsfähigen Alter	Rentenalter, Arbeitszeit, Schichtkoeffizient
Bevölkerungs-wachstum		Fertilitäts-, Mortalitätsraten
Entscheidungstabellen zur Bilanzierung von Aufkommen und Bedarf		

*)diese Angaben sind wahlfrei

Abb. 3.3. Überblick über Hauptkennziffern der Szenarien

Die Szenarien können sehr umfangreich sein und sollten möglichst durch die Arbeit von Expertengruppen begründet werden.[15] Für Modellrechnungen ist es notwendig, sie bis zur Quantifizierung jener modellexternen Größen zu führen, die die Entwicklung des untersuchten Systems wesentlich beeinflussen. Beispiele für Szenarien und die entsprechenden Resultate sind in Kapitel 4 angegeben.

3.4. Block D: Demographische Entwicklung

Dieser Block dient zur Vorausberechnung des Wachstums der Bevölkerung und der Entwicklung ihrer alters- und geschlechtsspezifischen Struktur. Die Wohnbevölkerung wird nach Alter und Geschlecht in Gruppen (G_{ij}) eingeteilt (i = 1 – weiblich; i = 2 – männlich; j = 1, 2, …, NL). Diese Einteilung hängt von verschiedenen Kriterien ab: Mortalität, Fertilität, Beschäftigtenrate, Rentenalter, Ausbildungsdauer u. a.

In der Grundvariante wird von folgender Klasseneinteilung ausgegangen:

	Altersgruppen/in Jahren		Klassenlänge/in Jahren	
	weiblich	männlich		
j	i = 1	i = 2	L(1, j)	L(2, j)
1	0 bis unter 1	0 bis unter 1	1	1
2	1 bis unter 16	1 bis unter 16	15	15
3	16 bis unter 18	16 bis unter 18	2	2
4	18 bis unter 25	18 bis unter 25	7	7
5	25 bis unter 30	25 bis unter 35	5	10
6	30 bis unter 35	35 bis unter 45	5	10
7	35 bis unter 45	45 bis unter 55	10	10
8	45 bis unter 60	55 bis unter 65	15	10
9	60 bis unter 70	65 bis unter 70	10	5
10	älter als 70	älter als 70	–	–

Das Demographiemodell hat „klassischen“ Aufbau. Dabei wird das Bevölkerungswachstum für jede Alters- und Geschlechtsgruppe (Gij) rekursiv, beginnend bei T = TA (Anfangsjahr) bis T = TE (Endjahr) in folgender Weise berechnet.

$BEV(I, J, T+1) =$	Bevölkerung im Jahr T + 1 =
$BEV(I, J, T)$	Bevölkerung im Vorjahr T
$+ AS(I) \cdot LG(T)$	+ Lebendgeborene (nur für die erste Altersgruppe)
$- MRT(I, J, T) \cdot BEV(I, J, T)$	– Gestorbene
$+ \frac{BEV(I, J-1, T)}{L(I, J-1)} - \frac{BEV(I, J, T)}{L(I, J)}$	± Übergang von einer Altersgruppe in die andere
$+ A(I, J) \cdot MIG(T)$	+ Migration.

Die Anzahl der Geburten eines Jahres wird in Abhängigkeit von altersspezifischen Fertilitätsraten und der Anzahl der Frauen der entsprechenden Altersgruppen berechnet (vgl. Gleichung (104), Anhang III). Durch Addition über die jeweiligen Altersgruppen ergibt sich die Anzahl der Kinder, der Bevölkerung im arbeitsfähigen Alter, der Rentner sowie der Gesamtbevölkerung (vgl. Gleichungen (105 bis 108), Anhang III).

3.5. Block AK: Berufstätige/ Arbeitskräftepotential

Der Block dient zur Berechnung des Arbeitskräftepotentials. Dazu sind alters- und geschlechtsspezifische Beschäftigtenraten vorzugeben, und zwar für jede Alters- und Geschlechtsgruppe jeweils Unter- und Obergrenzen für die zulässigen Werte des Beschäftigtenkoeffizienten (= Anteil der Berufstätigen am Gesamtbestand der entsprechenden Bevölkerungsgruppe). Aus den Beschäftigtenraten und den Werten für die Wohnbevölkerung der jeweiligen Altersgruppen folgen Unter- und Obergrenzen (BU, BO) für die Anzahl der Berufstätigen insgesamt.

$$(201)\quad BU(T) = \sum_{i=1,2} \sum_{k=NB1}^{NB2} BQU(I,K,T) \cdot (BEV[I,K,T] + BEV[I,K,T+1])/2,$$

$$(202)\quad BO(T) = \sum_{i=1,2} \sum_{k=NB1}^{NB2} BQO(I,K,T) \cdot (BEV[I,K,T] + BEV[I,K,T+1])/2.$$

Wenn das Demographiemodell nicht genutzt wird, entfallen die Berechnungen nach (201, 202). Stattdessen werden dann die Grenzen BU(T), BO(T) für die Anzahl der Berufstätigen als Eingangsdaten vorgegeben.

Die Aufteilung der vorhandenen potentiellen Arbeitskräfte (zwischen BU und BO) auf materielle und nichtmaterielle Bereiche erfolgt in Abhängigkeit vom Arbeitskräftebedarf der materiellen Bereiche, der im Block AIB ermittelt wird. Die mögliche Anzahl der Berufstätigen der materiellen Bereiche wird jedoch noch durch den Arbeitskräftebedarf der nichtmateriellen Bereiche begrenzt:

$$(203)\quad BPU(T) = (1 - BNAO[T]) \cdot BU(T),$$
$$(204)\quad BPO(T) = (1 - BNAU[T]) \cdot BO(T).$$

Die Untergrenzen BPU(T) und Obergrenzen BPO(T) für die Anzahl der Berufstätigen der materiellen Bereiche werden an den Block AIB weitergeleitet. Dort erfolgt die Berechnung des Arbeitskräftebedarfs der materiellen Bereiche.

3.6. Block P: Gesellschaftliches Gesamtprodukt und Nettoprodukt

Dieser Block ist neben dem Block AIB (Investitions- und Arbeitskräftebedarf der produzierenden Bereiche) einer der umfangreichsten Blöcke des Dialogsystems. Er enthält Teilmodelle zur Berechnung des gesellschaftlichen Gesamtproduktes, des Nettoproduktes (als Inlandsaufkommen für Investitionen, Konsumtion und Export) sowie des produzierten Nationaleinkommens. Die Berechnung dieser Größen erfolgt in Abhängigkeit von den Arbeitskräfteressourcen, dem Grundfondsbestand, dem erreichten Effektivitätsniveau der Produktion sowie der Auslastung der Produktionskapazitäten mit Hilfe eines komplizierten Produktionsfunktionals. Wir beginnen mit der Beschreibung des Teilmodells der Grundfondsdynamik.

3.6.1. Grundfondsdynamik

Der Grundfondsbestand wird unterteilt in

GPN – Grundfonds, deren augenblickliche Nutzungsdauer kleiner als die normative ist, und

GPA – Grundfonds, die über die normative Nutzungsdauer hinaus betrieben werden.

Die Grundfondsaussonderungen sind variabel. Ihr Wert wird durch die Aussonderungsrate W(T) gesteuert. Die Modellierung der Dynamik der Grundfonds erfolgt über sogenannte Verzögerungsglieder.[16] Dem liegt das in Abbildung 3.4 wiedergegebene Schema zugrunde.

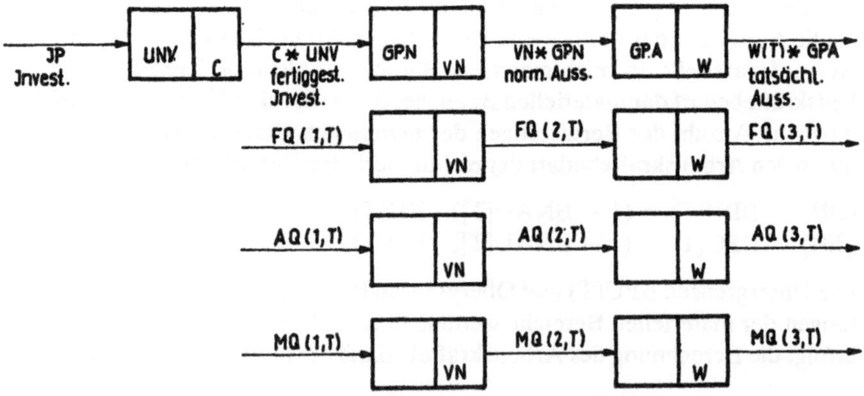

Abb. 3.4. Schema zur Dynamik der Grundfonds und der Effektivitätskoeffizienten FQ, AQ, und MQ

Die Investitionen (IP) fließen zunächst in den Bestand an unvollendeten Investitionen (UNV), der um die fertiggestellten Investitionen (C · UNV) verringert wird (C ist der Aktivierungskoeffizient). Diese erhöhen den Grundfondsbestand (GPN), der um die normativen Aussonderungen (VN · GPN) verringert wird. Sie fließen in den Grundfondsbestand (GPA), aus dem schließlich die tatsächlichen Aussonderungen (W[T] · GPA) herausfließen. Die Aussonderungsrate (W[T]) wird im Regler R ermittelt.
Die entsprechenden Gleichungen sind (vgl. Abbildung 3.4):

(301) $UNV(T+1) = (1 - C) \cdot UNV(T) + IP(T),$

(302) $GPN(T+1) = (1 - VN) \cdot GPN(T) + C \cdot UNV(T),$

(303) $GPA(T+1) = (1 - W[T]) \cdot GPA(T) + VN \cdot GPN(T).$

3.6.2. Gesamtprodukt und Arbeitskräfte

Zur Berechnung des Gesamtproduktes ist es notwendig, einen mathematischen Zusammenhang (Produktionsfunktion) zwischen dem jährlichen Gesamtprodukt und den eingesetzten Ressourcen aufzustellen. Die Auswahl einer geeigneten Produktionsfunktion für makroökonomische Modelle ist ein kompliziertes Problem der Modellierung (vgl. MATTHES/MÜLLER, 1978a). Übliche Ansätze sind, das Gesamtprodukt aus der durchschnittlichen Arbeitsproduktivität und der durchschnittlichen Arbeitskräfteanzahl oder der durchschnittlichen Fondsquote und dem durchschnittlichen Grundfondsbestand abzuleiten. Substitutionsbeziehungen zwischen Grundmitteln und Arbeitskräften werden dabei nicht erfaßt, so daß ein solcher Ansatz für langfristige Berechnungen wenig geeignet ist. Ein anderer gebräuchlicher Ansatz ist die sogenannte Substitutionale Produktionsfunktion (Cobb-Douglas-Funktion oder CES-Funktion, vgl. ebd.). Diese Funktionen lassen Substitutionen von Arbeitskraft durch Grundfonds zu, aber wieder nur bezogen auf den mittleren Grundfondsbestand (d. h., auch ein Anwachsen veralteter Fondsbestände führt zu Arbeitskräftefreisetzung). Aus diesem Grund und auch wegen der schlechten Identifizierbarkeit solcher Funktionen (vgl. ebd.) haben wir von der Verwendung der CES-Funktion abgesehen. Stattdessen wird ein Produktionsfunktional verwendet, dessen Konstruktion vor allem darauf beruht, daß die Grundfonds nach ihrer Nutzungsdauer gruppiert und jeder der Altersklassen spezifische technologische Koeffizienten zugeordnet werden. Produktionsfunktionen dieses Typs werden mitunter als Vintage-Funktion bezeichnet. Durch Anwendung des Prinzips dieser Funktionen auch auf die Arbeitskräftebindung der Fonds und durch Modellierung der Dynamik der technologischen Koeffizienten entstand ein Produktionsfunktional, das in Form der Kapazitätszuwachsfunktion von MATTHES (1978) begründet wurde.

Bei der Modellierung gehen wir von der Annahme aus, daß die neuen Fonds, C · UNV (vgl. Abb. 3.4), eine für sie spezifische Fondsquote (FQ1) und Arbeitskräftebindung (AQ1) haben. Diese neuen Fonds verbleiben im Mittel die normative Nutzungsdauer (TN) im Bestand GPN (wobei gilt: TN ~ 1/VN). Danach werden sie zum Bestand GPA gezählt. Das heißt, daß die Fonds, deren normative Nutzungsdauer im jeweiligen Jahr beendet ist (Fluß VN · GPN), eine Fondsquote (FQ2) bzw. Arbeitskräftebindung (AQ2) haben, die im Durchschnitt den Werten von FQ1 bzw. AQ1 vor TN Jahren entspricht.

Analoges gilt für FQ3 und FQ2 bzw. AQ3 und AQ2, wobei für sie die Zeitverzögerung im Mittel 1/W beträgt. Die Dynamik dieser Koeffizienten wurde deshalb über Verzögerungsglieder (vgl. MATTHES, 1975, MATTHES/MÜLLER, 1978a) in folgender Weise modelliert:

(310) $FQ(2, T+1) = (1 - VN) \cdot FQ(2, T) + VN \cdot FQ(1, T),$

(311) $FQ(3, T+1) = (1 - W[T]) \cdot FQ(3, T) + W(T) \cdot FQ(2, T),$

(312) $AQ(2, T+1) = (1 - VN) \cdot AQ(2, T) + VN \cdot AQ(1, T),$

(313) $AQ(3, T+1) = (1 - W[T]) \cdot AQ(3, T) + W(T) \cdot AQ(2, T).$

Eine definierte Auslastung der Grundfonds vorausgesetzt, gilt für die Produktionskapazität (XK):

(320) $XK(T+1) = XK(T) + FQ(1, T) \cdot C \cdot UNV(T) - FQ(3, T) \cdot W(T) \cdot \cdot GPA(T).$

Das heißt, die Kapazität im Folgejahr (XK[T + 1]) ist gleich der Kapazität im gegebenen Jahr T (XK[T]) zuzüglich der neu geschaffenen Kapazität (FQ[1, T] · C · UNV[T]), vermindert um die durch Aussonderungen verloren gegangene Kapazität (FQ[3, T] · W[T] · GPA[T]).
Für die Arbeitskräftebindung der Grundfonds (XA) gilt analog:

(321) $XA(T+1) = XA(T) + AQ(1, T) \cdot C \cdot UNV(T) - AQ(3, T) \cdot W(T) \cdot \cdot GPA(T).$

Die tatsächliche jährliche Gesamtproduktion und die Arbeitskräfteanzahl werden von der vorgesehenen Auslastung der Kapazitäten beeinflußt, die wiederum von der Arbeitszeit und der Schichtauslastung abhängt. Insbesondere die Schichtauslastung ist in hochaggregierten Modellen schwer zu erfassen, da als Variable für die Arbeitskräfte nur die Anzahl der Berufstätigen insgesamt auftritt. Eine weitere Unterteilung der Arbeitskräfte der produzierenden Bereiche wäre nur bei Desaggregation des Modells insgesamt sinnvoll und muß weiteren Ausbaustufen des Modells vorbehalten bleiben. Da aber andererseits bei langfristigen Berechnungen mit Änderungen der Arbeitszeit und der Schichtauslastung zu rechnen ist, werden diese Einflüsse näherungsweise durch Einführung der Variablen TAZ (mittlere jährliche Arbeitszeit) und S (mittlere Schichtauslastung der Grundmittel) berücksichtigt.

Hieraus ergeben sich Auslastungskoeffizienten AG(T) und AA(T), deren Berechnung den Formeln (323 bis 328) des Anhangs III zu entnehmen ist.

Für den Zusammenhang zwischen Produktionskapazität XK und dem gesellschaftlichen Gesamtprodukt X gilt dann in Abhängigkeit von der Kapazitätsauslastung:

(330) $X(T) = AG(T) \cdot \overline{XK}(T)$

Analog folgt für die Analyse der Berufstätigen in der materiellen Sphäre:

(331) $BP(T) = AA(T) \cdot \overline{XA}(T).$

3.6.3. Verbrauch von Material und produktiven Leistungen

Für die Berechnung des Verbrauchs von Material und produktiven Leistungen (MP[T]) – im folgenden kurz als Materialverbrauch bezeichnet – können alternativ zwei Ansätze genutzt werden. Der eine berücksichtigt nur die mittlere Materialintensität (MQ[T]). Unter der Annahme der Proportionalität zwischen Materialverbrauch und Gesamtprodukt gilt dann

(340) $MP(T) = MQ(T) \cdot X(T).$

In einem zweiten Ansatz, der anstelle von (340) genutzt werden kann, wird in Analogie zur Fondsquote bzw. Arbeitskräftebindung pro Einheit Grundfonds auch die Materialintensität auf die Altersgruppen der Grundmittel aufgeteilt (vgl. Abb. 14):

MQ(1, T) – Materialintensität der Produktion mit neuen Grundmitteln;
MQ(2, T) – Materialintensität der Produktion mit Grundmitteln, deren Nutzungsdauer nicht größer als die normative ist;
MQ(3, T) – Materialintensität der Produktion mit veralteten Grundmitteln (deren Nutzungsdauer größer als die normative ist).

Analog dem Vorgehen für AQ und FQ gilt dann:

(314) $MQ(2, T+1) = (1 - VN) \cdot MQ(2, T) + VN \cdot MQ(1, T)$

(315) $MQ(3, T+1) = (1 - W[T]) \cdot MQ(3, T) + W(T) \cdot MQ(2, T),$

und für den Materialverbrauch MP(T):

(341) $XM(T+1) = XM(T) + MQ(1, T) \cdot FQ(1, T) \cdot C \cdot UNV(T) - MQ(3, T) \cdot FQ(3, T) \cdot W(T) \cdot GPA(T)$

(342) $MP(T) = AG(T) \cdot (XM[T+1] + XM[T])/2.$

Die Berechnung des Materialverbrauchs hat hierbei gegenüber dem ersten Ansatz (340) den Vorteil, daß die im Zusammenhang mit dem Produktionsfunktional eingeführten „Technologien“ (Produktion mit neuen Grundmitteln, mit noch nicht veralteten, mit veralteten Grundmitteln) auch mit spezifischen Materialintensitäten verbunden werden. Dadurch kann die Dynamik der Materialverbrauchskoeffizienten differenziert abgebildet werden.

3.6.4. Bestandsänderungen der Produktionsvorräte

Das Problem der Berechnung von Bestandsänderungen (ZU[T]) der Produktionsvorräte, unvollendeter Produktion und Zirkulationsvorräte wird meist so gelöst, daß man die Materialaufwandskoeffizienten etwas höher ansetzt und damit Bestandsänderungen (wachsende Produktion vorausgesetzt) dem Materialverbrauch zurechnet. Dadurch wird aber ihre Dynamik verzerrt, da dieser Ansatz selbst bei sinkender Produktion zu einer Erhöhung der Umlaufmittel führt. Die Bestandsänderungen der Produktionsvorräte, der unvollendeten Produktion und der Zirkulationsvorräte werden deshalb vom Zuwachs der Gesamtproduktion (ZX[T]) und der Zirkulationszeit (TZI) abhängig gemacht:

(343) $ZU(T) = TZI \cdot MQ(T) \cdot ZX(T).$

Die theoretische Begründung dieser Formel ist bei MATTHES (1975) zu ersehen.

3.6.5. Produziertes Nationaleinkommen (Nettoprodukt)

Das Nettoprodukt berechnet sich, wie in Kapitel 2 ausgeführt, aus dem gesellschaftlichen Gesamtprodukt durch Abzug des Produktionsverbrauchs. Dabei werden die Abschreibungen über die mittlere Abschreibungsrate (VN) aus dem Bestand der Grundmittel, deren Nutzungsdauer nicht größer als die normative ist, berechnet. Dementsprechend gilt:

(350) $NEP(T) = X(T) - MP(T) - VN \cdot GPN(T).$

3.6.6. Verwendungsseitige Bilanz des Gesamtproduktes

Gleichung (350), nach X(T) aufgelöst und mit Y(T) = NEP(T), gibt die Struktur des gesellschaftlichen Gesamtprodukts an:

$$X(T) = MP(T) + AB(T) + Y(T).$$

Dies entspricht der bereits in Abschnitt 2.4.2. besprochenen Gliederung des gesellschaftlichen Gesamtproduktes.

Das Nettoprodukt (Y[T]) bildet den Akkumulationsfonds (IP – AM + IN + ZU) und den Konsumtionsfonds (KI + KG), wobei noch zu berücksichtigen ist, daß ein Teil des Nettoproduktes über den Außenhandel umverteilt wird. Dementsprechend gilt für die stoffliche Struktur des Gesamtproduktes:

$$X(T) = MP(T) + ZU(T) + IP(T) + IN(T) + KI(T) + KG(T) + \\ + EX(T) - IML(T).$$

In dieser Bilanz ist aber noch nicht enthalten, daß das Nettoprodukt über die Umverteilung durch den Außenhandel eine Strukturänderung erfährt und die einzelnen Positionen der Bilanz des Gesamtproduktes gebrauchswertmäßig Anteile haben, die aus dem Import kommen. Diese Anteile werden durch vorzugebende Anteilkoeffizienten (UI) bestimmt. Die Bilanz des Gesamtproduktes erhält dann folgende Gestalt (vgl. auch Abschnitt 2.4.1.):

X(T) = (1 – UI[1, T])	· MP(T)	–	Materialverbrauch
+ (1 – UI[1, T])	· MQ(T) · TZI · ZX(T)	–	Bestandsänderungen
+ (1 – UI[2, T])	· IP(T)	–	Investitionen in produzierenden Bereichen
+ (1 – UI[3, T])	· IN(T)	–	Investitionen in nichtproduzierenden Bereichen
+ (1 – UI[4, T])	· KI(T)	–	individuelle Konsumtion
+ (1 – UI[5, T])	· KG(T)	–	gesellschaftliche Konsumtion (jeweils aus Inlandsaufkommen)
+ EX(T)		–	Export

Die Einhaltung dieser Bilanz wird durch den Block B gesichert. Dazu wird an Block B die Größe Y.A weitergeleitet, die das verwendete Inlandsaufkommen für Investitionen (IP, IN), Konsumtion (KG, KI) und Export beinhaltet und bis auf den Export-Import-Saldo dem Endprodukt entspricht:

(351) $$Y.A(T) = X(T) - (1 - UI[1, T]) \cdot MP(T) - (1 - UI[1, T]) \cdot MQ(T) \cdot \\ \cdot TZI \cdot ZX(T).$$

3.7. Block AIB: Investitions- und Arbeitskräftebedarf der produzierenden Bereiche

Im Block AIB wird der Investitions- und Arbeitskräftebedarf der produzierenden Bereiche in Abhängigkeit von den gegebenen Wachstumszielen für das Gesamtprodukt, von den Arbeitskräfteressourcen sowie von der Entwicklung der Effektivitätskennziffern bestimmt. Gleichzeitig werden Grenzen für die Aussonderungsrate ermittelt.

3.7.1. Investitionsbedarf

Der Bedarf der produzierenden Zweige an Investitionsgütern hängt in jedem Jahr von der erreichten Produktionskapazität und ihrer notwendigen Entwicklung in den Folgejahren ab.
Die Unter- bzw. Obergrenzen für die notwendige Entwicklung des Gesamtproduktes werden wie folgt bestimmt:
Ausgehend vom laufenden Jahr T der Betrachtungsperiode wird jeweils das mittlere Wachstumstempo

$$XWU(T) = (XU(TE)/X(T-1))^{1/TE-T+1} \quad \text{bzw.}$$

$$XWO/T) = (XO(TE)/X(T-1))^{1/TE-T+1}$$

berechnet, welches notwendig ist, um vom bekannten Wert des Gesamtproduktes im Vorjahr (X(T − 1)) noch die gesetzten Zielwerte XU(TE) bzw. XO(TE) erreichen zu können. Als Unter- bzw. Obergrenzen für die weitere, notwendige Gesamtproduktentwicklung werden dann die sich aus diesen Wachstumstempi ergebenden Exponentialfunktionen

(403) $XU(T+K) = X(T-1) \cdot XWU(T)^{K+1}$

(404) $XO(T+K) = X(T-1) \cdot XWO(T)^{K+1} \quad K = 0,1,\ldots,TE-T$

genutzt (vgl. Abb. 3.5). Werden die Orientierungswerte XU, XO für das Gesamtprodukt jährlich vorgegeben, entfällt natürlich die Interpolation in der eben angegebenen Weise. Für die noch nicht berechneten Werte der Gesamtproduktion ab Jahr T (X(T + K)) muß dann jeweils gelten:

(409) $XU(T+K) \leq X(T+K) \leq XO(T+K).$

X(T + K) ist durch das Produktionsfunktional (vgl. Abschnitt 3.6.2., Gleichungen (301) bis (331)) bestimmt. Setzt man die Gleichungen in (409) ein und löst nach IP auf, so ergeben sich die im Anhang III, Gleichungen (410) bis (412), aufgeführten Ausdrücke für den minimalen bzw. maximalen Investitionsbedarf IUX(T) bzw. IOX(T).

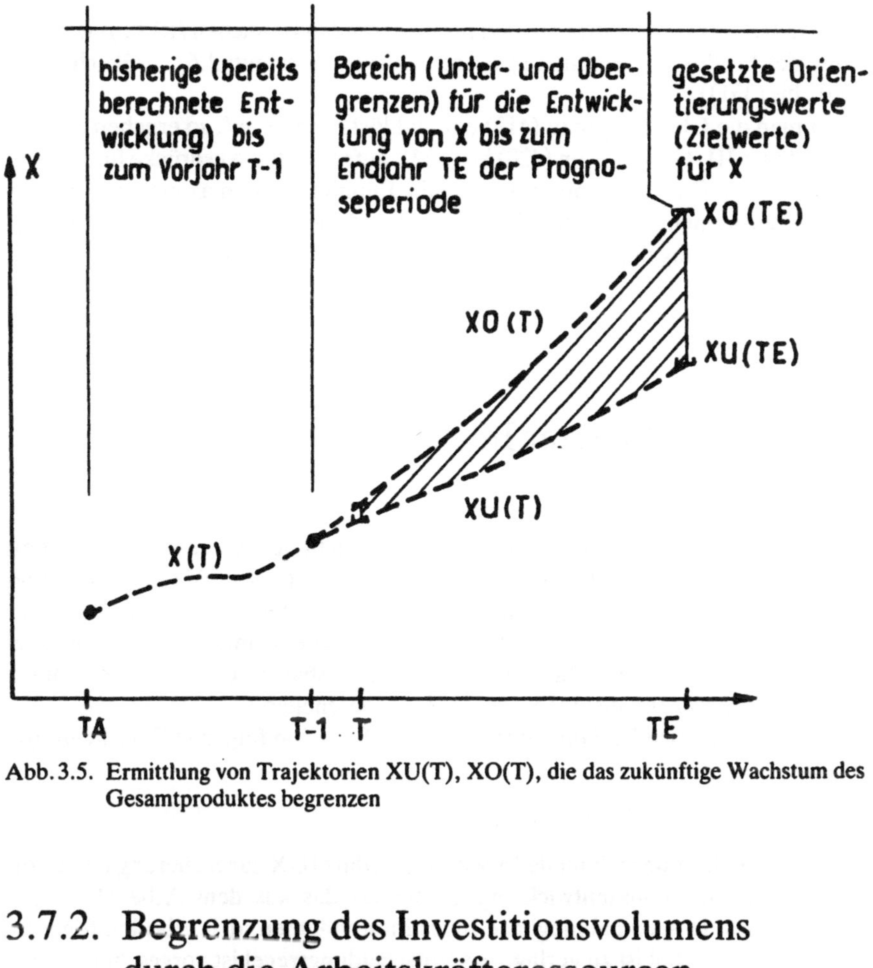

Abb. 3.5. Ermittlung von Trajektorien XU(T), XO(T), die das zukünftige Wachstum des Gesamtproduktes begrenzen

3.7.2. Begrenzung des Investitionsvolumens durch die Arbeitskräfteressourcen

Der oben berechnete Investitionsbedarf ist nur dann real, wenn für die neu zu schaffenden Produktionskapazitäten genügend Arbeitskräfte zur Verfügung stehen. Deshalb muß neben dem Investitionsbedarf auch die zur Erreichung der vorgesehenen Kapazitätsentwicklung notwendige Arbeitskräfteanzahl bestimmt und mit dem Arbeitskräftepotential verglichen werden. Unter- bzw. Obergrenzen für die mögliche Anzahl der Berufstätigen in den produzierenden Bereichen (BPU(T) bzw. BPO(T)) wurden im Block AK berechnet. Somit muß in jedem Folgejahr T + K gelten:

$$(419) \quad BPU(T + K) \leq BP(T + K) \leq BPO(T + K).$$

Die Anzahl der Berufstätigen in den produzierenden Bereichen (BP(T)) wird mit Hilfe des Produktionsfunktionals berechnet (vgl. Abschnitt 3.6.2., Gleichungen (301) bis (331)).
Setzt man die Gleichungen in (419) ein und löst nach IP auf, so ergeben sich die im Anhang III, Gleichungen (420) bis (422), aufgeführten Ausdrücke für IUB(T) bzw. IOB(T). Diese bestimmen das im Jahr T minimal bzw. maximal *mögliche* Investitionsvolumen bei Berücksichtigung des Arbeitskräftepotentials, der Arbeitskräftebindung der neuen Fonds, der Auslastung der Fonds und der Aussonderungen.

3.7.3. Modifizierter Investitionsbedarf

Die berechneten Werte IUB, IOB des aus der Sicht des Arbeitskräftepotentials *möglichen* Investitionsvolumens sind mit den Werten IUX, IOX des aus der gegebenen Wachstumsorientierung für das Gesamtprodukt *notwendigen* Investitionsvolumens zu vergleichen. Ergeben sich Widersprüche, so muß der Investitionsbedarf modifiziert werden. Das soll in späteren Ausbaustufen des Modells durch Entscheidungsregeln, die der Nutzer vorgibt, geschehen.

Die gegenwärtige Variante enthält je nach Situation folgende Entscheidungsregeln:

Fall A: IOB(T) < IUX(T)

In diesem Fall ist der minimale Investitionsbedarf IUX zur Sicherung der geforderten Gesamtproduktentwicklung größer als das aus dem Arbeitskräftepotential folgende maximal mögliche Investitionsvolumen, d. h., das künftige Arbeitskräftepotential ist zu gering. Als Entscheidungsregel ist vorgesehen, in diesem Fall die für die produzierenden Bereiche mögliche Arbeitskräfteanzahl maximal zu nutzen und den modifizierten Investitionsbedarf auf das maximal mögliche Volumen zu setzen. Das geforderte Wachstum für das Gesamtprodukt kann dabei nicht erreicht werden. Zur Information für den Nutzer wird für das betreffende Jahr T der Zustand ZUST(3) = −1 signalisiert.

Fall B: IOX(T) < IUB(T)

In diesem Fall ist der maximale Investitionsbedarf zur Sicherung der geforderten Gesamtproduktentwicklung kleiner als das zur Sicherung der minimalen Beschäftigtenanzahl der produzierenden Zweige notwendige Investitionsvolumen, d. h., die in den Szenarien vorgegebenen Beschäftigtenquotienten BQU und BNAO stehen im Widerspruch zur ebenfalls vorgegebenen Produktivitätsentwicklung der neuen Fonds und der Wachstumsorientierung für das Gesamtprodukt. Als Entscheidungsregel ist vorgesehen, die Anzahl der Berufstätigen der produzierenden Zweige auf den minimalen Wert und den modifizierten Investitionsbedarf entsprechend auf IUB zu setzen. In diesem Fall wird mehr investiert, als zur Erreichung der gesetzten Wachstumsziele für das Gesamtprodukt notwendig wäre; es werden allerdings auch die geforderten Beschäftigtenraten eingehalten. Zur Information für den Nutzer wird im jeweiligen Jahr der Zustand ZUST(3) = +1 signalisiert.

Fall C: Tritt Fall A oder B nicht ein, so bestehen prinzipiell keine Widersprüche zwischen langfristigem Arbeitskräftebedarf und -aufkommen. Der Investitionsbedarf ist nur so zu modifizieren, daß jeweils die stärker begrenzend wirkende Schranke IUB oder IUX bzw. IOB oder IOX nicht überschritten wird.

3.7.4. Begrenzung der Aussonderungen

Im Block AIB werden auch Grenzen WU(T), WO(T) für den Wert der Steuergröße W(T) berechnet. Die Aussonderungsrate wird als Veränderliche betrachtet, die innerhalb dieser Grenzen variieren kann, wobei gleichzeitig die vom Nutzer vorgegebenen Grenzen VU(T), VO(T) eingehalten werden. Durch die Vorgabe dieser Grenzen kann darüber hinaus entschieden werden, ob die Aussonderungen überhaupt als Variable zu betrachten sind. Werden für die zulässige Untergrenze VU(T) und Obergrenze VO(T) der Aussonderungsrate identische Werte vorgegeben, so sind die Aussonderungen keine modellinterne Veränderliche mehr und folgen genau der durch VU(T) = VO(T) vorgegebenen Entwicklung.

Für die weiteren Berechnungen wird zunächst abgeschätzt, innerhalb welcher Grenzen die Aussonderungsrate in einem gegebenen Jahr T variiert werden kann. Bei Berücksichtigung der gesetzten Orientierungswerte XU(T), XO(T) für das Gesamtprodukt und der bekannten Grenzen BPU(T) und BPO(T) für die Anzahl der Berufstätigen im Jahr T muß gelten:

(439) $XU(T) \leq X(T) \leq XO(T)$ und $BPU(T) \leq BP(T) \leq BPO(T)$.

Auf diese Ungleichungen haben nur noch die Aussonderungsraten Einfluß, weil die Kapazitätsentwicklung bis zu Beginn des Jahres T bereits ermittelt ist. (Sie ergibt sich aus den Berechnungen für die davorliegenden Jahre.) Das heißt, durch Änderung der Aussonderungsraten sind noch geringfügige Veränderungen der Gesamtproduktion oder der Anzahl der Berufstätigen im betreffenden Jahr möglich.

Werden in (439) für X(T) bzw. BP(T) die entsprechenden Ausdrücke des Produktionsfunktionals (vgl. Abschnitt 3.6.2., Gleichungen (320) bis (331)) eingesetzt, so ergeben sich bei Umstellung nach W(T) die im Anhang III, Gleichungen (440) bis (453) angeführten Grenzen für die Aussonderungsrate.

3.8. Block EIB: Export- und Importbedarf

Dieser Block dient zur Abschätzung des Importbedarfs in Abhängigkeit vom Materialverbrauch der produzierenden Bereiche sowie der Fonds der Akkumulation und Konsumtion. Der Exportbedarf wird dann als notwendiges Exportaufkommen zur Sicherung des Importbedarfs und des vorgegebenen Warensaldos ermittelt.

3.8.1. Entwicklung des Warensaldos

Für die Größe KSAL des kumulativen Warensaldos in Valutamark sind in den Szenarien Orientierungswerte bzw. Grenzen, KSALU(T), KSALO(T), vorzugeben. Es sind Orientierungs- bzw. Grenzwerte für die Entwicklung des Warensaldos in Valutamark, die in Abhängigkeit von Verlusten oder Überschüssen des Außenhandels, von Forderungen aus dem Ausgleich der Zahlungsbilanzen sowie von Kreditnahmen und Kreditvergaben und den entsprechenden Zahlungsbewegungen vom Nutzer einzugeben sind. Wächst der Vorgabewert für den kumulativen Warensaldo KSAL(T), so ist im entsprechenden Jahr ein Exportüberschuß (in Valutamark) zu erarbeiten; fällt er, ist ein Importüberschuß (in Valutamark) zulässig.

3.8.2. Importbedarf

Für den Importbedarf werden Unter- und Obergrenzen berechnet, die aus den Grenzen IPU, IPO bzw. INU, INO der Investitionen in die materiellen bzw. immateriellen Bereiche sowie aus den Grenzen KIU, KIO bzw. KGU, KGO der individuellen bzw. gesellschaftlichen Konsumtion und aus dem Import-Materialverbrauch der materiellen Bereiche, MPIM, folgen. Der Importanteil an den jeweiligen Positionen MP, IP, IN, KI, KG ist durch Anteilkoeffizienten UI vom Nutzer vorzugeben, so daß für den minimalen Importbedarf

(511) $$IMU(T) = UI(1,T) \cdot (MP(T) + ZU(T)) + UI(2,T) \cdot IPU(T) + UI(3,T) \cdot INU(T) + UI(4,T) \cdot KIU(T) + UI(5,T) \cdot KGU(T)$$

und für den maximalen Importbedarf

(512) $$IMO(T) = UI(1,T) \cdot (MP(T) + ZU(T)) + UI(2,T) \cdot IPO(T) + UI(3,T) \cdot INO(T) + UI(4,T) \cdot KIO(T) + UI(5,T) \cdot KGO(T)$$

gilt.

IMU(T), IMO(T) sind Grenzen für den Import, gemessen in Inlandsmark. Zur Umrechnung in Valutamark sind Umrechnungsfaktoren (PIM(T) – Importaufwand in Valutamark für eine Einheit Importgüter in Inlandsmark) vorzugeben. Dann gilt:

(513) $IMVU(T) = IMU(T) \cdot PIM(T)$ und

(514) $IMVO(T) = IMO(T) \cdot PIM(T)$.

3.8.3. Notwendiges Exportaufkommen

Der Exportbedarf wird als notwendiges Exportaufkommen so bestimmt, daß der Exporterlös, EXV(T), dem Importaufwand, IMV(T), zuzüglich des zu erwirtschaftenden Warensaldos, SALV(T), entspricht. Für den Exportbedarf erhalten wir somit ebenfalls Ober- und Untergrenzen, die sich in Valutamark zunächst darstellen als

(517) $EXVU(T) = IMVU(T) + SALVU(T)$ und

(518 $EXVO(T) = IMVO(T) + SALVO(T)$,

wobei für den Warensaldo gilt:

(515) $SALVU(T) = KSALU(T + 1) - KSAL(T)$ und

(516) $SALVO(T) = KSALO(T + 1) - KSAL(T)$.

Der Exportbedarf ist nun noch in Inlandsmark umzurechnen, was mit Hilfe vorzugebender Koeffizienten (PEX(T)-Exporterlös in Valutamark je Einheit Exportgüter in Inlandsmark) geschieht:

(519) $EXU(T) = EXVU(T)/PEX(T)$ und

(520) $EXO(T) = EXVO(T)/PEX(T)$.

Damit sind die Berechnungen zum Export-Import-Bedarf abgeschlossen.

3.9. Block KIB: Bedarf der individuellen und gesellschaftlichen Konsumtion, Investitionsbedarf der immateriellen Sphäre

3.9.1. Normative Vorgaben für gesellschaftliche Konsumtion und Investitionen in die immaterielle Sphäre

Bei der Ermittlung der Fonds für gesellschaftliche Konsumtion und Investitionen in die immaterielle Sphäre gehen wir davon aus, daß die Erweiterung dieser Fonds nur bei hinreichendem Wachstum des verwendeten Nationaleinkommens möglich ist. In der gegenwärtigen Ausbaustufe des Modells werden sie durch normative Anteilkoeffizienten AIU, AKU bzw. AIO, AKO bestimmt. Diese Koeffizienten geben jeweils den minimalen bzw. maximalen Anteil der Investitionen in die immateriellen Bereiche und der gesellschaftlichen Konsumtion am verwendeten Nationaleinkommen an. Dementsprechend erhalten wir

(602) $INU(T) = AIU(T) \cdot NEV(T)$;

(603) $INO(T) = AIO(T) \cdot NEV(T)$;

(604) $KGU(T) = AKU(T) \cdot NEV(T)$;

(605) $KGO(T) = AKO(T) \cdot NEW(T)$.

Eine solche Bestimmung der Fonds für gesellschaftliche Konsumtion und Investitionen in die immateriellen Bereiche hat natürlich rein normativen Charakter. Da wir sie nicht weiter untergliedern und ihre jeweilige Verwendung (Ausgaben für

Bildungswesen, Gesundheitswesen, Wissenschaft und Technik, innere und äußere Sicherheit usw.) im Modell vorerst nicht berücksichtigt wird, sind die mit INU, INO, KGU, KGO erhaltenen Größen auch nur normative Grenzen für den Gesamtbedarf in den einzelnen Bereichen der immateriellen Sphäre. Eine detaillierte Beschreibung der immateriellen Sphäre ist unter Nutzung der Ansätze von KIGYÓSSY-SCHMIDT und SCHWARZ (1983) für weitere Ausbaustufen vorgesehen.

Die individuellen Konsumtionsfonds müssen mit den Geldeinnahmen der Bevölkerung übereinstimmen. Deshalb ermitteln wir für die individuelle Konsumtion Bedarfsgrenzen in Abhängigkeit von den Geldeinnahmen der Bevölkerung. Auch hier sind wir uns im klaren darüber, daß es sich um keine eigentliche Bedarfsbestimmung handelt. Für den Aufbau des einsektoralen Modells schien uns aber eine solche Bestimmung hinreichend. Eine detailliertere Bestimmung ist bei Desaggregation des Modells und dann möglicher Einbeziehung von Bedürfniskomplexen vorgesehen.

3.9.2. Geldeinnahmen der Bevölkerung

Für die Entwicklung der Löhne und Gehälter der Berufstätigen im produzierenden Bereich (LP) wird angenommen, daß sie proportional zum verwendeten Nationaleinkommen wachsen. Um aber bestimmte lohn- und sozialpolitische Ziele zu berücksichtigen, können für die Wachstumstempi der Löhne in den materiellen und immateriellen Bereichen bzw. Renten Mindest- und Höchstgrenzen vorgegeben werden. Unter diesen Annahmen lassen sich für die Entwicklung der Löhne und Renten die im Anhang III, Gleichungen (610) bis (632), angeführten Beziehungen ableiten.

Die Bruttogeldeinnahmen der Bevölkerung (GEB) sind hauptsächlich durch Löhne und Gehälter sowie durch die Renten bestimmt. Alle übrigen Einnahmen erfassen wir näherungsweise über die Größe CS(T), die sonstigen Geldeinnahmen pro Kopf der Bevölkerung. Dementsprechend gilt:

$$(644) \quad GEB(T) = LP(T) \cdot BP(T) + LN(T) \cdot BN(T) + LR(T) \cdot BEVR(T) + CS(T) \cdot BEVG(T),$$

und für die Nettogeldeinnahmen (NG(T)) nach Abzug der Lohnsteuern und Sozialversicherungsbeiträge:

$$(645) \quad NG(T) = GEB(T) - (LN(T) \cdot BN(T) + LP(T) \cdot BP(T)) \cdot ABZ(T).$$

Die Berechnung der Geldeinnahmen der Bevölkerung im Block KIB ist vorläufig. Ihre endgültige Berechnung erfolgt im Block V nach der Bilanzierungsrechnung (Block B).

3.9.3. Geldakkumulation und Grenzen für Fonds der individuellen Konsumtion

Die Geldakkumulation bei der Bevölkerung wird in Form des Zuwachses der Spareinlagen der Bevölkerung und der Erhöhung der Bargeldbestände erfaßt. Für die Entwicklung der Spareinlagen sind in den Szenarien Orientierungswerte (SPU[T], SPO[T]) vorzugeben.

Der zulässige Nettozuwachs der Spareinlagen (nach Abzug der Zinsen) ist dann mindestens $SPU(T+1) - (1+ZI)SP(T)$ und höchstens $SPO(T+1) - (1+ZI)\,SP(T)$.

Die Bargeldbestände (BG[T]) werden bei wachsenden Nettogeldeinnahmen NG(T) im allgemeinen ebenfalls steigen. Setzt man eine mittlere Zirkulationszeit TVG der Bargeldbestände voraus, so gilt näherungsweise für den Zuwachs ZBG der Bargeldbestände bei der Bevölkerung:

(657) $ZBG(T) = TVG \cdot ZNG(T).$

Die Geldakkumulation (GA[T]) kann sich deshalb innerhalb folgender Grenzen bewegen:

(658) $GAU(T) = ZBG(T) + SPU(T+1) - (1+ZI)\,SP(T)$

(659) $GAO(T) = ZBG(T) + SPO(T+1) - (1+ZI)\,SP(T).$

Grenzen für die verbrauchswirksamen Geldeinnahmen (GEVU bzw. GEVO) ergeben sich nun aus den Nettogeldeinnahmen, verringert um die sonstigen Steuern und Beiträge (SST · GEB) und um die Geldakkumulation:

(670) $GEVU(T) = NG(T) - SST(T) \cdot GEB(T) - GAO(T),$

(671) $GEVO(T) = NG(T) - SST(T) \cdot GEB(T) - GAU(T).$

Wird jetzt noch berücksichtigt, daß ein Teil der Geldeinnahmen für bezahlte Leistungen der immateriellen Bereiche ausgegeben wird (Kultur, Erholung, Sport), der Anteil dieser Ausgaben am verbrauchswirksamen Geldeinkommen ANL(T) beträgt sowie außerdem ein Teil der individuellen Konsumtion unbezahlter Verbrauch ist (UBZ · BEVG), so gilt als Unter- bzw. Obergrenze für die Fonds der individuellen Konsumtion:

(672) $KIU(T) = GEVU(T)\,(1 - ANL(T)) + UBZ(T) \cdot BEVG(T)$

(673) $KIO(T) = GEVO(T)\,(1 - ANL(T)) + UBZ(T) \cdot BEVG(T).$

Genau wie die Berechnung der Geldeinnahmen haben diese Abschätzungen im Block KIB vorläufigen Charakter. Die endgültige Ermittlung der Größe der Fonds der individuellen Konsumtion erfolgt nach der Bilanzierungsrechnung (Block B).

3.10. Block B: Bilanzierung von Aufkommen und Bedarf

Im Block P wurde das potentielle Inlandsaufkommen Y.A für Investitionen, gesellschaftliche und individuelle Konsumtion sowie für Export bestimmt. Die Ermittlung seiner für diese Aufteilung notwendigen Gebrauchswertstruktur und die Aufteilung selbst erfolgt entsprechend dem in den Blöcken EIB, AIB abgeschätzten Bedarf erst im Block B. Dabei werden drei Fälle unterschieden:

1. Das *Aufkommen überschreitet den minimalen Gesamtbedarf, ist aber gleichzeitig nicht größer als der maximale Gesamtbedarf,* d. h.

$$\begin{aligned} Y.A(T) \geq Y.BU(T) = {} & (1 - UI(2, T)) \cdot IPU(T) + (1 - UI(3, T)) \cdot INU(T) + \\ & (1 - UI(4, T)) \cdot KIU(T) + (1 - UI(5, T)) \cdot KGU(T) + \\ & EXU(T) \end{aligned}$$

$$\begin{aligned} Y.A(T) \leq Y.BO(T) = {} & (1 - UI(2, T)) \cdot IPO(T) + (1 - UI(3, T)) \cdot INO(T) + \\ & (1 - UI(4, T)) \cdot KIO(T) + (1 - UI(5, T)) \cdot KGO(T) + \\ & EXO(T) \end{aligned}$$

Dann besteht im Prinzip Übereinstimmung zwischen Aufkommen und Bedarf. Allen Verwendungspositionen wird jetzt zunächst der Wert zugewiesen, der gleich dem jeweiligen mittleren Bedarf (Mittelwert aus Mindest- und Höchstbedarf) ist. Die verbleibende Bilanzdifferenz wird auf alle Positionen verteilt, und zwar proportional zu ihrer zulässigen Schwankungsbreite (vgl. Anhang III, Gleichung (730) bis (734)). Im Ergebnis dieser Berechnungen wird eine ausgeglichene Bilanz erhalten. Allen Positionen wurde ein Wert zugewiesen, der zwischen Mindest- und Höchstbedarf liegt.

2. Das *Aufkommen ist zu gering,* d. h.

$$Y.A(T) < Y.BU(T).$$

Dann wird allen Positionen zunächst der Wert zugewiesen, der gleich dem Mindestbedarf ist. Das verbleibende Defizit wird nur auf die Positionen verteilt, für die eine Unterschreitung des Mindestbedarfs zulässig ist. Hierzu sind vom Nutzer den Entscheidungsvariablen EU(K, T) die Werte 0 oder 1 zuzuweisen. EU(K, T) = 0 bedeutet, daß im Jahr T die Mindestbedarfsgrenze IPU(T) (bei K = 1), INU(T) (bei K = 2), KIU(T) (bei K = 3), KGU(T) (bei K = 4) bzw. EXU(T) (bei K = 5) der Kennziffern IP(T), IN(T), KI(T), KG(T) bzw. EX(T) nicht unterschritten werden darf. EU(K, T) = 1 läßt eine Verletzung der entsprechenden Untergrenze zu. Natürlich muß immer wenigstens eine der Variablen EU(T) gleich Eins gesetzt werden. Durch Vorgabe der Entscheidungsvariablen können Prioritäten für die Aufteilung des Nettoproduktes bei Defizit gesetzt werden. Gleichzeitig ist damit festgelegt, welche der in den Szenarien gesetzten Grenzen nicht überschritten und welche bei Disportionen verletzt werden dürfen (vgl. Tabelle 3.1.). Die Verteilung des Defizits auf die einzelnen Positionen erfolgt proportional zu ihrem Mindestbedarf (siehe Anhang III, Gleichungen (740) bis (744)).

Tabelle 3.1.: Übersicht zu Möglichkeiten der Festlegung von Zielgrößen als Orientierungs- oder Grenzwerte

Zielgröße		Zielgröße ist im Jahr T	
		nur Orientierungswerte[1], falls	Grenzwert[2] falls
Untergrenze	XU	EU(1,T)=1	EU(1,T)=0[3]
Obergrenze	XO	EO(1,T)=1	EO(1,T)=0[3]
für gesellschaftliches Gesamtprodukt			
Untergrenze	AIU	EU(2,T)=1	EU(2,T)=0
Obergrenze	AIO	EO(2,T)=1	EO(2,T)=0
für Anteil der Investitionen in nichtproduzierenden Bereichen am verwendeten Nationaleinkommen			
Untergrenze	AKU	EU(4,T)=1	EU(4,T)=0
Obergrenze	AKO	EO(4,T)=1	EO(4,T)=0
für Anteil der gesellschaftlichen Konsumtion am verwendeten Nationaleinkommen			
Untergrenze	SPU	EU(3,T)=1	EU(3,T)=0
Obergrenze	SPO	EO(3,T)=1	EO(3,T)=0
für Spareinlagen der Bevölkerung			
Untergrenze	KSALU	EU(5,T)=1	EU(5,T)=0
Obergrenze	KSALO	EO(5,T)=1	EO(5,T)=0
für kumulativen Warensaldo			

[1] „Orientierungswert" bedeutet, daß die gesetzten Grenzen bei Nichtübereinstimmung von Aufkommen und Bedarf verletzt werden können.
[2] „Grenzwert" bedeutet, daß die gesetzten Grenzen auf keinen Fall verletzt werden dürfen.
[3] Grenzwert nur, falls nicht im Widerspruch zum Arbeitskräftepotential und Beschäftigtengrad, sonst Orientierungswert.

3. Das *Aufkommen ist zu hoch,* d. h.

Y.A(T) > Y.BO(T)

Die Bilanzierung erfolgt in der gleichen Weise wie im Fall 2, nur daß jetzt allen Positionen zunächst der jeweilige maximale Bedarf zugeordnet wird. Für welche Positionen die Bedarfshöchstgrenzen überschritten werden dürfen, wird durch die Entscheidungsvariablen EO(K, T) bestimmt. Diese sind ebenfalls 0–1-Variable und wirken analog wie die Größen EU(K, T).

Auch im Ergebnis der unter Punkt 2 und 3 genannten Berechnungen wird jedesmal eine ausgeglichene Bilanz erhalten. Für wenigstens eine der Positionen IP, IN, KI, KG, EX wird jedoch die Mindest- oder Höchstbedarfsgrenze verletzt.

Zur Information für den Nutzer werden im Verlauf der Simulationsrechnung für jedes Jahr die Bilanzdifferenzen

DU = Aufkommen – Summarischer Mindestbedarf

DO = Aufkommen – Summarischer Höchstbedarf

ausgegeben.

3.11. Block AH: Außenhandel

Der Block AH hat einen ähnlichen Aufbau wie der Block EIB zur Abschätzung des Export- und Importbedarfs, nur daß jetzt nicht mit Bedarfsgrößen, sondern mit den im Ergebnis der Bilanzierung erhaltenen Werten IP(T) bzw. IN(T) für Investitionen der materiellen bzw. immateriellen Bereiche sowie KI(T) bzw. KG(T) für die individuelle bzw. gesellschaftliche Konsumtion gerechnet wird. Dementsprechend erhält man für den Import in Valutamark, IMV(T), und in Inlandsmark, IM(T), (vgl. Ausführungen zu Block EIB):

(801) $IM(T) = UI(1,T) \cdot (MP(T) + ZU(T)) + UI(2,T) \cdot IP(T) + UI(3,T) \cdot$
$\cdot\ IN(T) + UI(4,T) \cdot KI(T) + UI(5,T) \cdot KG(T)$

$IMV(T) = PIM(T) \cdot IM(T).$

Der Export (EX[T]) in Inlandsmark wurde bereits im Block Bilanzierung ermittelt, sein Ausdruck in Valutamark berechnet sich jetzt zu

(803) $EXV(T) = PEX(T) \cdot EX(T).$

Hieraus läßt sich nun der Warensaldo in Inlandsmark und Valutamark berechnen und der kumulative Warensaldo für das Folgejahr fortschreiben:

(806) $SAL(T) = EX(T) - IM(T),$

(804) $SALV(T) = EXV(T) - IMV(T),$

(805) $KSAL(T + 1) = KSAL(T) + SALV(T)$

Schließlich wird noch der Außenhandelsumsatz in Inlands- und Valutamark berechnet:

(807) $AHU(T) = EX(T) + IM(T)$

(808) $AHUV(T) = EXV(T) + IMV(T).$

3.12. Block V: Primär-, Um- und Endverteilung des Nationaleinkommens

Im Block V werden nach erfolgter Bilanzierung von Aufkommen und Bedarf einige wesentliche Flüsse der Umverteilung des Nationaleinkommens berechnet.

3.12.1. Primärverteilung

Die Rechnungen beginnen mit dem Nationaleinkommen. Es gliedert sich zunächst in das Arbeitseinkommen der Berufstätigen der produzierenden Bereiche (AEBP) und das Reineinkommen der Gesellschaft (RE):

(901) $AEBP(T) = LP(T) \cdot BP(T)$,

(902) $RE(T) = NEP(T) - AEBP(T)$.

Das Reineinkommen wird als Differenz aus den bereits ermittelten Größen NEP und AEBP berechnet. Dabei ist zu beachten, daß das Nationaleinkommen im Modell zu konstanten Preisen bewertet wird. Das über Gleichung (902) berechnete Reineinkommen ist deshalb als fiktive Größe zu interpretieren (d.h. als Reineinkommen, das sich bei konstanten Preisen ergeben würde).

Man kann die Bildung des Reineinkommens direkt modellieren. Das setzt dann allerdings die Modellierung des Preisbildungsmechanismus voraus. Geht man von einem fondsbezogenen Preistyp aus, so ist das Reineinkommen normativ als Produkt aus der Fondsrentabilität, FR(T), und den Produktionsfonds, PF(T), bestimmt:

(903) $RE(T) = FR(T) \cdot PF(T) = FR(T) \cdot (GP(T) + U(T))$.

Für den Preisindex P(T) (mittlerer Preis aller Erzeugnisse und produktiven Leistungen im Jahr T, bezogen auf den mittleren Preis aller Erzeugnisse und produktiven Leistungen im Basisjahr) gilt dann entsprechend den Gleichungen des Abschnittes 2.4.2.:

(904) $P(T) \cdot X(T) = P(T) \cdot MP(T) + VN \cdot GNW(T) + AEBP(T) + FR(T) \cdot \cdot PF(T)$.

GNW(T) ist der Nettowert der Grundmittel. Seine Dynamik ist bestimmt durch

(905) $UNVW(T + 1) = (1 - C) \cdot UNVW(T) + P(T) \cdot IP(T)$,

(906) $GNW(T + 1) = (1 - VN) GNW(T) + C \cdot UNVW(T)$.

Bei P(T) = 1, d. h. konstanten Preisen, sind die Gleichungen (905), (906) mit den Gleichungen der Grundfondsdynamik (301), (302) des Blocks P identisch.

Wird die Fondsrentabilität normativ vorgegeben, so läßt sich mit Hilfe der Gleichungen (903) bis (906) die Entwicklung des durchschnittlichen Preisindexes P(T) näherungsweise abschätzen. Detailliertere Berechnungen unter Einbeziehung der Struktur des Gesamtproduktes nach Reproduktionskomplexen (Entwicklung des Preisindexes für Investitionsgüter, Material usw.) und der Preisentwicklung für Importe sind für das desaggregierte Modell vorgesehen. In der gegenwärtigen Ausbaustufe sind Berechnungen zur Entwicklung des Preisindexes bei der Auswertung der Ergebnisse möglich. Es können folgende Probleme untersucht werden:

a) Wie würde sich das Reineinkommen bzw. die Fondsrentabilität entwickeln, wenn der mittlere Preisindex konstant bliebe (P[T] = 1)?

b) Wie entwickelt sich der mittlere Preisindex P(T) bei gegebener Entwicklung der Fondsrentabilität FR(T)?

3.12.2. Umverteilung

Das Reineinkommen wird im wesentlichen über den Staatshaushalt umverteilt. Aus ihm werden das Arbeitseinkommen der Berufstätigen der immateriellen Sphäre (AEBN) und die Renten (LR · BEVR) finanziert sowie finanzielle Fonds der Akkumulation und gesellschaftlichen Konsumtion gebildet (vgl. Abschnitt 2.4.2.). Die Geldeinnahmen der Bevölkerung (GEB) umfassen das Arbeitseinkommen (AEB), die Renten (LR · BEVR) sowie die sonstigen Geldeinnahmen (CS · BEVG):

(901) $\quad AEBP(T) = LP(T) \cdot BP(T)$

(911) $\quad AEBN(T) = LN(T) \cdot BN(T)$

(912) $\quad AEB(T) = AEBP(T) + AEBN(T)$

(913) $\quad GEB(T) = AEB(T) + LR(T) \cdot BEVR(T) + CS(T) \cdot BEVG(T).$

Aus den Geldeinnahmen werden die gesetzlichen Abzüge an den Staatshaushalt abgeführt, und man erhält die Nettogeldeinnahmen der Bevölkerung:

(914) $\quad NG(T) = GEB(T) - AEB(T) \cdot ABZ(T).$

Von den Nettogeldeinnahmen wird ein Teil, nämlich die Geldakkumulation (GA) sowie die sonstigen Steuern und Beiträge (SST · GEB), nicht verbrauchswirksam, so daß sich das verbrauchswirksame Einkommen der Bevölkerung darstellt als

(915) $\quad GEV(T) = NG(T) - GA(T) - SST(T) \cdot GEB(T).$

Ein Teil der verbrauchswirksamen Geldeinnahmen (GEV) wird für Leistungen der immateriellen Bereiche (Kultur, Erholung, Sport u. a.) ausgegeben. Dieser Anteil (ANL[T]) ist vom Nutzer des Reproduktionsmodells vorzugeben. Der verbleibende Teil,

(916) $GEVP(T) = GEV(T) \cdot (1 - ANL(T))$,

wird zum Kauf von Waren und produktiven Leistungen ausgegeben. Gemeinsam mit dem unbezahlten Verbrauch von Waren und produktiven Leistungen (UBZ · · BEVG), der aus dem Reineinkommen finanziert wird, erhalten wir die Geldfonds der individuellen Konsumtion (KI.G),

(920) $KI.G(T) = GEVP(T) + UBZ(T) \cdot BEVG(T)$,

denen eine entsprechende Menge (KI) von Waren und produktiven Leistungen gegenüberstehen muß. Diese Übereinstimmung wurde aber schon im Block B bei der Bilanzierung unter Berücksichtigung der im Block KIB ermittelten zulässigen Grenzen für die Geldakkumulation erreicht. Die Geldakkumulation (GA) kann deshalb auch unter Nutzung des im Block B berechneten Wertes KI der individuellen Konsumtion berechnet werden. Aus den Gleichungen (915) bis (920) folgt für GA:

(930) $GA(T) = NG(T) - SST(T) \cdot GEB(T) - (KI(T) - UBZ(T) \cdot \cdot BEVG(T))/(1 - ANL(T))$.

Die Geldakkumulation kann nach Abzug der Erhöhung der Bargeldbestände (ZBG) den finanziellen Fonds der Akkumulation und gesellschaftlichen Konsumtion zugerechnet werden. Diese Fonds ergeben sich ebenfalls schon aus den Berechnungen im Block B und werden jetzt entsprechend den bei der Bilanzierung erhaltenen Anteilen berechnet.

Die Aufteilung des verwendeten Nationaleinkommens auf die Positionen Akkumulation (für materielle und immaterielle Bereiche), gesellschaftliche und individuelle Konsumtion erfolgt in Übereinstimmung mit den Bilanzierungsrechnungen in Block P entsprechend den Gleichungen (916) bis (924), Anhang III.

3.13. Block R: Regler

Der Regler steuert den Ablauf der Berechnungen, ruft die einzelnen Blöcke auf und vermittelt die Informationsübergabe zwischen den Blöcken. Der Ablauf der Berechnungen ist in Abbildung 3.6 dargestellt. Er sei kurz erläutert.

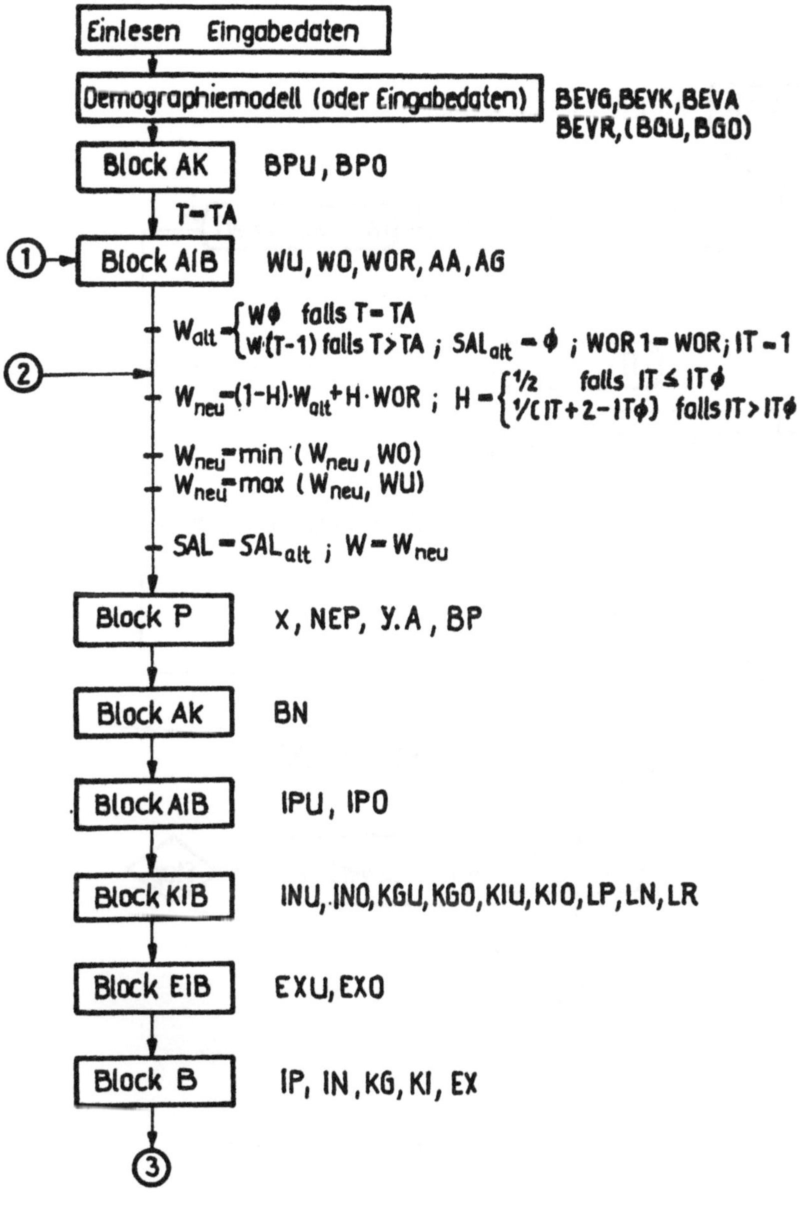

Abb. 3.6. Grobablaufplan zur Funktion des Reglers

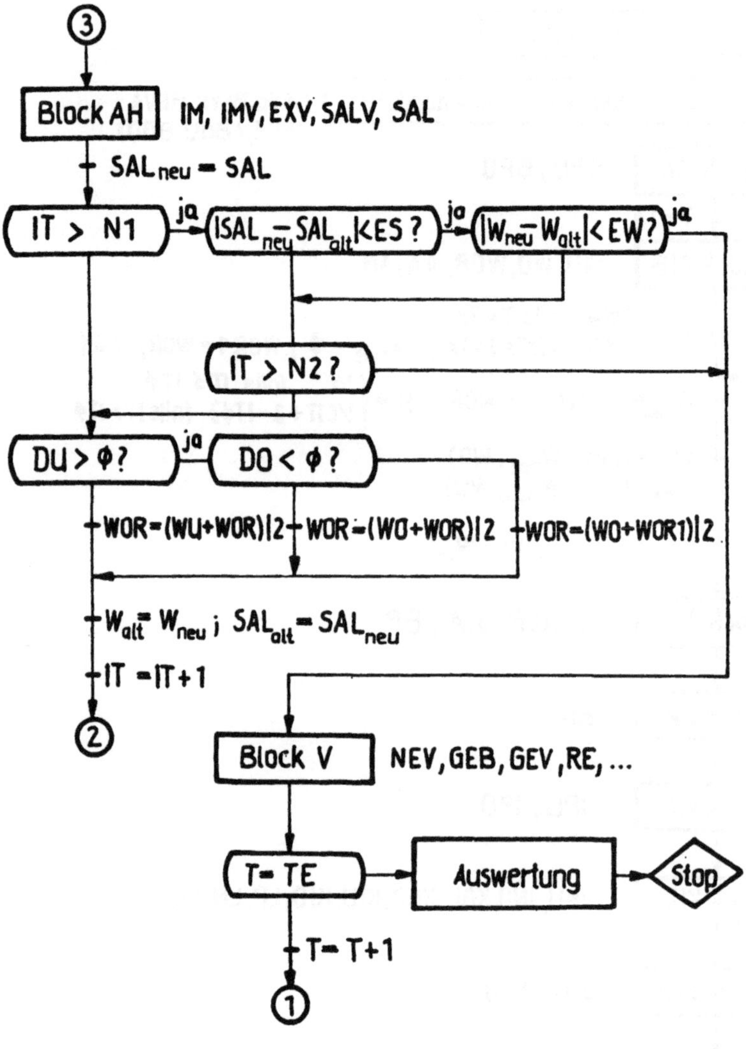

Abb. 3.6. (Fortsetzung): Grobablaufplan zur Funktion des Reglers

Die Berechnungen beginnen mit dem Einlesen der Eingabedaten und der Abarbeitung des Demographiemodells bzw. dem Einlesen der demographischen Eingabedaten, falls das Demographiemodell nicht genutzt werden soll. Als nächstes wird Block AK gerufen, um die Entwicklung des Arbeitskräftepotentials abzuschätzen (BPU, BPO). Danach erfolgen schrittweise die Berechnungen für die einzelnen Jahre. Zu Beginn eines jeden Jahres sind die Werte für die Bestandsgrößen entweder aus den Berechnungen für das Vorjahr oder als Anfangswerte bekannt. Aus ihnen folgen die Werte für die Flußgrößen, zunächst unbilanziert als Aufkommens- und Bedarfsgrößen. Ihr Gleichgewicht muß im Block Bilanzierung hergestellt werden. Es zeigt sich, daß das Gleichgewicht noch nicht eindeutig bestimmt ist und durch Steuergrößen beeinflußt werden kann.

Als modellinterne Steuergrößen wurden die Aussonderungsrate W(T) und der Warensaldo SAL(T) gewählt. Sind diese fixiert, so lassen sich alle Flüsse eines Jahres – das im Block B angenommene Bilanzierungsschema unterstellt – eindeutig berechnen. Warensaldo und Aussonderungsrate sind aber Unbekannte (innerhalb der vorgegebenen Grenzen). Für sie werden deshalb zunächst Näherungswerte bestimmt, die dann in einem iterativen Zyklus so lange korrigiert werden, bis sie sich nicht mehr wesentlich ändern.

Die Praktikabilität dieser mathematisch recht komplizierten Algorithmen muß experimentell nachgewiesen werden. Hierzu wurde der im Kapitel 4 beschriebene Modelltest auf der Grundlage der statistischen Daten von 1966 bis 1980 gleichzeitig genutzt, um die Effektivität der komplizierten Algorithmen der Bedarfs- und Aufkommensberechnung sowie anschließender Bilanzierung zu überprüfen. Dabei wurde empirisch die Möglichkeit nachgewiesen, für volkswirtschaftliche Vorausberechnungen ein Nichtgleichgewichtsmodell aufzubauen, bei dem Abweichungen zwischen Aufkommen und Bedarf zugelassen werden.

Bekanntlich liegen für solche Modellansätze auch international wenige Erfahrungen vor. Der Test ergab, daß die für das Dialogsystem der Reproduktion verwendeten Algorithmen wirkungsvoll arbeiten. Zur Illustration dieses Sachverhaltes dient die Abbildung 3.7. In ihr sind die im Verlauf der Modellrechnungen für jedes Jahr im Block AIB (vgl. Abschnitt 3.7.) ermittelten Bedarfsgrößen für die Investitionen angegeben:

IUX bzw. IOX – minimaler bzw. maximaler Investitionsbedarf zur Erreichung der für das Gesamtprodukt gesetzten Orientierungswerte, und

IUB bzw. IOB – minimal bzw. maximal zulässiges Investitionsvolumen entsprechend der in den Folgejahren vorhandenen Arbeitskräfteressourcen.

Es fällt auf, daß die entsprechenden Intervalle im gegebenen Beispiel relativ breit sind. Das liegt in erster Linie an der vorausgesetzten relativ großen zulässigen Schwankungsbreite der Aussonderungsrate (die Unter- bzw. Obergrenzen ergeben sich jeweils unter gleichzeitiger Annahme minimaler bzw. maximaler Aussonderungen in den Folgejahren). Der zulässige Steuerbereich für die Investitionen ist jeweils das von (IUX, IOX) und (IUB, IOB) gemeinsam überdeckte Intervall. Es ist zu erkennen, daß die Investitionsentwicklung (IP) diesem sich von Jahr zu Jahr ändernden zulässigen Steuerbereich folgt. Eine Ausnahme ergibt sich von 1972 bis 1974, wo allein die Arbeitskräfteressourcen die Investitionsentwicklung begrenzen, die dann entsprechend an der Obergrenze der möglichen Investitionen (volle Nutzung des Arbeitskräftepotentials) verläuft.

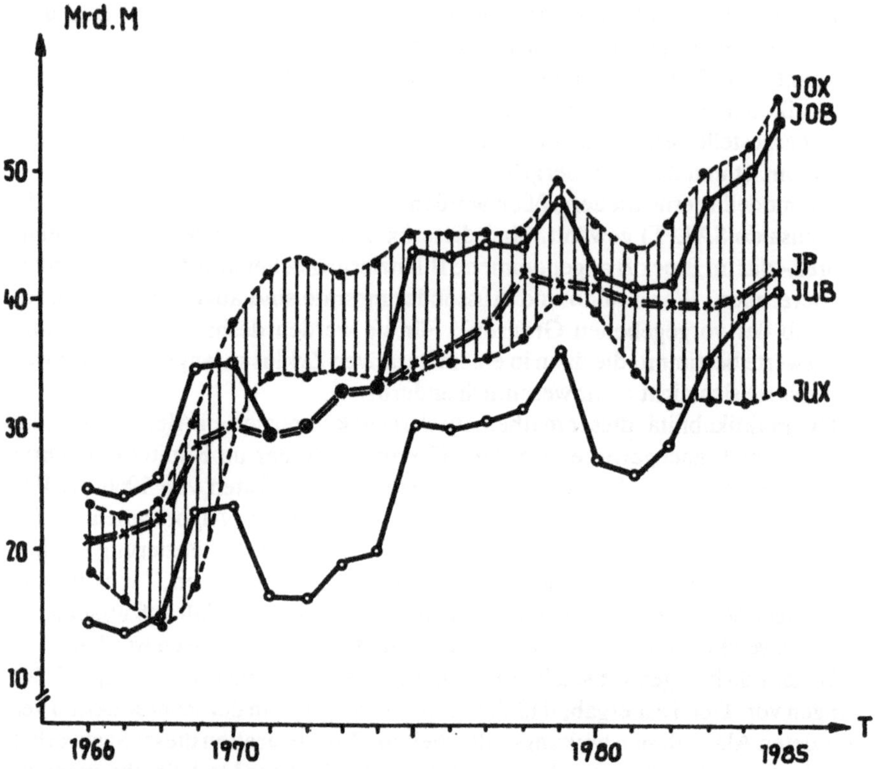

a) x = x vom Modell berechnete Entwicklung (IP)
b) o—o zulässige Unter (IUB) – bzw. Ober (IOB)-Grenze der Investitionen entsprechend den jeweils in den Folgejahren vorhandenen Arbeitskräfteressourcen *)
c) •---• Mindest (IUX)- bzw. Maximal (IOX)-Wert der Investitionen zur Erreichung der gesetzten Wachstumsorientierung XU bzw. XO *)
*) jeweils unter Berücksichtigung der zulässigen Unter- bzw. Obergrenze für die Aussonderungen.

Abb. 3.7. Zur Berechnung der Investitionsentwicklung der prodzierenden Bereiche

Der Arbeitskräftemangel wird vom Modell signalisiert. Eine Einhaltung der geforderten Gesamtproduktentwicklung ist dann im allgemeinen nur noch bei höherer Arbeitszeit (z. B. Überstunden) möglich. Im gegebenen Szenarium war eine solche mögliche Erhöhung nicht vorgesehen, die Gesamtproduktentwicklung lief in den gesamten Jahren aber noch entlang der gesetzten Untergrenze (Istwert minus 2 %).

3.14. Software und Dialogführung

Das Dialogsystem der Reproduktion ist für ESER-Rechner in PL 1 und Assembler sowie für Personalcomputer in BASIC programmiert. Das Programmsystem besteht in beiden Fällen aus folgenden Komponenten:
- Dateneingabe- bzw. Datenänderung,
- Datenaufbereitung,
- Demographiemodell,
- Änderung ausgewählter Steuergrößen,
- Simulationsmodell,
- numerische Auswertung und Tabellendruck.

Darüber hinaus existieren für den Dialogbetrieb Programme für die Textverarbeitung, die der Information des Nutzers über das Dialogsystem dienen, Zeichenprogramme für die graphische Auswertung (alles in BASIC) sowie für ESER-Rechner Programme zur Archivierung verschiedener Eingabedatensätze (Szenarien) und der zugehörigen Ergebnisdatensätze. Ein Archivsystem für den Dialogbetrieb wird noch in BASIC realisiert. Zur Zeit erfolgt hier die Archivierung über verschiedene Disketten.

Im Dialogsystem ist die gesamte Software für den Mensch-Rechner-Dialog in der Umgangssprache programmiert. Die Dialogführung erfolgt über Menü-Technik, wobei der Nutzer durch Tastendruck die Auswahl trifft.

Nach Einschalten des Rechners wird automatisch ein Startprogramm geladen und dem Nutzer folgendes Grundmenü angeboten:
- Inhaltsangabe,
- Datenänderung und Demographiemodell,
- Rechnerlauf (Simulationslauf).

Bei den jeweiligen Menüs erscheinen auf dem Bildschirm Beschriftungen in der Umgangssprache für die unmittelbar vor dem Bildschirm befindlichen Tasten. Mit diesen Tasten steuert der Nutzer den weiteren Programmablauf. Jedes Menü enthält zusätzlich eine Taste „Ende“ bzw. „Fortsetzung“, mit der man zum vorherigen Menü zurückkehren kann.

Nach Druck der Taste „Inhaltsangabe“ kann der Nutzer zwischen folgenden Informationsmöglichkeiten wählen: Text, Übersicht Eingabedaten, Übersicht Ergebnisdaten oder Kreislauf. Mit diesem Menü erhält man bei erstmaligem Umgang mit dem Dialogsystem einen relativ ausführlichen Überblick über seinen Inhalt. Unter anderem wird ein Kreislaufschema als bewegtes Bild vorgeführt.

Mit der Taste „Datenänderung und Demographiemodell“ kann der Nutzer sukzessive auf alle der in Anlage I verzeichneten Eingabedaten zugreifen. Dabei werden dann die gewünschten Größen und Parameter neu eingegeben oder bereits eingegebene Werte korrigiert. Nach Eingabe der demographischen Daten wird automatisch das Demographiemodell gerechnet.

Nach Druck der Taste „Rechnerlauf“ wird zunächst der Datensatz (bzw. das Basisszenarium) von der Diskette in den Rechner eingelesen. Danach erhält der Nutzer folgende Wahlmöglichkeiten angeboten:
- Steuerung,
- Start,
- numerische Auswertung,
- graphische Auswertung.

Bei „Steuerung“ kann der Nutzer im Dialog festlegen, auf welche der 5 Positionen: individuelle Konsumtion, gesellschaftliche Konsumtion, Investitionen in die materiellen Bereiche, Investitionen in die immateriellen Bereiche, kumulativer Export/Import-Saldo ein eingetretener Überschuß im Nettoproduktaufkommen verteilt werden soll bzw. bei welchen dieser Positionen im Falle eines Defizits im Nettoproduktaufkommen Abstriche gemacht werden können.

Außerdem können die minimale und die maximale gewünschte Wachstumsrate der Investitionen, die minimale und die maximale Anzahl der Iterationen sowie der Wert von 5 verschiedenen Abbruchparametern festgelegt werden. Bei Drükken der Taste „Start“ beginnt die Simulation des volkswirtschaftlichen Reproduktionsprozesses. Vor Beginn der Berechnungen kann der Nutzer noch festlegen, ob die eingetretenen Zustände für jedes Jahr in der Umgangssprache signalisiert werden sollen.

Bei Druck der Taste „numerische Auswertung“ wird ein Teil der berechneten Ergebnisgrößen weiter umgerechnet und in Tabellen für alle Jahre der Simulationsperiode numerisch dargestellt. Mit der Taste „graphische Auswertung“ kann der zeitliche Kurvenverlauf der Ergebnisgrößen in verschiedenen Graphiken dargestellt werden.

Die Auswahl der gewünschten Tabellen bzw. Graphiken erfolgt über Menütechnik. Weiterhin erhält der Nutzer zu verschiedenen Tasten der Menüs Erläuterungen auf dem Bildschirm. Entsprechend den technischen Möglichkeiten ist das Programmsystem auch für ESER-Rechner dialogfähig gestaltet worden.

Gegenwärtig wird das Dialogsystem der Reproduktion als rechnergestützter Arbeitsplatz für Planer in Zusammenarbeit mit der Staatlichen Plankommission methodisch weiterentwickelt.

4. Ergebnisse interaktiver Modellrechnungen

Die Software des Dialogsystems der Reproduktion gestattet jedem Nutzer, auch ohne EDV-Kenntnisse selbständig mit dem Modellsystem zu arbeiten.

Das betrifft nicht nur die Steuerung des Programmablaufes entsprechend den Bedürfnissen des Nutzers. Das Konzept des Dialogsystems der Reproduktion ist generell auf eine interaktive Arbeitsweise orientiert. Arbeits- und Lebenserfahrungen sowie kognitive Fähigkeiten des Menschen werden hierbei wirksam für die sachgerechte Interpretation der Daten, für Einschätzungen vergangener und künftiger Entwicklungen, für die Gewinnung subjektiver Zielvorstellungen usw. eingesetzt. Mathematische Methoden gestatten es, die Zusammenhänge zwischen einer Vielzahl von Größen rationell abzubilden und das Verhalten großer und komplexer Systeme zu simulieren, womit das Erkenntnisvermögen des Menschen erheblich verstärkt wird. Der Vorzug moderner Computer liegt vor allem in ihrem großen Speichervermögen und ihrer hohen Arbeitsgeschwindigkeit. Dadurch wird die Abarbeitung komplexer mathematischer Modelle im Mensch-Rechner-Dialog und der direkte Zugriff des Menschen zu großen Informationsmengen und Wissenskomplexen ermöglicht. Mit interaktiven Modellrechnungen werden all diese Vorzüge effektiv verbunden. Im Dialog erhält der Nutzer schnell Antworten auf Fragen vom Typ „Was passiert, wenn...?". Er kann eine Vielzahl von Modellexperimenten durchführen und so sein Verständnis für komplexe volkswirtschaftliche Zusammenhänge und für die Entwicklungsmöglichkeiten und -richtungen des Reproduktionsprozesses vertiefen.

Mit dem Dialog realisieren wir den in Abschnitt 3.2. skizzierten methodologischen Ansatz zur wissenschaftlichen Erfassung von Reproduktionskreisläufen. Dabei werden objektiv existierende, durch die Theorie gesicherte und statistisch verifizierbare Zusammenhänge zwischen volkswirtschaftlichen Größen mathematisch abgebildet. Neben diesen objektiven Bedingungen und Gesetzmäßigkeiten des Reproduktionsprozesses gibt es weitere objektive Zusammenhänge, über die auf Grund von subjektiven Arbeits- und Lebenserfahrungen Aussagen in Form von Einschätzungen, Erwartungen, Annahmen und Hypothesen getroffen werden können. Ihre Überprüfung ist der erste Ansatzpunkt für interaktive Modellrechnungen. Weitere Ansatzpunkte folgen aus der Notwendigkeit eines tieferen Verständnisses des Reproduktionsprozesses überhaupt: Das Wachstum und die strukturelle Entwicklung volkswirtschaftlicher Größen werden wesentlich durch wirtschafts- und sozialpolitische Ziele und Programme beeinflußt. Der Reproduktionsprozeß wird vom subjektiven Faktor entscheidend geprägt. Das betrifft nicht nur Zielstellungen und Entscheidungen. Der Reproduktionsprozeß wird als Kreislauf erst über einen Informationskreislauf geschlossen (vgl. Abschnitt 2.3.3.) und ist untrennbar mit der Sphäre der Planung verbunden. Die Berücksichtigung dieser Momente unterscheidet unsere theoretische Sicht des Reproduktionsprozesses von der Kreislauftheorie KEYNES' und anderer. Dort werden reale Informationskreisläufe lediglich als psychologische Faktoren (Erwartungen, Präferenzen etc.) reflektiert, und die Planungssphäre wird außer acht gelassen.

Im Dialogsystem der Reproduktion sind die objektiven und subjektiven Momente miteinander verbunden. Im Mensch-Rechner-Dialog bzw. mit interaktiven Modellrechnungen können folgende Hauptaufgaben gelöst werden:

- Analyse der vergangenen Entwicklung der im Modell erfaßten volkswirtschaftlichen Grundgrößen, wobei auch die Auswirkungen bestimmter Maßnahmen und Einflüsse untersucht werden können,
- Erarbeitung langfristiger Varianten der Entwicklung volkswirtschaftlicher Grundgrößen entsprechend gegebener (insbesondere wirtschaftspolitischer) Zielstellungen und Überprüfung der Konsistenz gegebener Varianten;
- Analyse gegebener Varianten der Entwicklung auf Empfindlichkeit und Stabilität.

Die folgenden Abschnitte 4.2. bis 4.4. illustrieren diese Möglichkeiten. Von besonderer Bedeutung für die Durchrechnung langfristiger Entscheidungen sind die beiden letztgenannten Richtungen.

Um möglichen Mißverständissen vorzubeugen, möchten wir hier noch einmal betonen: Es geht dabei nicht um eine möglichst genaue Vorhersage der zukünftigen Entwicklung volkswirtschaftlicher Hauptkennziffern. Wenn wir Vorausberechnungen durchführen, so sind sie immer als bedingte Prognosen zu interpretieren, als Schlußfolgerungen aus den beim Aufbau der Szenarien zugrundegelegten Hypothesen. Erweisen sich die Hypothesen als nicht zutreffend, wird natürlich auch jede Interpretation der im Modellexperiment erhaltenen Vorausberechnungen, d. h. der Schlußfolgerungen aus den Hypothesen, gegenstandslos.

Worin besteht dann der Sinn der Modellexperimente?

Fassen wir zur Klärung dieser Frage noch einmal kurz die Voraussetzungen für Vorausberechnungen zusammen:

1. Wir gehen davon aus, daß mehr oder weniger detaillierte Vorstellungen über die künftige Entwicklung volkswirtschaftlicher Hauptkennziffern existieren. Sie betreffen z. B. das Wachstumstempo des gesellschaftlichen Gesamtproduktes, die erforderliche Entwicklung des kumulativen Warensaldos, das beabsichtigte Wachstumstempo der Löhne und Renten unter Berücksichtigung der Entwicklung der Spareinlagen u. a. Für die entsprechenden Kennziffern sind in

Übereinstimmung mit den Zielvorstellungen Grenz- und Orientierungswerte vorzugeben[17], wobei Intervallangaben möglich sind. Je genauer die Zielvorstellungen, um so enger werden im allgemeinen die zulässigen Intervalle sein.

2. Die wesentlichen Wechselbeziehungen zwischen den Kennziffern sind im Modell in Form der Modellgleichungen erfaßt. Es gibt aber auch exogene Einflußfaktoren, deren Entwicklung im Prognosezeitraum in Form von Zeitreihen vorzugeben ist, z. B. Entwicklung der Fondsquote der neuen Grundfonds, der Materialintensität, der terms of trade u. a.[18] Natürlich kennen wir diese Zeitreihen nicht. Ihre Entwicklung ist hypothetisch vorzugeben.

Sind die unter 1 und 2 genannten Voraussetzungen geschaffen, so ist ein vollständiges Szenarium der volkswirtschaftlichen Entwicklung erarbeitet, mit dem Vorausberechnungen durchgeführt werden können.

Der Sinn der Modellexperimente besteht primär darin zu überprüfen, ob die Zielvorstellungen unter den gesetzten Hypothesen realisierbar sind, oder ob dabei volkswirtschaftliche Grundproportionen verletzt werden.

In den Abschnitten 4.3. und 4.4. soll diese Herangehensweise an volkswirtschaftliche Vorausberechnungen demonstriert werden. Dabei geht es uns vor allem darum, die benötigte Art der Eingangsinformationen für Modellexperimente mit dem Dialogsystem der Reproduktion und die dann entstehende Art der Ergebnisse von Modellrechnungen zu illustrieren. Wir verwenden im Abschnitt 4.4. durchweg angenommene Zahlen und führen bewußt keine Vorausberechnungen für ein spezielles Land durch. Wir möchten lediglich zeigen, wie interaktive Modellrechnungen für die Erarbeitung von Prognosen durchgeführt werden können.

Man kann allerdings an Vorausberechnungen mit mathematischen Modellen erst herangehen, wenn mit Computersimulation auch die Entwicklung der Vergangenheit hinreichend genau reproduziert werden konnte. Der folgende Abschnitt befaßt sich mit den Ergebnissen dieses Modelltests.

4.1. Modelltest

Mit den Modellen des Dialogsystems der Reproduktion wurden zahlreiche Testrechnungen durchgeführt. In ihrem Ergebnis wurden einige Modellannahmen korrigiert, bis schließlich die im Kapitel 3 vorgestellte Version des Modellsystems entstand.

Zum Adäquatheitstest der Modelle wurden Zeitreihen der volkswirtschaftlichen Entwicklung der DDR der Periode 1966 bis 1980 verwendet. Die meisten der Eingangsdaten konnten den Statistischen Jahrbüchern der DDR entnommen werden. Einige Eingangsgrößen mußten geschätzt bzw. im Ergebnis von Modellexperimenten eingestellt werden. Für Grenz- und Orientierungswerte wurden die statistischen Berichtsdaten verwendet und mit einem Toleranzintervall von 1 bis

2 % versehen. Eine Ausnahme bildete die Aussonderungsrate, für die wegen fehlender Information ein Toleranzintervall von 0,012 bis 0,024 angenommen wurde.

Die Ergebnisse der Modellrechnungen brachten für die meisten der Ergebnisgrößen eine sehr gute Anpassung an die statistischen Daten (im Mittel nicht mehr als 2 % Abweichung), d. h., die berechnete Entwicklung entspricht ziemlich genau der tatsächlichen Entwicklung der Volkswirtschaft der DDR. Die folgenden Tabellen (4.1. bis 4.5.) belegen das für einige wichtige Größen.

Tabelle 4.1.: Bevölkerung der DDR (Jahresende, in 1000)

Jahr	Stat. Jahrbuch	Modellergebnis	Differenz (%)
1966	17071	17059	−0,1
1967	17090	17080	−0,1
1968	17087	17090	0,0
1969	17075	17091	0,1
1970	17068	17085	0,1
1971	17054	17066	0,1
1972	17011	17031	0,1
1973	16951	16980	0,2
1974	16891	16914	0,1
1975	16820	16849	0,2
1976	16767	16798	0,2
1977	16758	16763	0,0
1978	16751	16746	0,0
1979	16740	16741	0,0
1980	16740	16743	0,0
1981	16706	16753	0,3
1982	16702	16767	0,4
1983	16701	16785	0,5
1984	16660	16763	0,6
1985	16640	16760	0,7

Quelle: Statistisches Jahrbuch der DDR 1986, Berlin 1986, S. 63.

Tabelle 4.2.: Berufstätige (in 1000)

Jahr	insgesamt Statist. Jahrbuch	Modell-ergebn.	Diff. (%)	in produz. Bereichen Statist. Jahrbuch	Modell-ergebn.	Diff. (%)
1966	7684	7683	0,0	6399	6400	0,0
1967	7714	7708	−0,1	6426	6407	−0,3
1968	7712	7730	0,2	6408	6426	0,3
1969	7746	7750	0,1	6415	6436	0,3
1970	7769	7770	0,0	6414	6443	0,5
1971	7795	7806	0,1	6407	6452	0,7
1972	7811	7842	0,4	6401	6462	1,0

Jahr	insgesamt Statist. Jahrbuch	Modell- ergebn.	Diff. (%)	in produz. Bereichen Statist. Jahrbuch	Modell- ergebn.	Diff. (%)
1973	7844	7876	0,4	6402	6468	1,0
1974	7903	7914	0,1	6425	6469	0,7
1975	7948	7950	0,0	6434	6467	0,5
1976	8018	8006	−0,1	6470	6480	0,2
1977	8058	8062	0,0	6484	6506	0,3
1978	8118	8118	0,0	6518	6538	0,3
1979	8184	8174	−0,1	6551	6562	0,2
1980	8225	8230	0,1	6574	6586	0,2
1981	8296	8256	−0,5	6614	6617	0,0
1982	8368	8282	−1,0	6651	6632	−0,3
1983	8445	8308	−1,6	6696	6625	−1,1
1984	8499	8334	−1,9	6725	6616	−1,6
1985	8539	8360	−2,1	6749	6606	−2,1

Quelle: Statistisches Jahrbuch der DDR 1986, Berlin 1986, S. 17

Tabelle 4.3.: Gesamtprodukt und Nationaleinkommen, vergleichbare Preise, Basis: 1980 (Mio M)

Jahr	Gesamtprodukt Statist. Jahrbuch	Modell- ergebn.	Diff. (%)	produz. Nationaleinkommen Statist. Jahrbuch	Modell- ergebn.	Diff. (%)
1966	263720	264000	0,1	95420	95500	0,1
1967	279960	280300	0,1	100570	100640	0,1
1968	298140	298150	0,0	105700	106110	0,4
1969	315290	316100	0,3	111200	111680	0,4
1970	333640	333740	0,0	117430	117320	−0,1
1971	350070	351860	0,5	122640	123210	0,5
1972	369890	371880	0,5	129570	129950	0,3
1973	390520	393830	0,8	136830	137470	0,5
1974	416290	416480	0,0	145680	145180	−0,3
1975	438840	437750	−0,2	152780	152210	−0,4
1976	459870	458400	−0,3	158055	159030	0,6
1977	481160	479670	−0,3	166040	166240	0,1
1978	501260	500280	−0,2	172180	173410	0,7
1979	520260	520240	0,0	179150	180490	0,7
1980	541765	541130	−0,1	187060	188190	0,6
1981	561930	563000	0,2	196070	196380	0,2
1982	563792	584220	3,6	201140	204380	1,6
1983	580182	604390	4,2	210430	212120	0,8

Quelle: Statistisches Jahrbuch der DDR 1986, Berlin 1986, S. 13

Tabelle 4.4.: Außenhandelsumsatz, eff. Preise (1000 VM)

Jahr	Statist. Jahrbuch	Modell-ergebnis	Diff. (%)
1966	26964	27240	1,0
1967	28286	29010	2,6
1968	30173	31250	3,6
1969	34761	35830	3,1
1970	39597	39980	1,0
1971	42241	43950	4,0
1972	46782	47490	1,5
1973	53502	51790	−3,2
1974	64013	64340	0,5
1975	74394	72900	−2,0
1976	85457	82650	−3,3
1977	91726	90460	−1,4
1978	96879	98010	1,2
1979	108845	106550	−2,1
1980	120101	119890	−0,2
1981	132927	132540	−0,3
1982	145109	144090	−0,7
1983	160424	151690	−5,4

Quelle: Statistisches Jahrbuch der DDR 1984, Berlin 1984

Tabelle 4.5.: Investitionen in materielle Bereiche, vergleichbare Preise, Basis: 1980, brutto (1000 M)

Jahr	Statist. Jahrbuch	Modell-ergebnis	Diff. (%)
1966	19916	20280	1,8
1967	21534	20850	−3,2
1968	23442	23330	−0,5
1969	27106	28140	3,8
1970	29559	29890	1,1
1971	29683	30240	1,9
1972	30613	30120	−1,6
1973	33163	31300	−5,6
1974	34768	32850	−5,5
1975	36273	35670	−1,7
1976	39077	36450	−6,7
1977	40839	38790	−5,0
1978	41517	39580	−4,7
1979	42099	42550	1,1
1980	42623	42490	−0,3
1981	43612	40880	−6,3
1982	41409	41350	−0,1
1983	41633	43870	5,4

Quelle: Statistisches Jahrbuch der DDR 1984, Berlin 1984

Beim hier wiedergegebenen Rechnerlauf aus dem Jahre 1981 stellen die Modellergebnisse von 1981 bis 1985 Kurzzeitprognosen (Vorausberechnungen) mit dem Modellsystem dar. Es gibt Indikationen, daß die in den Tabellen dargestellten Abweichungen der Modellrechnungen innerhalb des Fehlerbereiches statistischer Erfassung liegen. Bedenkt man, daß jede Messung prinzipiell von einem Meßfehler begleitet ist, so sind solche Fehlerbetrachtungen für den wissenschaftlichen Erkenntnisfortschritt unerläßlich (z. B. ist der Fortschritt der Physik eng mit der Angabe und Auswertung von Meßfehlern sowie der Verbesserung der Meßgenauigkeit verbunden). Die Modellergebnisse liegen also überwiegend im Genauigkeitsbereich der Statistik. Insbesondere können mit dem Reproduktionsmodell relativ genaue Kurzzeitprognosen erarbeitet werden. Bei Kennziffern mit relativ großer Dynamik, wie z. B. den Investitionen der produzierenden Bereiche, ergaben sich in einigen Jahren größere Abweichungen (maximal 7%), wobei aber die Dynamik der entsprechenden Entwicklung sehr gut widergespiegelt wird. In den Abbildungen 4.1. und 4.2. sind für zwei Kennziffern mit hoher Dynamik (Außenhandelsumsatz und Investitionen der produzierenden Bereiche) jeweils die tatsächlichen und die mit dem Modell berechneten Zeitreihen angegeben.

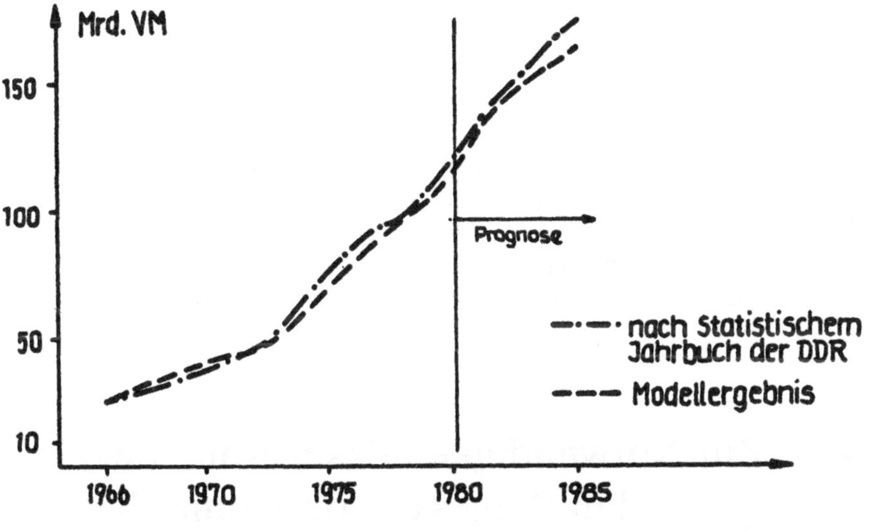

Abb. 4.1. Entwicklung des Außenhandelsumsatzes

Die gute Übereinstimmung von Modellergebnis und tatsächlicher Entwicklung ist natürlich zu erwarten, wenn für einige wesentliche Ergebnisgrößen (gesellschaftliches Gesamtprodukt, Warensaldo, Löhne und Spareinlagen) Orientierungswerte vorgegeben werden, die der tatsächlichen Entwicklung entsprechen. Allerdings kann sich diese Übereinstimmung nur dann einstellen, wenn das Modell die komplizierten Wechselbeziehungen einer großen Anzahl von Kennziffern unterschiedlichster Bereiche im wesentlichen richtig widerspiegelt. Andernfalls müssen Widersprüche auftreten, die sich in größeren Abweichungen zwischen den Egebnissen des Modellexperiments und der tatsächlichen Entwicklung zeigen.

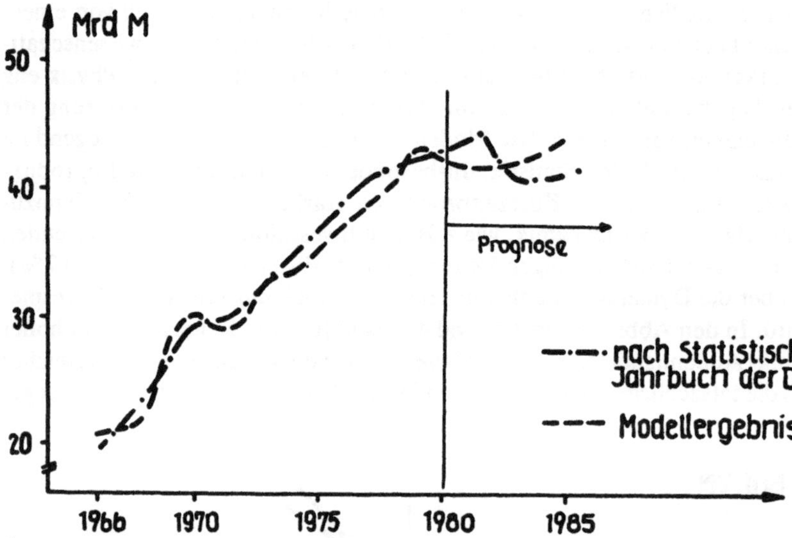

Abb. 4.2. Entwicklung der Investitionen der produzierenden Bereiche (in vergleichbaren Preisen)

Mit dem Modelltest für die Periode von 1966 bis 1980 konnte eine Anwendungsmöglichkeit des Dialogsystems der Reproduktion demonstriert werden: die Überprüfung einer vorgegebenen Variante der volkswirtschaftlichen Entwicklung auf Widerspruchsfreiheit. Die Modellrechnungen zeigten, daß in Übereinstimmung mit der Wirklichkeit die gegebene Variante in sich konsistent ist.

4.2. Zur Notwendigkeit des ressourcensparenden Weges des ökonomischen Wachstums in der DDR

Das Wachstumstempo der Arbeitsproduktivität hat sich seit etwa 1973 weltweit verringert. In einigen RGW-Ländern sind seit 1975 Tendenzen zur Verringerung des Wachstumstempos der Arbeitsproduktivität zu verzeichnen (vgl. Tabelle 4.6).

Tabelle 4.6.: Durchschnittliches jährliches Wachstumstempo der Arbeitsproduktivität in der Industrie (in %)

Land	1970–1975	1975–1980	1981	1982	1983	1984	1985
Bulgarien	6,9	5,1	3,0	4,9	3,7	4,5	3,4
DDR	5,2	4,6	4,0	2,9	3,7	3,6	3,5
Polen	7,7	4,3	−10,0	2,2	7,6	6,1	4,8
Rumänien	6,3	6,8	2,0	2,0	2,9	9,3	3,4
ČSSR	6,1	4,0	2,0	1,0	2,9	2,8	3,7
UdSSR	6,1	3,1	3,0	1,9	3,8	3,7	3,5
Ungarn	6,3	4,6	5,0	4,8	2,7	3,5	2,6

Berechnet nach: Statistisches Jahrbuch der DDR 1987, a. a. O., S. 8*

Bei anhaltendem absolutem Wachstum ist die Rede hier vom Tempo. Die Gründe für das verringerte Tempo sind bekannt.[19] Auf einen oft weniger beachteten Grund weist HAUSTEIN (1983) hin – „die Erschöpfung der Effektivitätswirkung der Basisinnovationen der Periode der technischen Revolution zwischen 1925 und 1975 und der vorläufig noch ungenügenden Mobilisierung der Effektivitätswirkung der neuen Basisinnovationen, die sich um die Mikroelektronik gruppieren".

Die Verlangsamung des Tempos, die unseren sozialen Zielen entgegensteht, wird langfristig nur aufzuhalten sein, wenn es gelingt, die Wirtschaft auf die neuen Reproduktionsbedingungen einzustellen, den neuen Entwicklungsrichtungen der Produktivkräfte gerecht zu werden. Wesentliche Aufgaben für die Erreichung dieses Zieles sind in der Wirtschaftsstrategie der SED mit dem Blick auf das Jahr 2000 gestellt.

Es ist offensichtlich, daß bei einer makroökonomischen Analyse, wie wir sie mit dem Reproduktionsmodell anstreben, viele der dabei auftretenden Probleme nicht oder nur näherungsweise behandelt werden können. In diesem Abschnitt beschränken wir uns auf Probleme des ressourcensparenden Weges des Wachstums und speziell auf den (in: Ökonomische Strategie, 1983) geforderten Nachweis der großen Bedeutung rationeller Nutzung der Grundfonds für das Wirtschaftswachstum.

Hierzu wurde mit Hilfe des mathematischen Instrumentariums des Reproduktionsmodells (Produktionsfunktional, Modelle der Grundfondsdynamik, Modelle der Dynamik der Effektivitätskennziffern) die Entwicklung einiger volkswirtschaftlicher Effektivitätskennziffern für den Zeitraum 1961 bis 1980 analysiert. Diese Analyse war notwendig zum Test der Modellansätze des Reproduktionsmodells, die sich z. T. wesentlich von sonst üblichen makroökonomischen Modellen unterscheiden (vgl. Abschnitt 3.1.). Gleichzeitig diente sie der Begründung der Szenarien für die zukünftige Entwicklung. Sie zeigt uns, wo wir bei der Fortschreibung der Effektivitätskennziffern beginnen müssen und welche Veränderungen möglich oder notwendig sind.

4.2.1. Statistische Analyse der durchschnittlichen Effektivität des volkswirtschaftlichen Reproduktionsprozesses

Die *Produktivitäts- bzw. Effektivitätskennziffern,* die im Reproduktionsmodell verwendet werden, sind:

AP – Arbeitsproduktivität
(gemessen in Tausend M produziertem Nationaleinkommen pro Berufstätiger in der materiellen Produktion);

FQ – Grundfondsquote
(gemessen in M gesellschaftliches Gesamtprodukt pro M Grundfonds der materiellen Produktion);

MQ – spezifischer Materialverbrauch
(gemessen in M Verbrauch von Material und produktiven Leistungen je M gesellschaftliches Gesamtprodukt) und

AQ – Arbeitskräftebindung der Grundmittel = Inverse der Fondsausstattung
(gemessen in Anzahl der Berufstätigen der produzierenden Bereiche pro Million M Grundfonds).

Diese Kennziffern sind untereinander abhängig. Um dies zu zeigen, betrachten wir zunächst die Definitionsgleichung des Nationaleinkommens:

(4.1.) $NEP = (1 - MQ)X - VN \cdot GPN.$

NEP – produziertes Nationaleinkommen;
X – gesellschaftliches Gesamtprodukt;
VN – mittlere Abschreibungs- bzw. Amortisationsrate
(normative Aussonderungsrate)
GPN – Grundfonds der produzierenden Bereiche.

Nach Division der Gleichung (4.1.) durch BP (Anzahl der Berufstätigen der produzierenden Bereiche) folgt

(4.2.) $AP = ((1 - MQ)FQ - VN)/AQ.$

Das heißt, von den vier Kennziffern AP, MQ, FQ und AQ können nur drei unabhängig voneinander vorgegeben werden, die vierte ergibt sich aus dem mit Gleichung (4.2.) beschriebenen Zusammenhang.
Für die Wachstumstempi w(AP), w(MQ), w(FQ) bzw. w(AQ) von AP, MQ, FQ bzw. AQ läßt sich aus (4.2.) folgender Zusammenhang ableiten:

(4.3) $w(AP) = a_1 \cdot w(FQ) - a_2 \cdot w(MQ) - w(AQ),$

$$\text{mit } a_1 = \frac{(1 - MQ)FQ}{(1 - MQ)FQ - VN}, a_2 = \frac{MQ \cdot FQ}{(1 - MQ)FQ - VN}.$$

Formel (4.3.) gibt die Anteile der Hauptrichtungen der Intensivierung am Arbeitsproduktivitätswachstum an. Dabei repräsentiert der erste Summand, a_1 w(FQ), den Beitrag der Erhöhung der Fondsquote am Arbeitsproduktivitätswachstum. Der zweite Summand, $-a_2$ w(MQ), weist den Beitrag der Verringerung der Materialintensität am Arbeitsproduktivitätswachstum aus. Während diese Komponenten den Einfluß der Grundfonds- und Materialökonomie auf das Produktivitätswachstum quantifizieren, kommt im letzten Summanden, w(AQ), der Beitrag der Ökonomie der lebendigen Arbeit am Produktivitätswachstum zum Ausdruck.

Der Faktor a_1 betrug in der Periode 1976–1980 etwa 1,1, der Faktor a_2 etwa 1,7, das heißt, eine Erhöhung der Fondsquote um 1 % bewirkt eine Arbeitsproduktivitätssteigerung um 1,1 %;
eine Verringerung des spezifischen Materialverbrauchs um 1 %
eine Produktivitätssteigerung von 1,7 %.
Tabelle 4.7 zeigt die Ergebnisse der Zerlegung des Arbeitsproduktivitätswachstums nach Formel (4.3.) für den Zeitraum von 1960 bis 1985. Offensichtlich hatte die Einsparung an lebendiger Arbeit den Haupteinfluß auf das Produktivitätswachstum, während der Aufwand an vergegenständlichter Arbeit (bis auf die Periode 1966 bis 1970) relativ wuchs und somit zu einer Verminderung des Produktivitätswachstums führte. Bemerkenswert ist der hohe Effekt der relativen Materialeinsparung auf die Arbeitsproduktivität in der Periode 1981/85, der allerdings durch weiteres Fallen der Fondsquote gemindert wurde.

Tabelle 4.7.: Ergebnisse der Zerlegung des Arbeitsproduktivitätswachstum nach Faktoren

Periode	Durchschnittl. jährl. Wachstumstempo der Arbeitsproduktivität in %	Beitrag zum Produktivitätswachstum in % aus Einsparung an		
		vergegenständl. Arbeit		leb. Arbeit
		Grundmittel	Material	
	w(AP)	$a_1 \cdot w(FQ)$	$-a_2 \cdot w(MQ)$	$-w(AQ)$
1961/65	4,0	−0,6	−1,4	6,0
1966/70	5,1	1,2	−0,7	4,6
1971/75	5,6	0,1	−0,1	5,6
1976/80	3,9	−1,0	0	4,8
1981/85	4,2	−2,4	2,3	4,3

Berechnet nach Gleichung (4.3.) auf Grundlage von Daten des Statistischen Jahrbuches der DDR 1986, a. a. O.

Zur Illustration dieses Sachverhaltes sind in Abbildung 4.3. die Entwicklungen der Effektivitätskennziffern für den Zeitraum 1960 bis 1981 angegeben. Dabei zeigt sich, daß jeder Fünfjahrplanzeitraum seine besondere Charakteristik hat.

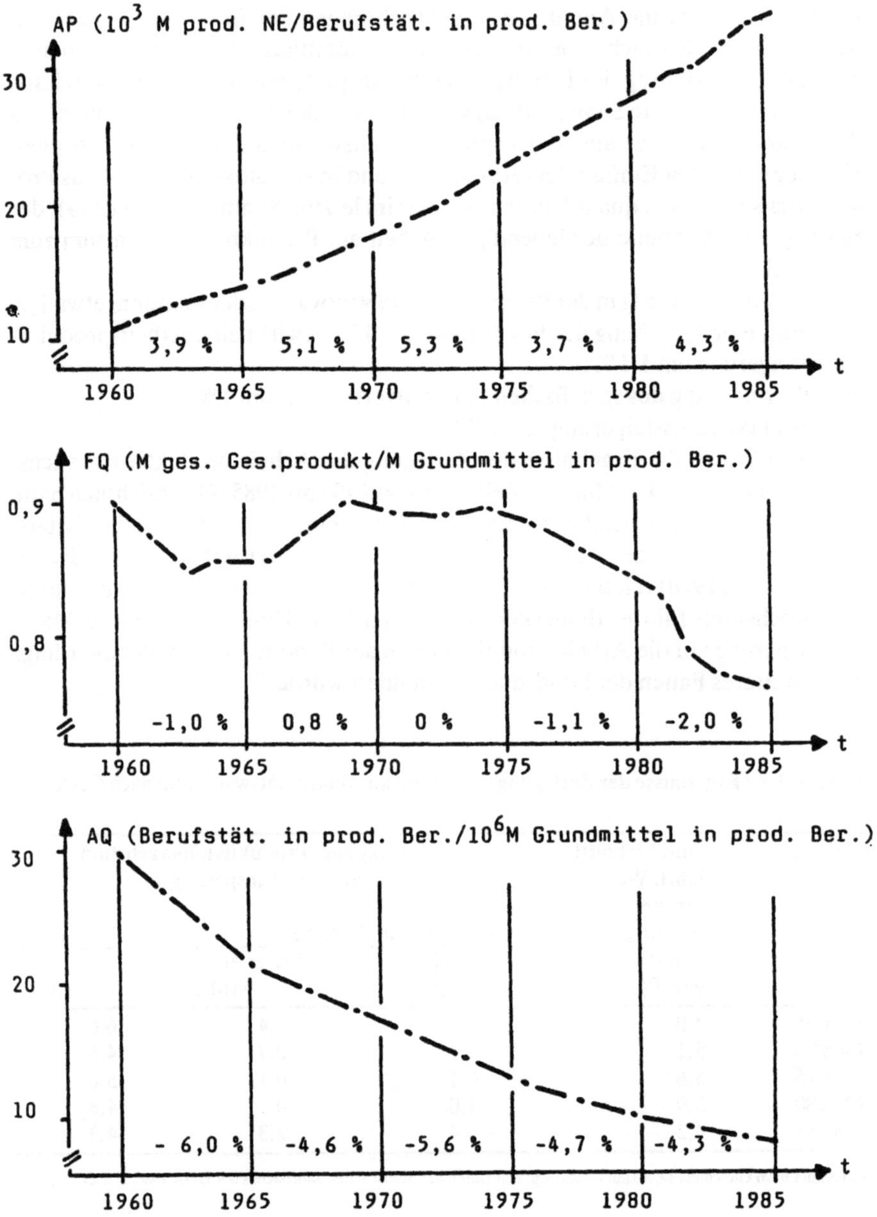

Quelle: Stat. Jahrbuch der DDR, 1986, S. 13, 14, 16, 18

Abb. 4.3. Entwicklung von Effektivitätskennziffern

Die Periode bis 1965 war gekennzeichnet durch einen Anstieg des spezifischen Materialverbrauches bei gleichzeitigem Fall der Fondsquote, was trotz der hohen relativen Einsparung an lebendiger Arbeit (w(AQ) = −6%) zum Produktivitätswachstum von nur 4% führte.

Die Periode 1966 bis 1970 weist einen schnellen Anstieg der Fondsquote auf (0,8%), mit einem Beitrag von 1,2% zum Produktivitätswachstum (vgl. Tab. 4.7). Diese 1,2% überwiegen die 0,7% Wachstumsverlust durch steigende Materialaufwendungen, so daß im Zeitraum 1966 bis 1970 (und nur in diesem Zeitraum) das Produktivitätswachstum insgesamt das durch relative Einsparung an lebendiger Arbeit erzielte Produktivitätswachstum übersteigt (w(AP) = 5,1% gegenüber w(AQ) = 4,6%).

In der letzten Fünfjahrplanperiode schließlich ist eine deutliche Verringerung des spezifischen Materialverbrauches zu verzeichnen. Gleichzeitig kommt es aber zu einem deutlich spürbaren Rückgang der Fondsquote, die mit einem durchschnittlichen jährlichen Tempoverlust der Produktivitätsentwicklung von 2,4% verbunden ist (vgl. Tab. 4.7.). Während sich die Koeffizienten der Arbeitskräftebindung der Grundfonds und des spezifischen Materialverbrauches im Vergleich zu den vorangegangenen Jahren „normal“ entwickeln, der spezifische Materialverbrauch sogar fallende Tendenz aufweist, kommt es bei der Fondsquote zum bereits erwähnten relativ schnellen Abfall, der von 1974 beginnend bis 1985 immerhin 15,3% des 74er Niveaus beträgt. Die Gründe für das Sinken der Fondsquote sind vielfältiger Natur und bedürfen weitaus detaillierterer Untersuchungen, als sie im Rahmen der hier angestrebten Analyse durchgeführt werden können. (Man denke etwa nur an die stark steigenden Investitionsaufwendungen zur Sicherung und Erweiterung der Energiebasis.) Trotzdem ist der Grundfondsbestand auch in der Periode 1980–1985 schnell gewachsen (mittleres jährliches Wachstumstempo 4,9%; zum Vergleich: 1970–1975 betrug das Tempo 5,9%). Das jetzt vorhandene Grundfondspotential ist beachtlich – es ist mehr als doppelt so groß wie 1970 – und muß effektiv genutzt werden. Um dem Sinken der Fondsquote entgegenzuwirken, die ja nicht nur zu Produktivitätsverlusten, sondern bei erhöhten Investitionsaufwendungen auch zu einer relativen Verringerung der Konsumtionsfonds führen muß, sind Anstrengungen notwendig, wie sie in der Wirtschaftsstrategie der SED mit dem Blick auf das Jahr 2000 dargelegt sind (Verringerung des Bauanteils der Investitionen, schnelle Einführung hochproduktiver Technologien, insbesondere der Schlüsseltechnologien, hohe Auslastung der entsprechenden Anlagen u. a.).

Bei den bisherigen Überlegungen wurde der Einfluß von Wissenschaft und Technik auf das Produktivitätswachstum nur indirekt berücksichtigt, und zwar in Form der Ergebnisse des wissenschaftlich-technischen Fortschritts, die sich in der Dynamik der Effektivitätskennziffern zeigen. Die Auswirkungen der Maßnahmen aus Wissenschaft und Technik auf das Produktivitätswachstum direkt zu messen, ist ein schwieriges Problem, das bisher nur unzureichend gelöst werden konnte. So werden z. B. die Arbeitszeiteinsparungen aus dem Plan Wissenschaft und Technik erfaßt. Auf die Mängel dieser Kennziffern hat HAUSTEIN (1983) hingewiesen. Sie zeigen sich u. a. darin, daß durch fehlerhafte Erfassung diese Kennziffer zu hohe Arbeitszeiteinsparungen aufweist.

Eine andere Möglichkeit, den Einfluß des wissenschaftlich-technischen Fortschritts auf das Produktivitätswachstum sichtbar zu machen, ist die Gegenüberstellung von Produktivitätsentwicklung und Entwicklung der Forschungsfonds. Der Forschungsfonds ist eine synthetische Kennziffer, die aus den Ausgaben für Wissenschaft und Technik abgeleitet werden kann. Sie akkumuliert diese Ausgaben unter Berücksichtigung der Zeitverzögerung bis zum Wirksamwerden der Ausgaben als produktionswirksame Maßnahme und ihrem „Verschleiß" (vgl. Abschnitt 2.3.3.).

In Abbildung 4.4 ist die Arbeitsproduktivität als Funktion der Forschungsfonds dargestellt. Es zeigt sich ein überraschend „glatter" Kurvenverlauf mit fallender relativer Elastizität der Arbeitsproduktivität gegenüber den Forschungsfonds, die anfangs 0,6 und gegen Ende etwa 0,4 beträgt. Das heißt, bis 1960 war ein Wachstum der Forschungsfonds von 1 % mit einem Arbeitsproduktivitätswachstum von 0,6 % verbunden, 1980 dagegen nur noch mit 0,4 %. Wir haben hier eine ähnliche Situation wie bei den Grundfonds. Auch die Forschungsfonds sind sehr schnell gewachsen, ihre Wirksamkeit auf das Produktivitätswachstum aber ist relativ zurückgegangen.

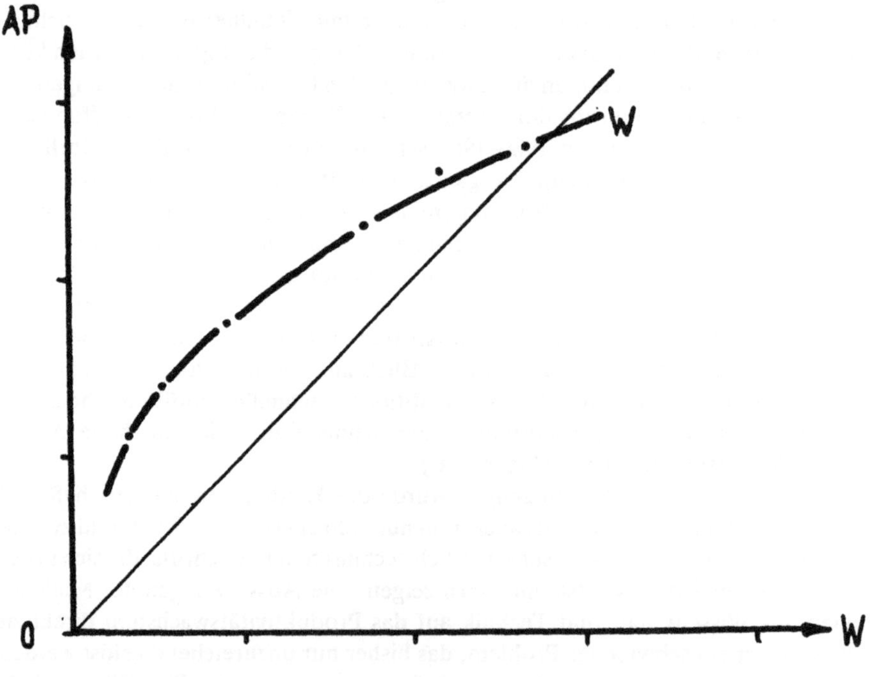

Abb. 4.4. Relation zwischen Arbeitsproduktivität AP und Forschungsfonds W

4.2.2. Statistische Analyse der Effektivität neuer Grundmittel

Die neu eingeführten Fonds verkörpern im Durchschnitt ein bedeutend höheres technologisches Niveau als jene Fonds, die schon hinreichend lange in Betrieb sind. Wir haben deshalb in die Analyse der Dynamik der Effektivitätskennziffern die Altersstruktur der Grundmittel einbezogen. Dazu wurden die Grundfonds der produzierenden Bereiche jeweils für Fünfjahresperioden in folgende Anteile zerlegt:

GPN – Fonds, die in der entsprechenden Periode neu eingeführt wurden. GPN ist zu Beginn jeder Periode gleich Null und entspricht am Ende der Summe der insgesamt in dieser Periode fertiggestellten Investitionen.

GPM – vorhandene Fonds, deren Nutzungsdauer zu Beginn der Periode nicht größer als die normative ist, wobei als normative Nutzungsdauer 16 Jahre gewählt wurden. GPM verändert sich in einer Fünfjahresperiode relativ wenig und verringert sich jeweils um die Fonds, deren Nutzungsdauer in den betrachteten 5 Jahren überschritten wird.

GPA – vorhandene Fonds, deren Nutzungsdauer größer als die normative ist. Die Entwicklung von GPA hängt von den Aussonderungen ab. Diese Kennziffer wächst absolut, ihr Anteil am Bestand aller Grundfonds geht jedoch zurück (vgl. Tab. 4.8.).

Tabelle 4.8.: Durchschnittlicher Anteil von GPN, GPM und GPA am Grundfondsbestand in %

	GPN	GPM	GPA
1961–1965	12	50	38
1966–1970	12	51	37
1971–1975	15	57	28
1976–1980	14	60	26

Quelle: Berechnungen mit Hilfe des Modells der Grundfondsdynamik (siehe Abschnitt 3.6.1.) und im Statistischen Jahrbuch der DDR 1982, Berlin 1982, veröffentlichten Zeitreihen der Investitionen und Grundfonds der produzierenden Bereiche.

In der weiteren Untersuchung werden den einzelnen Grundfondsklassen folgende Effektivitätskennziffern zugeordnet:

Grundfondsklasse	**GPN**	**GPM**	**GPA**
Fondsquote:	FQ1	FQ2	FQ3
Spezifischer Materialverbrauch:	MQ1	MQ2	MQ3
Arbeitskräftebindung je Einheit Grundfonds:	AQ1	AQ2	AQ3

Die Gesamtproduktion (X), der Materialverbrauch (MP) und die Anzahl der Berufstätigen (BP) der produzierenden Bereiche stellen sich dann als folgende Summen dar:

$$X = FQ1 \cdot GPN + FQ2 \cdot GPM + FQ3 \cdot GPA \tag{4.4.}$$

$$MP = MQ1 \cdot FQ1 \cdot GPN + MQ2 \cdot FQ2 \cdot GPM + MQ3 \cdot FQ3 \cdot GPA \tag{4.5.}$$

$$BP = AQ1 \cdot GPN + AQ2 \cdot GPM + AQ3 \cdot GPA \tag{4.6.}$$

Aus diesen Gleichungen lassen sich mit Hilfe von Zeitreihen für X, MP, BP sowie GPN, GPM und GPA die spezifischen Effektivitätskennziffern FQ1, FQ2, FQ3; AQ1, AQ2, AQ3 sowie MQ1, MQ2, MQ3 schätzen. Die Ergebnisse sind in Abbildung 4.5. angegeben. Infolge von Korrelationen zwischen den verwendeten Zeitreihen (GPN, GPA) lassen sich diese Kennziffern nicht eindeutig schätzen. In Abbildung 4.5. sind die möglichen Schwankungsbreiten dargestellt.

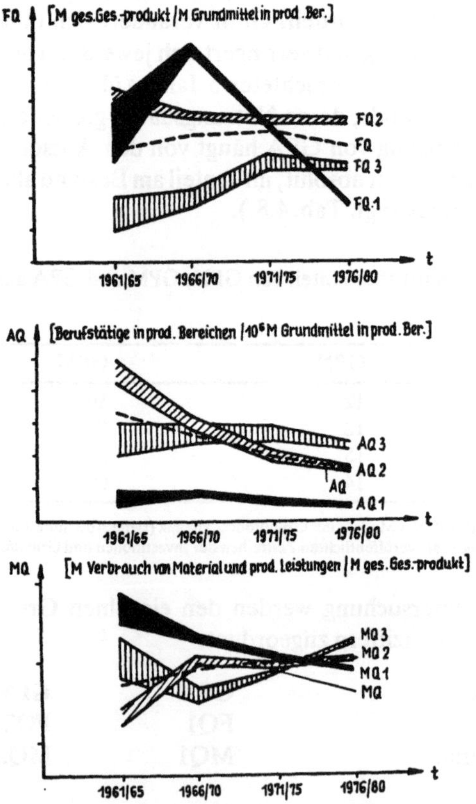

Abb. 4.5. Entwicklung von Effektivitätskennziffern nach Altersstruktur der Grundmittel und im Durchschnitt

Für die Analyse sind die Entwicklungen der jeweils mit den neuen Fonds verbundenen Kennziffern FQ1, AQ1, MQ1 von besonderem Interesse. Wie zu erwarten, zeigen die Ergebnisse, daß die neuen Grundfonds im Vergleich zu den schon vorhandenen bedeutend weniger Arbeitskräfte binden. Der spezifische Materialverbrauch der mit den neuen Grundfonds verbundenen Produktion zeigt ebenfalls fallende Tedenz und liegt in der Periode 1976–1980 unter dem Wert des mittleren spezifischen Materialverbrauchs. Dieser positiven Tendenz der Produktivitätsentwicklung wirkt der rasche Fall der Fondsquote der neuen Grundfonds (FQ1) entgegen. FQ1 liegt 1976–1980 deutlich unter der mittleren Fondsquote. Das bedeutet, daß die neuen Grundfonds, gemessen an ihrem Wert, weniger effektiv oder, gemessen an ihrer Effektivität, zu teuer sind. Wenn man FQ1, AQ1 und MQ1 nach Gleichung (4.2.) zur Arbeitsproduktivität zusammenfaßt, so zeigt sich in der Gesamtwirkung jedoch, daß die mit den neuen Grundfonds verbundene Arbeitsproduktivität im Vergleich zur durchschnittlichen Arbeitsproduktivität außerordentlich hoch ist. Sie ist etwa dreimal so groß wie die mittlere (vgl. Abb. 4.6.). Diese hohe Produktivität ist vor allem mit der relativ geringen Arbeitskräftebildung der neuen Grundfonds (AQ1) verbunden. Nach unserer Berechnung waren in der Periode 1976–1980 etwa 4 Berufstätige pro 1 Million Mark neue Grundfonds eingesetzt.

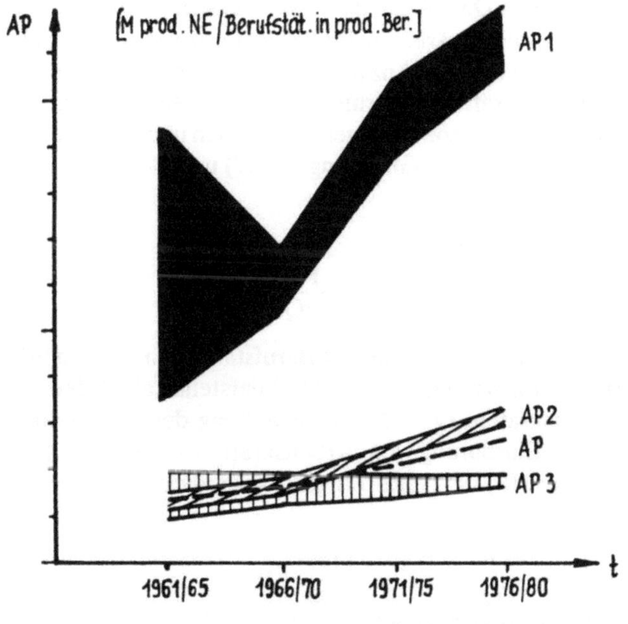

Abb. 4.6. Entwicklung der Arbeitsproduktivität nach Altersstruktur der Grundmittel und im Durchschnitt

Der Durchschnittswert der Arbeitskräftebindung des gesamten Grundfondsbestandes (AQ) betrug in dieser Periode 15 Berufstätige je Million Mark Grundfonds. Hingegen wurde für die über die normative Nutzungsdauer betriebenen Grundfonds eine Arbeitskräftebindung (AQ3) von etwa 23 Berufstätigen je Million Mark Grundfonds geschätzt. Das heißt, daß bei einer Million Mark Inbetriebnahme neuer und gleichzeitiger Aussonderung einer Million Mark alter Grundfonds in der Periode 1976–1980 im Mittel AQ3 − AQ1 = 19 Arbeitsplätze eingespart werden konnten. Diesen für die intensiv erweiterte Reproduktion wichtigen Einsparungseffekt muß man allerdings im Zusammenhang mit der Produktivitätsentwicklung insgesamt sehen. Hierzu betrachten wir den Zuwachs des Gesamtproduktes (ZX) sowie der Anzahl der Berufstätigen in den produzierenden Bereichen (ZBP).
Für sie gilt dann:

(4.7.) $ZX = FQ1 \cdot IF - FQ3 \cdot AUS$

(4.8.) $ZBP = AQ1 \cdot IF - AQ3 \cdot AUS$, wobei
IF – Inbetriebnahme neuer Grundfonds
AUS – Aussonderungen.

Nach Gleichung (4.7) ergibt sich der Gesamtproduktzuwachs ZX aus dem Zuwachs FQ1 · IF durch Inbetriebnahme neuer Grundfonds, vermindert um das Produktionsvolumen FQ3 · AUS, das mit den ausgesonderten Grundfonds AUS noch herstellbar gewesen wäre. Analog besagt Gleichung (4.8.), daß der Arbeitskräftezuwachs ZBP gleich der Anzahl AQ1 · IF der durch die neuen Grundfonds gebundenen Arbeitskräfte ist, vermindert um die Anzahl FQ3 · AUS der Arbeitskräfte, die durch Aussonderungen frei werden und für andere Aufgaben gewonnen werden können. Die Gleichungen (4.7) und (4.8) kann man nach Elimination von AUS umformen zu

(4.9.) $ZBP = g \cdot ZX - f \cdot IF;$

$$\text{mit } g = \frac{AQ3}{FQ3} \text{ und } f = AQ3\frac{FQ1}{FQ3} - AQ1.$$

Der jährliche Zuwachs der Anzahl der Berufstätigen in den produzierenden Bereichen (ZBP) läßt sich mit Gleichung (4.9) darstellen als Differenz aus dem Zuwachs an Arbeitskräften (g · ZX) zur Erhöhung der Produktion um den Betrag ZX und der Einsparung von Arbeitskraft (f · IF) durch Inbetriebnahme neuer Grundfonds (IF) bei gleichzeitiger Aussonderung. Letztere hat dann den Betrag

$$AUS = -\frac{1}{FQ3} \cdot ZX + \frac{FQ1}{FQ3} \cdot IF,$$

der sich aus Gleichung (4.7.) ergibt.

Der Koeffizient f ist ein Maß für die Größe des Einsparungseffektes von Arbeitskraft. Er gibt an, wieviel Arbeitskräfte durch 1 Million M aktivierte Investi-

tionen bei angenommener konstanter Produktion (ZX = 0) eingespart und somit für andere Aufgaben gewonnen werden können. Der Arbeitskräftebindungskoeffizient g gibt an, wieviel Arbeitskräfte zur Produktionserhöhung (ZX) zusätzlich benötigt werden.
Abbildung 4.7. zeigt die Entwicklung dieser Koeffizienten für die Fünfjahresperioden 1961–1965 bis 1976–1980. Infolge der relativ großen Schwankungsbreiten der Koeffizienten AQ1, AQ3, FQ1 und FQ3 sind auch die abgeleiteten Größen f und g mit großen Unsicherheiten behaftet. Dennoch ist ersichtlich, daß sich von 1961 bis 1975 beide Größen etwa entsprechen. Diese Tendenz stimmt mit den nur geringen Veränderungen der Anzahl der Berufstätigen in den produzierenden Bereichen überein. Es zeichnet sich aber auch die Tendenz ab, daß als Folge des Falls von FQ1 der Koeffizient f schneller abnimmt als der zum Produktionswachstum notwendige Arbeitskräftezuwachs g.

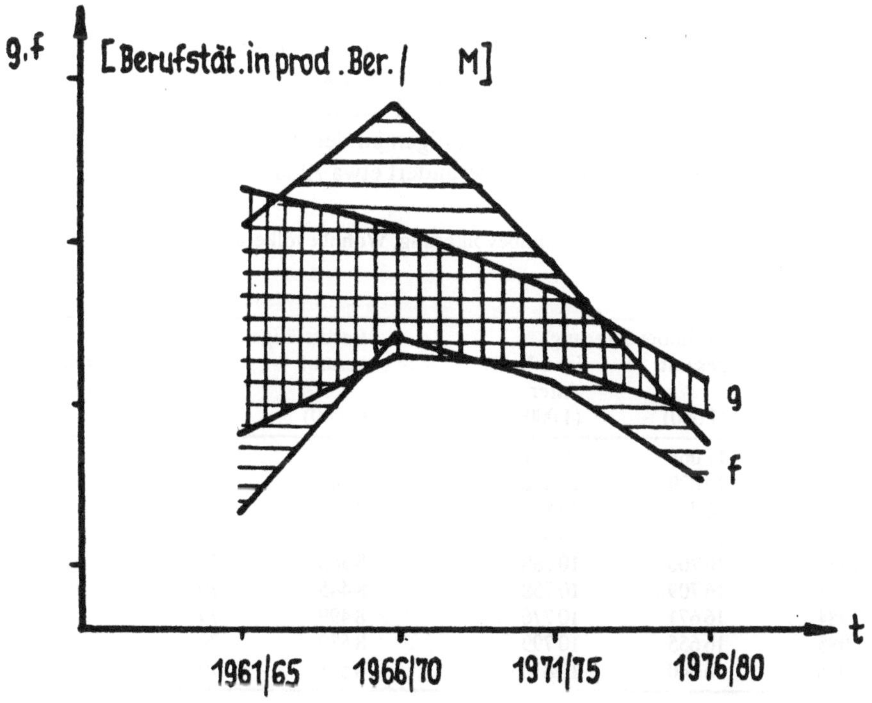

Abb. 4.7. Arbeitskräfteeinsparungs-Koeffizient f und Arbeitskräftebindungs-Koeffizient g

Die geschilderte Entwicklung macht noch einmal deutlich, daß die Investitionspolitik verstärkt darauf zu richten ist, durch Investitionen tatsächlich Arbeitsplätze einzusparen und durch die neuen Grundfonds ein effektives Produktionspotential zu schaffen.

4.3. Berechnungen des gesellschaftlichen Arbeitsvermögens bis zum Jahre 2030

Die Ergebnisse des Modelltests und der retrospektiven Analyse zeigten, daß das Reproduktionsmodell wesentliche Zusammenhänge zwischen volkswirtschaftlichen Grundgrößen richtig widerspiegelt und die gesamtvolkswirtschaftliche Entwicklung über einen längeren Zeitraum hinreichend genau zu reproduzieren vermag. Es konnte deshalb begonnen werden, das Modell auch für volkswirtschaftliche Vorausberechnungen zu nutzen. Wesentliche Voraussetzung für langfristige volkswirtschaftliche Vorausberechnungen ist die Abschätzung der Entwicklung des gesellschaftlichen Arbeitsvermögens. Es wird durch die demographische Entwicklung und den Beschäftigtengrad bestimmt. Für die DDR ergab sich in den letzten Jahren die in Tabelle 4.9 dargestellte Entwicklung. Bei leichtem Rückgang der Gesamtbevölkerung wuchs die Anzahl der Personen im arbeitsfähigen Alter vergleichsweise schnell an (um mehr als 900000 in 16 Jahren), was zu einem entsprechenden Anstieg der Gesamtanzahl der Berufstätigen geführt hat. Der Beschäftigtengrad (Anteil der Berufstätigen an der Bevölkerung im arbeitsfähigen Alter) beträgt dabei nahezu unverändert etwa 79%.

Tabelle 4.9.: Entwicklung der Wohnbevölkerung, Wohnbevölkerung im arbeitsfähigen Alter und der Berufstätigen

Jahr	Wohnbevölkerung gesamt (1 000)	im arbeitsf. Alter (1 000)	Berufstätige gesamt (1 000)	Anteil an Bevölkerung im arbeitsf. Alter (in Prozent)
1970	17068	9881	7769	79
1975	16820	10046	7948	79
1980	16740	10581	8225	78
1981	16706	10620	8296	78
1982	16706	10688	8368	78
1983	16709	10758	8445	79
1984	16671	10776	8499	79
1985	16655	10799	8539	79
1986	16640	10810	8548	79

Quelle: Statistisches Jahrbuch der DDR 1987, a. a. O., Sp. 1, 2: S. 348; Sp. 3: S. 17.

Zur langfristigen Vorausberechnung des gesellschaftlichen Arbeitsvermögens wurden mit dem Demographiemodell (vgl. Abschnitt 3.4.) Varianten unter verschiedenen Szenarien ermittelt. Die Berechnungen gingen von der Alters- und Geschlechtsstruktur der Wohnbevölkerung im Jahre 1983 aus. Die Einteilung der Altersklassen erfolgte wie im Abschnitt 3.4. angegeben.

Von den Eingangsgrößen erwiesen sich die Mortalitätsraten als relativ konstant und wurden konstant auf dem Niveau von 1983 fortgeschrieben. Die erforderliche Prognose der Fertilitätsraten ist mit starken Unsicherheiten behaftet. Die Statistik zeigt in allen Altersklassen der Frauen im gebärfähigen Alter ab 1970 einen starken Rückgang der Fertilitätsraten, die 1974 ein Minimum erreichten. Danach ist, insbesondere als Auswirkung sozialpolitischer Maßnahmen des X. Parteitages der SED, wieder ein Anwachsen zu verzeichnen, so daß bereits 1978 in den Altersklassen bis 24 Jahren der Stand von 1960 erreicht wurde (vgl. Abb. 4.8.).

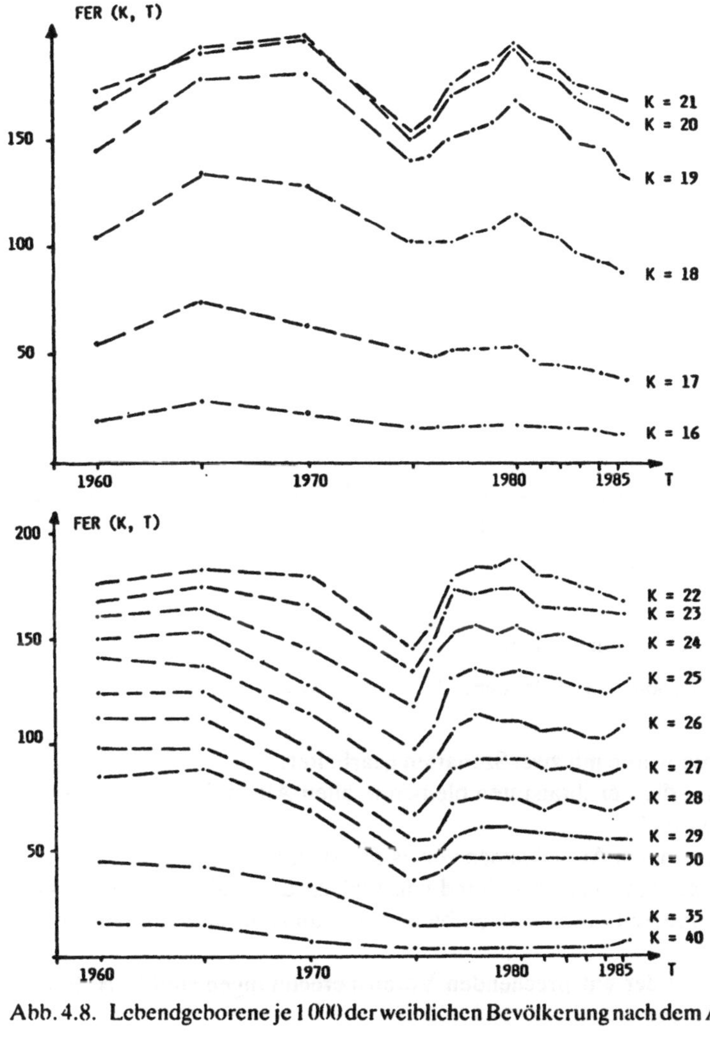

Abb. 4.8. Lebendgeborene je 1 000 der weiblichen Bevölkerung nach dem Alter der Mütter

(Fertilitätsrate FER [K, T], Alter der Mütter von K bis unter K + 1 Jahren)

Die einfache Bevölkerungsreproduktion ist aber noch nicht gewährleistet (1983 betrug bei rund 234000 Geburten die durchschnittliche Fertilitätsrate je Frau 1,8 Kinder). Dies ist besonders auf den Rückgang der Fertilitätsraten in den Altersklassen ab 25 Jahre zurückzuführen (vgl. Abb. 4.8.). Damit korrespondiert der Rückgang der Gesamtanzahl der Kinder je Frau, bzw. je Familie. Während die Anzahl der Kinder, die als 1. und 2. Kind geboren wurden, nach einem Minimum Mitte der 70er Jahre wieder auf den Stand von 1960 zurückgekehrt ist, liegen die Zahlen ab drittem Kind in der Lebendgeborenenfolge deutlich unter den Werten von 1960 (vgl. Abb. 4.9.).

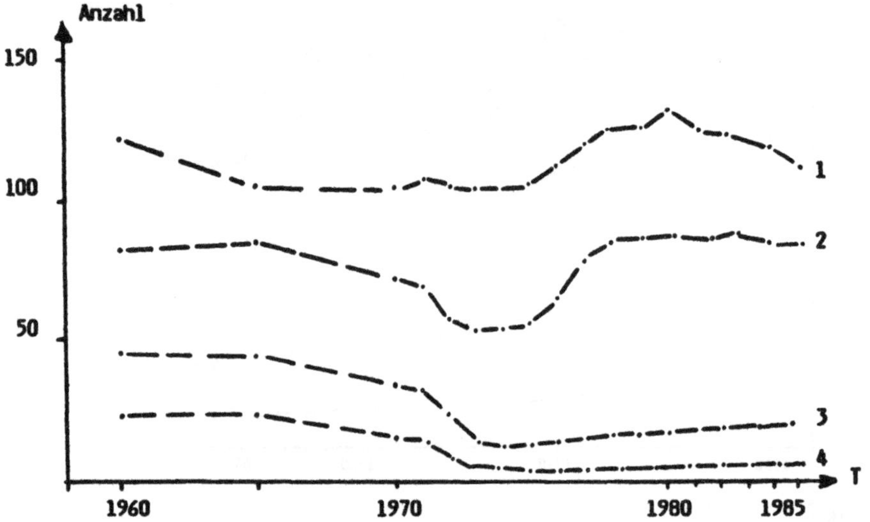

1–1. Kind
2–2. Kind
3–3. Kind
4–4. Kind
nach Statistischem Jahrbuch der DDR 1987, S. 374.

Abb. 4.9. Lebendgeborene nach der Lebendgeborenenfolge

Für die Prognose wurde mit zwei Szenarien gearbeitet:

Szenarium 1 – die Fertilitätsraten bleiben in allen Altersklassen konstant auf dem Niveau von 1983,

Szenarium 2 – in den Altersklassen von 24 bis 35 Jahren kehren die Fertilitätsraten bis zum Jahre 2000 auf den Stand von 1960 zurück und bleiben dann konstant; in allen anderen Altersklassen bleiben sie konstant auf dem Niveau von 1983.

Die Ergebnisse der entsprechenden Vorausberechnungen sind in Abb. 4.10. dargestellt.

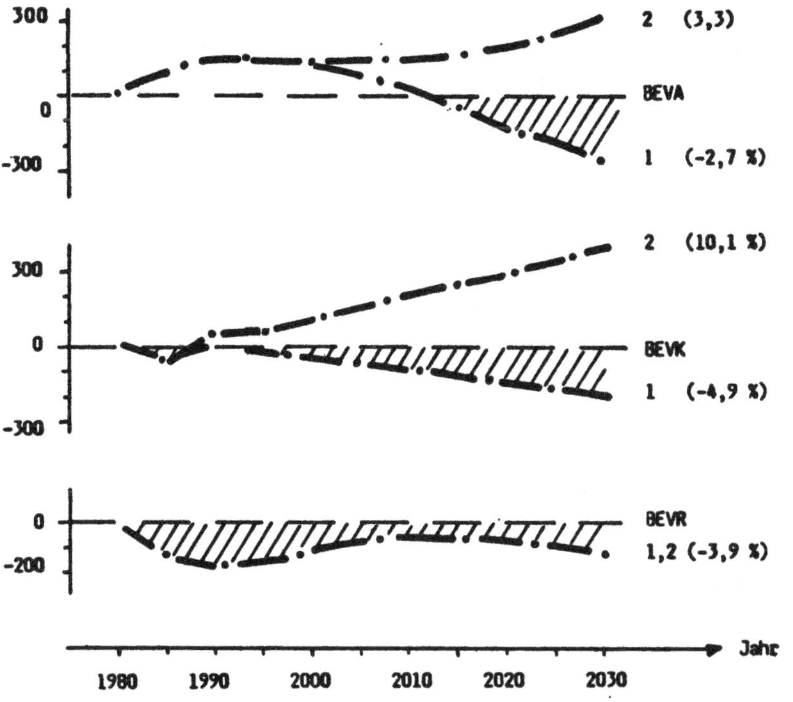

Abb. 4.10. Entwicklung der Anzahl der Personen im arbeitsfähigen Alter (BEVA), der Kinder (BEVK) und der Personen im Rentenalter (BEVR) relativ zum Stand von 1980 bei Annahme unterschiedlicher Szenarien (Szenarium 1 und 2)

Offensichtlich sind für das gesellschaftliche Arbeitsvermögen bis etwa zum Jahr 2000 gesicherte Annahmen möglich. Die Anzahl der Personen im arbeitsfähigen Alter wächst bis 1990 noch leicht an und bleibt dann konstant. Für eine differenzierte Einschätzung des gesellschaftlichen Arbeitsvermögens sind allerdings noch geschlechts- und altersspezifische Strukturverschiebungen in diesen Jahrgängen zu berücksichtigen. So wird durch Übergang geburtenstarker Frauenjahrgänge ins Rentenalter der Anteil der männlichen Arbeitsfähigen bis 1990 relativ stark anwachsen.

Gleichzeitig kommt es durch Eintritt geburtenschwacher Jahrgänge ins Arbeitsalter ab 1990 zu einer generellen Verschiebung der Altersstruktur der Arbeitsfähigen in Richtung älterer Jahrgänge. Damit sind natürlich Konsequenzen für die mögliche Verteilung des gesellschaftlichen Arbeitsvermögens verbunden.

Langfristige Vorhersagen werden etwa ab 2010 relativ unsicher und hängen stark von Annahmen über die Entwicklung der Fertilitätsraten ab. Bei Szenarium 2 bleibt die Anzahl der Personen im arbeitsfähigen Alter bis 2015 konstant und wächst dann leicht an. Bei Szenarium 1 ist beginnend ab etwa 2000 mit einer Verringerung des gesellschaftlichen Arbeitsvermögens bei gleichzeitigem Anstieg der Zahl der Rentner zu rechnen (vgl. Abb. 4.10.)

Mit der gleichzeitigen relativen Alterung der Bevölkerung können sich damit zusätzliche Konsequenzen für die Entwicklung des Gesundheitswesens ergeben.

Die Gesamtbevölkerungsanzahl ändert sich bis zum Jahr 2000 nur unwesentlich. Langfristig ist bei Annahme von Szenarium 1, das die einfache Reproduktion nicht gewährleistet, mit einem Rückgang der Bevölkerung auf etwa 16,3 Millionen im Jahre 2030 zu rechnen. Bei Szenarium 2 dagegen wächst die Bevölkerung leicht an und erreicht im Jahr 2030 etwa 17,4 Millionen.

4.4. Demonstrationsbeispiel für Vorausberechnungen mit dem Reproduktionsmodell

In diesem Abschnitt möchten wir die Herangehensweise an interaktive Vorausberechnungen mit dem Reproduktionsmodell verdeutlichen, wobei wir ein Demonstrationsbeispiel mit angenommenen Zahlen zugrunde legen. Damit möchten wir vor allem zeigen, wie die Eingabeinformationen für Modellexperimente zu gestalten sind und welche Ergebnisse man daraus gewinnen kann. Zugleich sei darauf verwiesen, daß die hier lediglich illustrierte Vorgehensweise bei Vorausberechnungen für mehrere sozialistische Länder (DDR, UdSSR, ČSSR, MVR, Polen, Bulgarien und Ungarn) bereits erfolgreich praktiziert wurde. Die entsprechenden Zahlen können hier allerdings nicht wiedergegeben werden. Sie würden eine ausführliche Erörterung und Interpretation erfordern, die den Rahmen dieses Buches überschreitet.

4.4.1. Szenarium für die Vorausberechnungen

Die Rechnungen wurden 1980 für den Zeitraum bis zum Jahre 2000 durchgeführt. Das Basisszenarium für die Vorausberechnungen gründet sich auf folgenden Hypothesen:

Bevölkerungswachstum/Arbeitskräfteressourcen
Die Abschätzung der Entwicklung des Bevölkerungswachstums und der Arbeitskräfteressourcen beruht auf Ergebnissen der Anwendung des Demographiemodells und erfolgt analog zur im Abschnitt 4.3. beschriebenen Vorgehensweise. Der Beschäftigtengrad wird für alle Altersgruppen entsprechend den Werten von 1980 mit 1 % Schwankungsbreite angenommen. Der Anteil BNA der Berufstätigen in den nichtmateriellen Bereichen an der Gesamtzahl der Berufstätigen betrug 20 % im Jahre 1980. Bis 2000 wird ein Anstieg auf mindestens 25 % und höchstens 30 % vorausgesetzt.

Wachstumsorientierung/Aufteilung des Nationaleinkommens
Für das gesellschaftliche Gesamtprodukt wird ein jahresdurchschnittliches Wachstumstempo von mindestens 3 % gefordert. Für die Investitionen in die nichtproduzierenden Bereiche wird ein mittleres Wachstumstempo des Anteils am Nationaleinkommen von etwa 2 % angenommen. Die gesellschaftliche Konsumtion hat eine wachsende Tendenz. Es wird bis zum Jahre 2000 ein weiteres Anwachsen des Anteils der gesellschaftlichen Konsumtion am Nationaleinkommen auf 17 bis 19 % angenommen.

Außenhandel
Die Anteilkoeffizienten UI für den Import werden im Basisszenarium konstant auf dem Niveau von 1980 fortgeschrieben. d. h., es wurden keine wesentlichen Änderungen in der Struktur der Importe angenommen. Für die terms of trade (PEX/PIM) wurde bis 2000 eine leichte Verschlechterung angenommen (jahresdurchschnittliche Verringerung um 0,3 %). Bezüglich des kumulativen Warensaldos wird bis zum Jahre 1990 ein ungefährer Ausgleich und dann bis zum Jahre 2000 eine Untergrenze von −1 Mrd. und eine Obergrenze von +1 Mrd. Währungseinheiten gefordert.

Geldeinnahmen der Bevölkerung/Entwicklung der Spareinlagen
Für die Löhne und Renten wurde einheitlich ein mittleres jährliches Wachstumstempo von 3 bis 3,5 % vorgegeben. Die Spareinlagen sollen ein zulässiges maximales Wachstumstempo von 4,3 % jährlich haben. Als Mindestwachstum werden 3 % gefordert, was etwa dem mittleren Zinssatz entspricht (d. h., abgesehen von Erhöhung der Bargeldbestände, keine Geldakkumulation).

Produktivitäts- und Effektivitätsentwicklung
Die Vorhersage der Entwicklung dieser Kennziffern bereitet die größten Schwierigkeiten, wenn sie nicht aus Annahmen über die Produktivitäts- und Effektivitätsentwicklung in den einzelnen Bereichen abgeleitet wird. Andererseits benötigen wir aber zur Vorausberechnung der Entwicklung dieser Bereiche volkswirtschaftliche Eckdaten, wie sie z. B. mit dem vorgestellten Reproduktionsmodell bestimmt werden können. Für eine erste Abschätzung der Entwicklung der Ef-

fektivitätskennziffern können im Basisszenarium ihre Trends fortgeschrieben werden (vgl. Abb. 4.11., 4.12. und 4.13.).

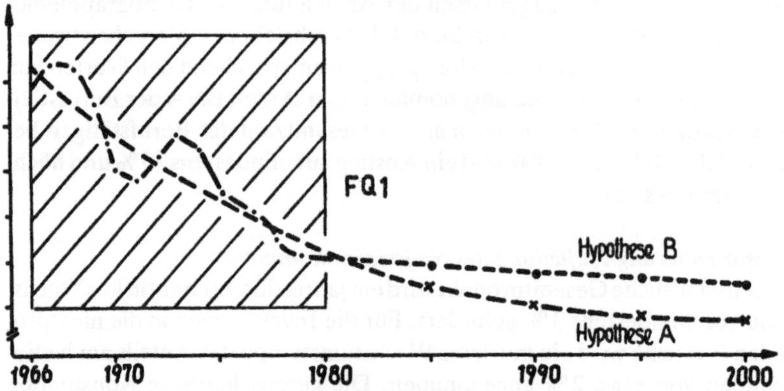

Abb. 4.11. Entwicklung der Fondsquote neuer Grundmittel (FQ1)

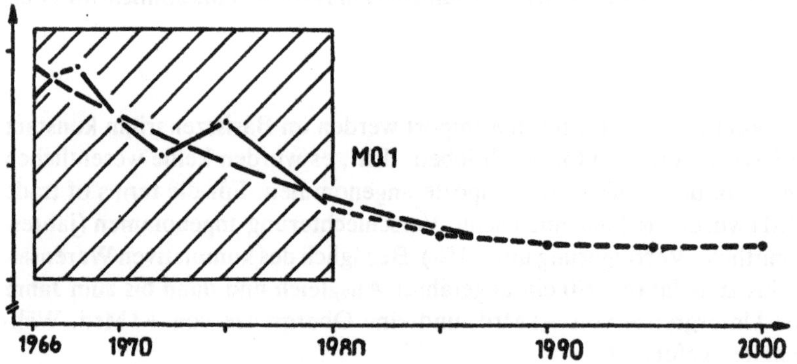

Abb. 4.12. Entwicklung des spezifischen Materialverbrauchs neuer Grundmittel (MQ1)

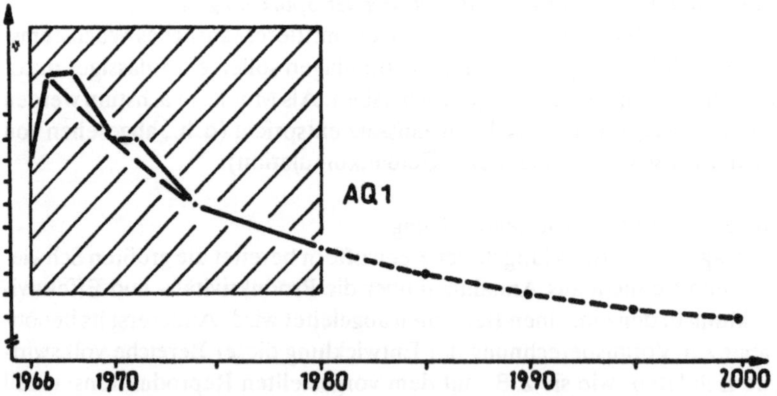

Abb. 4.13. Entwicklung der Arbeitskräftebindung neuer Grundmittel (AQ1)

Für die Entwicklung der Materialintensität der Produktion mit neuen Fonds (MQ1) und der Arbeitskräftebindung der neuen Fonds (AQ1) ergeben sich dabei in Übereinstimmung mit der notwendigen Intensivierung der Produktion fallende Tendenzen.

Bezüglich der Fondsquote der neuen Fonds (FQ1) wurden alternative Hypothesen formuliert. Hypothese A schreibt den Trend der Periode von 1966 bis 1980 fort, was dann bis zum Jahre 2000 ein mittleres Wachstumstempo für FQ1 von −1% ergibt. In einer alternativen Hypothese (B) gehen wir davon aus, daß das sich abzeichnende Bremsen des Falls der Fondsquote FQ1 anhält (vgl. Abb. 4.11.). Es wird angenommen, daß FQ1 bis 1985 konstant bleibt und danach nur noch unwesentlich abnimmt.

4.4.2. Ergebnisse der Vorausberechnungen bis 2000

Mit dem Basisszenarium, dessen wesentliche Hypothesen im vorangehenden Abschnitt angegeben sind, wurden Vorausberechnungen bis zum Jahre 2000 durchgeführt. Im Falle der Widerspruchsfreiheit des Szenariums erhält man als Ergebnis der Modellexperimente Zeitreihen für die Ergebnisgrößen des Modells bis zum Jahre 2000. Sie repräsentieren eine mögliche Variante der volkswirtschaftlichen Entwicklung, die sich als Konsequenz aus den Annahmen des Szenariums ergibt und den gegebenen Zielvorstellungen entspricht.

Bei Annahme der Hypothese A über die Fortschreibung der Trends der Fondsquote ist das Szenarium nicht konsistent, d. h., die aufgestellten Forderungen und Hypothesen sind in sich nicht widerspruchsfrei. Bedingt durch die relativ hohen Investitionsaufwendungen infolge des Falls der Fondsquote, ergeben sich ab 1985 größere Defizite in der Bilanz des Nettoproduktes.

Bei Annahme der Hypothese B, die von einer Stabilisierung der Fondsquote der neuen Fonds ausgeht, ist das Szenarium konsistent. Die in ihm getroffenen Annahmen sind in sich widerspruchsfrei. Dabei ergeben sich folgende Entwicklungen: Das Gesamtprodukt wächst mit einem durchschnittlichen Wachstumstempo von 3,6%, das produzierte Nationaleinkommen mit durchschnittlich 3,9%, die Arbeitsproduktivität mit durchschnittlich 4,2%. Das höhere Wachstumstempo der Arbeitsproduktivität im Vergleich zum Nationaleinkommen ist unter anderem dadurch begründet, daß die Anzahl der Berufstätigen in den produzierenden Bereichen zurückgeht (im Mittel etwa 0,3% pro Jahr). Dagegen wächst in Übereinstimmung mit dem Szenarium die Anzahl der Berufstätigen in den nichtproduzierenden Bereichen (etwa 1,5% pro Jahr) und erreicht im Jahre 2000 einen Anteil von 26% an der Gesamtzahl der Berufstätigen.

. Die Löhne und Renten wachsen mit dem geforderten Mindesttempo von 3 %. Die individuelle Konsumtion hat ein durchschnittliches Wachstumstempo von 2,4 % pro Jahr. Dabei steigen gleichzeitig die Ausgaben für Leistungen der nichtproduzierenden Bereiche jährlich um durchschnittliche 4 %. Die Geldakkumulation bleibt innerhalb der geforderten Grenzen.

Ebenfalls innerhalb der geforderten Grenzen entwickelt sich der Warensaldo. Der Außenhandelsumsatz wächst jährlich um durchschnittlich 4,0 % (in konstanten Preisen) bzw. 5,9 % (in effektiven Preisen).

Damit ergibt sich insgesamt ein konsistentes Szenarium mit allerdings noch relativ geringem Wachstumstempo von Nationaleinkommen und Arbeitsproduktivität. Die weitere Beschleunigung des Wachstumstempos dieser Kennziffern muß durch ein entsprechendes Wachstum der Fondsquote gesichert werden, wie es mit dem Kurs auf die umfassende Intensivierung in den RGW-Ländern angestrebt wird.

5. Ein mehrsektorales Reproduktionsmodell der Volkswirtschaft

Mit dem einsektoralen Reproduktionsmodell können konsistente Varianten der langfristigen Entwicklung volkswirtschaftlicher Hauptkennziffern berechnet werden. Für detaillierte Analysen und insbesondere für langfristige Planansätze müssen sie strukturell untersetzt werden. Deshalb wird gegenwärtig an einer Erweiterung zu einem mehrsektoralen Modell gearbeitet. Dabei ist zunächst eine Untersetzung der Hauptkennziffern nach Reproduktionskomplexen (im Sinne von Abschnitt 2.2.4.) vorgesehen.
Die Modellansätze und methodologischen Grundprinzipien sind im wesentlichen die gleichen wie im Kapitel 3. Der Übergang zu mehrsektoralen dynamischen Modellen ist aber mit einigen komplizierten Modellierungsproblemen verbunden, die im folgenden kurz skizziert werden.

5.1. Verallgemeinerung des einsektoralen Ansatzes

Die materiellen Bereiche der Volkswirtschaft werden nicht mehr als ein (einheitlicher) Komplex betrachtet, sondern untergliedert nach Teilkomplexen (Reproduktionskomplexen, Sektoren). Es steht dann die Aufgabe, für jeden dieser Teilkomplexe die Dynamik seiner Hauptkennziffern und ihre Wechselbeziehungen zu modellieren. Grundfondsdynamik und Entwicklung der Produktionskapazität sowie des Arbeitskräftebedarfs können für jeden Komplex in völliger Analogie zu den Ansätzen aus Kapitel 3 modelliert werden.

Grundfondsdynamik
Entsprechend Abschnitt 3.6.1. wird der Grundfondsbestand jedes Komplexes j unterteilt in

GPN_j – Grundfonds des Komplexes j, deren Nutzungsdauer kleiner als die normative ist, und

GPA_j – Grundfonds des Komplexes j, die über die normative Nutzungsdauer betrieben werden.

In Analogie zu (302), (303) gilt dann

(K 302) $GPN_j(T + 1) = (1 - VN_j) \cdot GPN_j(T) + F_j(T)$

(K 303) $GPA_j(T + 1) = (1 - W_j(T))\, GPA_j(T) + VN_j\, GPN_j(T)$.

Dabei bezeichnet $F_j(T)$ die im Jahr T fertiggestellten Investitionen des Komplexes j : $F_j(T) = C_j \cdot UNV_j(T)$.

Gesamtprodukt und Arbeitskräfte

In gleicher Weise können die Formeln (310) bis (313) der Dynamik der Effektivitätskoeffizienten, der Produktionskapazität (Gl. (320)) und des Arbeitskräftebedarfs (Gl. (321)) für jeden Sektor spezifiziert werden:

(K 310) $FQ_j(2, T + 1) = (1 - VN_j)FQ_j(2, T) + VN_j \cdot FQ_j(1, T)$

(K 311) $FQ_j(3, T + 1) = (1 - W_j(T)FQ_j(3, T) + W_j(T) \cdot FQ_j(2, T)$

(K 312) $AQ_j(2, T + 1) = (1 - VN_j)AQ_j(2, T) + VN_jAQ_j(1, T)$

(K 313) $AQ_j(3, T + 1) = (1 - W_j(T)AQ_j(3, T) + W_j(T)\, AQ_j(2, T)$

(K320) $XK_j(T + 1) = XK_j(T) + FQ1_j(T) \cdot F_j(T) - FQ3_j(T) \cdot W_j(T) \cdot$
$\cdot\, GPA_j(T)$

(K 321) $XA_j(T + 1) = XA_j(T) + AQ1_j(T) \cdot F_j(T) - AQ3_j(T) \cdot W_j(T) \cdot$
$\cdot\, GPA_j(T)$

Die Gesamtproduktion $X_j(T)$ jedes Komplexes sowie sein Arbeitskräftebedarf $BP_j(T)$ hängen von den im Abschnitt 3.6.2. beschriebenen Auslastungskoeffizienten AG und AA ab:

(K 330) $X_j(T) = AG_j(T)\,(XK_j[T + 1] + XK_j[T])/2$

(K 331) $BP_i(T) = AA_j(T)\,(XA_j[T + 1]) + XA_j[T])/2$.

Verbrauch von Material und produktiven Leistungen

In Verallgemeinerung der Ansätze der Abschnitte 3.6.3. bis 3.6.4. gilt für das Endproduktaufkommen $Y.A_j(T)$ des Komplexes j:

(K351) $Y.A_j(T) = X_j(T) - \sum_k m_{jk}(T)\,(X_k(T) + TZI_k\, ZX_k(T))$,

$m_{jk}(T)$ – Verbrauch von Material und produktiven Leistungen aus Komplex j pro Einheit Gesamtproduktion des Komplexes k.

Investitionsbedarf
Der Investitionsbedarf der materiellen Bereiche wird im einsektoralen Modell primär aus der mit XU, XO gegebenen Wachstumsorientierung der Volkswirtschaft abgeleitet (vgl. Gleichungen (410) bis (412), (420) bis (421), (431), (432)). Für ein mehrsektorales Modell ist dieses Herangehen nicht mehr praktikabel, da für jeden Sektor (Komplex) Vorgaben für die zu Beginn der Berechnungen im allgemeinen nicht bekannte strukturelle Entwicklung des gesellschaftlichen Gesamtproduktes erforderlich wären. Es wird deshalb für jeden Komplex k der Bedarf an Investitionsgütern aus dem Komplex j ($IP.B_{jk}$) aus der Menge F_k der im Komplex k fertigzustellenden Investitionen abgeleitet:

$$IP.B_{jk}(T) = \sum_{h=0}^{L} b_{jk}(T,h) F_k(T+h).$$

Dies ist der bekannte Ansatz verteilter Investitionsverzögerungen (lags), wobei L die maximale Zeitverzögerung und $b_{jk}(T, h)$ – der Bedarf an Investitionsgütern aus Komplex j im Jahr T für eine Einheit Grundfondszuwachs des Komplexes k im Jahr T + h ist.

Endproduktbedarf
Neben dem Investitionsbedarf der materiellen Bereiche sind zur Abschätzung des Gesamtbedarfs an Endprodukt der Bedarf an Investitionen der immateriellen Bereiche sowie der Konsumtionsbedarf und der Exportbedarf zu ermitteln. Dabei ist im allgemeinen genau wie bei den materiellen Bereichen auch eine weitere Untergliederung der immateriellen Bereiche erforderlich (z.B. nach Bedürfniskomplexen).

Generell kann man annehmen, daß m solcher Komplexe mit den Bedarfsmengen Y_k (k = 1, ..., m) existieren. Im einfachsten Fall wählen wir die gleiche Unterteilung wie im einsektoralen Reproduktionsmodell, d.h.

m = 4 und
Y_1 = IN Investitionen der immateriellen Bereiche
Y_2 = KG gesellschaftliche Konsumtion
Y_3 = KI individuelle Konsumtion
Y_4 = EX Export.

Für den Gesamtbedarf $Y.B_j$ an Endprodukt aus Komplex j ergibt sich dann

$$\text{(K 700)} \quad Y.B_j(T) = \sum_{k=1}^{n} \sum_{h=0}^{L} b_{jk}(T,h) F_k(T+h) + \sum_{k=1}^{m} a_{jk}(T) Y_k(T).$$

Die $a_{jk}(T)$ sind Anteilkoeffizienten, die die Bedarfsmengen $Y_k(T)$ strukturell auf die Reproduktionskomplexe aufteilen. n ist die Anzahl der Komplexe.

Mit den Formeln (K 310) bis (K 700) sind die wesentlichen Aufkommens- und

Bedarfsgrößen für jeden der Komplexe (Sektoren) der materiellen Bereiche modelliert. Auf die Modellierung des Importbedarfs und die Einbeziehung des Außenhandels in das Modell soll an dieser Stelle nicht eingegangen werden. Er erfolgt in Verallgemeinerung der Ansätze von Abschnitt 3.8.

5.2. Spezialfall: Das dynamische LEONTIEF-Modell

Um die Gleichungen (K 310) bis (K 700) zu einem Verflechtungsmodell zusammenzuführen, sind Annahmen über die Bilanzierung von Aufkommen und Bedarf erforderlich. Beim klassischen dynamischen Verflechtungsmodell nach LEONTIEF wird die Übereinstimmung von Aufkommen und Bedarf postuliert. Es entsteht ein Gleichgewichtsmodell, das auf folgenden Annahmen beruht:

1) $Y.A_j(T) = Y.B_j(T)$	Das Endproduktaufkommen jedes Komplexes j stimmt in jedem Jahr T mit dem Bedarf an Produkten aus diesem Komplex überein.
2) $X_j(T) = XK_j(T)$	Die Gesamtproduktion jedes Komplexes j stimmt in jedem Jahr T mit seiner Produktionskapazität überein.

Zur weiteren Vereinfachung des Modells wird angenommen:

3) $w_j(T) = 0$	Aussonderungen werden nicht berücksichtigt bzw. werden in den Koeffizienten $m_{jk}(T)$ des direkten Verbrauchs erfaßt (die m_{jk} sind dann nicht als Koeffizienten des Materialverbrauchs, sondern als Koeffizienten des Produktionsverbrauchs zu interpretieren).
4) $TZI_j = 0$.	Die Produktions- und Zirkulationszeiten werden vernachlässigt.

Unter diesen Annahmen reduziert sich das Modell (K 310) bis (K 700) auf die einfache Form

$$X_j(T) = \sum_{k=1}^{n} m_{jk}(T) X_k(T) + \sum_{k=1}^{n} \sum_{h=0}^{L} d_{jk}(T,h) \cdot$$

$$\cdot (X_k(T+1+k) - X_k(T+k)) + \sum_{k=1}^{m} a_{jk}(T) Y_k(T),$$

$$d_{jk}(T,h) = b_{jk}(T,h) FQ_k(1,T)^{-1}.$$

Dies ist die bekannte Form des dynamischen LEONTIEF-Modells. Bei gegebenen Bedarfsmengen $Y_k(T)$ lassen sich aus ihm die zur Deckung des gegebenen Bedarfs erforderlichen Entwicklungen der Gesamtproduktmengen $X_j(T)$ der Komplexe (Sektoren) j ermitteln.

Das dynamische LEONTIEF-Modell ist kompakt und sehr übersichtlich, für praktische Berechnungen aber meist nicht anwendbar. Die Ursache dafür liegt in der potentiellen Instabilität dieses Modelltyps, die eine Folge der Gleichgewichtsannahmen ist. Dadurch können selbst kleinste Änderungen in den Modellkoeffizienten oder Anfangswerten bei den Modellrechnungen sich als Fehler so fortpflanzen und verstärken, daß die erhaltenen Trajektorien für das Gesamtprodukt ökonomisch nicht mehr plausibel sind. Um dies zu verdeutlichen, sei kurz auf Experimente mit einem 7sektoralen volkswirtschaftlichen Verflechtungsmodell vom LEONTIEF-Typ hingewiesen.

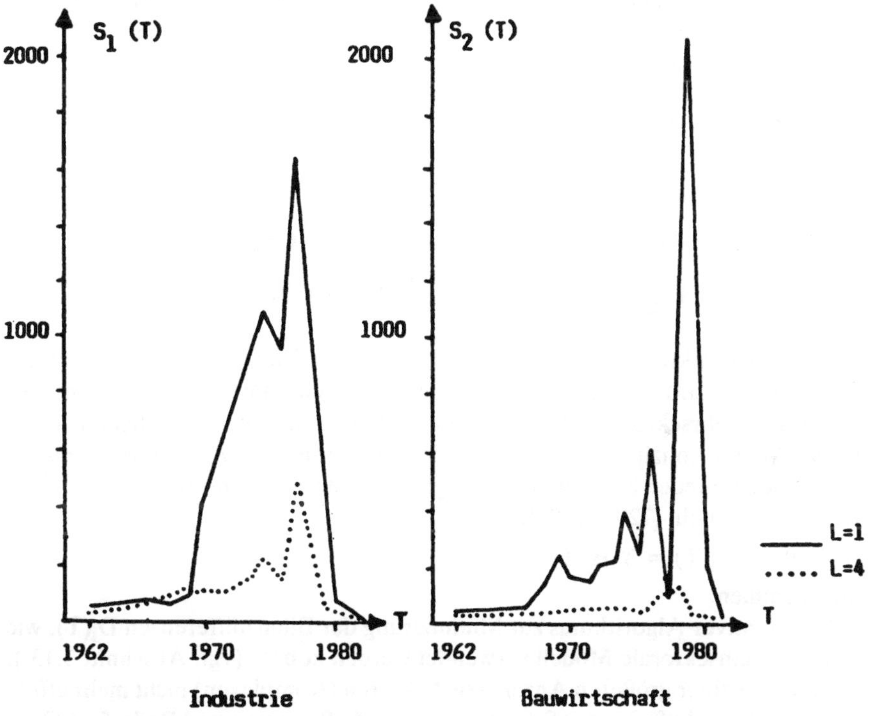

Abb. 5.1. Maximal mögliche Abweichung $S_j(T)$ der gestörten von der ungestörten Trajektorie des Gesamtproduktes für die Sektoren Industrie und Bauwirtschaft ohne (L = 1) und mit (L = 4) Berücksichtigung verteilter Zeitverzögerungen der Investitionen

Das Modell (vgl. KIGYÓSSY-SCHMIDT/SCHWARZ, 1983) beruht auf einer experimentellen dynamischen Verflechtungsbilanz der Jahre 1962 bis 1980. Mit Hilfe dieses Modells wurden bei gegebenen Nettoendproduktentwicklungen $Y_j(T)$ und gegebenen Gesamtproduktmengen $\hat{X}_j(T)$ der Periode nach 1980 (Nachplanperiode) zunächst die erforderlichen Trajektorien der Gesamtproduktentwicklung $\hat{X}_j(T)$ der Zweige ermittelt. Danach wurden bei unveränderten Modellkoeffizienten und unveränderter Nettoendproduktenentwicklung $Y_j(T)$ die Vorgabewerte $X_j(T)$ der Nachplanperiode geringfügig geändert (maximal ± 1 Einheit). Abbildung 5.1. zeigt die dabei erhaltenen maximalen Abweichungen

$$s_j(T) = |X_j(T) - \hat{X}_j(T)|$$

von der ursprünglich berechneten Trajektorie für die Sektoren Industrie und Bauwesen. Bei Annahme verteilter Zeitverzögerungen mit einem maximalen lag von L = 4 ergaben sich für die Industrie Maximalabweichungen für die Gesamtprodukttrajektorie von über 400 Einheiten, ohne Berücksichtigung des Investitionslags (L = 1) sogar über 1600 Einheiten.
Unter Berücksichtigung der Unsicherheiten bei der Vorgabe der Werte für die Nachplanperiode ist das mögliche Aufschaukeln von Fehlern auf über 400 % für praktische Berechnungen nicht mehr akzeptabel.

Die potentielle Instabilität des LEONTIEF-Modells ist seit langem bekannt (vgl. z. B. WURTELE, 1959), wird aber in den meisten Arbeiten über diesen Modelltyp nicht beachtet.

5.3. Ansatz des mehrsektoralen Nichtgleichgewichtsmodells

Für das mehrsektorale Reproduktionsmodell schied wegen der Instabilität des dynamischen LEONTIEF-Modells ein solcher Modellansatz von vornherein aus. Auch das mehrsektorale Modell mußte deshalb konsequent als Nichtgleichgewichts-Modell konzipiert werden. Für die Bilanzierung von Aufkommen und Bedarf wurde für jeden Komplex in Analogie zur Bilanzierung im einsektoralen Modell (vgl. Formeln (720) bis (722))

(K 720) $Y.A_j(T) = Y.B_j(T) + D_j(T)$

angenommen.

Ein iterativer Algorithmus zur Minimierung der Bilanzdifferenzen $D_j(T)$, wie er für das einsektorale Modell verwendet werden konnte (vgl. Abschnitt 3.13.), arbeitet bei einer größeren Anzahl von Sektoren (Komplexen) nicht mehr effektiv, so daß die Aufgabe der Bilanzierung von Aufkommen und Bedarf als Optimierungsaufgabe mit dem Ziel der Minimierung der Bilanzdifferenz, z. B. in der Form

$$\sum_{T=TA}^{TE} \sum_{j=1}^{n} |D_j(T)| \rightarrow \text{Min.}$$

formuliert wurde.

Damit kann die Bilanzierung auch für Aufgaben größerer Dimension sicher beherrscht werden.

5.4. Kopplung des mehrsektoralen und des einsektoralen Reproduktionsmodells

Testrechnungen zeigten, daß die Trajektorien $X_j(T)$ für die Gesamtproduktentwicklungen und die Investitionen $F_j(T)$ trotz Nichtgleichgewichtsansatzes noch beträchtliche Sprünge aufweisen können, die ökonomisch nicht plausibel sind. Solche sogenannte bang-bang-Trajektorien sind für Lösungen dynamischer Optimierungsaufgaben typisch. Um dieses Phänomen abzuschwächen, wird die mit dem einsektoralen Reproduktionsmodell erhaltene Trajektorie des gesellschaftlichen Gesamtproduktes X(T) mit einer geeigneten Toleranzbreite von $\pm TOL \cdot X(T)$ als Begrenzung für das mit dem mehrsektoralen Modell berechnete gesellschaftliche Gesamtprodukt verwendet. Die Optimierungsaufgabe ist dabei um die Nebenbedingungen

$$(1\text{-}TOL) \cdot X(T) \leq \sum_{j=1}^{n} X_j(T) \leq (1 + TOL) \cdot X(T), T = TA, \ldots, TE$$

zu erweitern.

Das Verflechtungsmodell hat damit weniger Freiheitsgrade, und die Trajektorien werden glatter. Gegebenenfalls sind analoge zusätzliche Restriktionen auch für die Investitionen und Aussonderungen der materiellen Bereiche einzuführen.

Das einsektorale Modell wird mit dem mehrsektoralen auf folgende Weise gekoppelt: Die mit dem einsektoralen Modell erhaltenen aggregierten Größen sind Eingangsinformationen für das mehrsektorale Modell und Vorgaben für die weitere strukturelle Untersetzung dieser Größen. Ein schwieriges methodologisches Problem, das bei dieser Kopplung zu lösen ist, besteht darin, daß zum Beginn der Rechnungen mit dem einsektoralen Modell Information über die strukturelle Entwicklung einiger Größen (d. h. Information aus dem mehrsektoralen Modell) benötigt wird. So stellt sich z. B. der Zusammenhang zwischen der gesamtvolkswirtschaftlichen Fondsquote FQ(1, T) und den Fondsquoten $FQ_j(1, T)$ der Sektoren wie folgt dar:

$$FQ(1, T) = \sum_{j=1}^{n} FQ_j(1, T) F_j(T) / F(T).$$

Das heißt, zur Abschätzung der Entwicklung der aggregierten Fondsquote FQ(1, T) ist Information über die Entwicklung der Verteilungsstruktur $F_j(T)/F(T)$ der Investitionen notwendig. Für den Zusammenhang zwischen aggregierten und desaggregierten Materialaufwandskoeffizienten gilt analog

$$MQ(T) = \sum_{i=1}^{n} \sum_{j=1}^{n} m_{ij}(T)\, X_j(T) / X(T),$$

wobei hier Information über die Struktur $X_j(T) / X(T)$ des Gesamtproduktes nach Sektoren benötigt wird. Demzufolge gibt es auch eine Rückkopplung vom mehrsektoralen zum einsektoralen Modell.

Zur Lösung dieses Problems wird ein iteratives Herangehen genutzt. Die volkswirtschaftlichen Effektivitätskennziffern FQ 1, AQ 1, MQ des einsektoralen Modells werden zunächst als exogene Größen betrachtet und durch Trendfortschreibungen, gegebenenfalls schon unter Berücksichtigung sektoraler Struktureffekte, geschätzt. Mit dem einsektoralen Modell werden dann die erforderlichen volkswirtschaftlichen Grundproportionen ermittelt und anschließend mit dem mehrsektoralen Modell strukturell untersetzt. Danach können die zunächst global geschätzten makroökonomischen Größen unter Berücksichtigung der Information über die Entwicklung der Sektoren korrigiert werden. Ergeben sich größere Abweichungen, so sind die makroökonomischen Berechnungen mit den korrigierten Eingangsdaten zu wiederholen. Dieser Iterationsprozeß wird so lange fortgesetzt, bis die Datensätze für das ein- und das mehrsektorale Modell konsistent sind.

Ein solches iteratives Herangehen ist gegenwärtig schon Praxis bei längerfristigen Planansatzberechnungen. Soll es modell- und rechnergestützt durchgeführt werden, so ergeben sich offensichtlich hohe Anforderungen an die Datenkommunikation zwischen den Modellen (bzw. zwischen den Entscheidungsebenen). Benötigt wird ein durchgängiges rechnergestütztes Informationssystem und ein Datenverwaltungskonzept, das verteilte Verarbeitung zuläßt. Der Aufbau entsprechender verteilter Datenfonds und Rechnernetze ist eine wichtige Aufgabe bei der weiteren Qualifizierung von Leitung und Planung des volkswirtschaftlichen Reproduktionsprozesses.

Anhang I

Eingabedaten des Dialogsystems der Reproduktion (DDR. 1)

Vorbemerkung

Die für einen Simulationslauf benötigten Eingabedaten sind im folgenden nach Sachgruppen aufgelistet. Innerhalb jeder Gruppe sind zu unterscheiden:

1. *Zielgrößen:* Für die Entwicklung der entsprechenden Kennziffer können Grenzwerte in Form von Unter- und Obergrenzen bzw. Orientierungswerte vorgegeben werden. Grenzwerte werden immer eingehalten, sofern nicht durch die Entscheidungsvariablen EU und EO eine Unter- bzw. Überschreitung der gesetzten Grenzen zugelassen wird.
   Orientierungswerte werden bei den Berechnungen berücksichtigt. Sie werden aber nur eingehalten, wenn sie nicht im Widerspruch zu anderen Kennziffern stehen.
2. *Zeitreihen:* Diese Größen sind für jedes Jahr fest vorzugeben.
3. *Anfangswerte:* Einigen Ergebnisgrößen sind Anfangswerte zuzuweisen. Es ist jeweils nur der Wert für das Basisjahr TA (bei Zustandsgrößen) oder für das davorliegende Jahr TA−1 (bei Flußgrößen) bereitzustellen.
4. *Konstante:* Diese Größen sind nicht zeitabhängig. Sie gelten jeweils für die gesamte Simulationsperiode.

Es ist außerdem zwischen Zustands-, Fluß- und sonstigen Größen zu unterscheiden. Die Variablen für Zustands- und Flußgrößen sind deshalb in der Bezeichnungsliste durch ihren Typ gekennzeichnet.

Es bedeutet:

ZA – Zustandsgröße; die Variable bezeichnet den Wert der Größe zu Beginn des Jahres;

ZE – Zustandsgröße; die Variable bezeichnet den Wert der Größe am Ende des Jahres;

ZM – Zustandsgröße; die Variable bezeichnet den mittleren Wert der Größe innerhalb des Jahres;

F – Flußgröße; die Variable bezeichnet den Gesamtwert des Flusses während eines Jahres.

Ist kein Typ angegeben, so ergibt sich der Wert der Variablen aus der Definition der entsprechenden Größe.

Die verwendeten Symbole lehnen sich weitestgehend an die von KNOP (1981) vorgeschlagene Standardsymbolik für Begriffe der sozialistischen Volkswirtschaft an. Ausnahmen sind vor allem folgende:

Die Verwendung von mathematischen Operationszeichen in derartigen Symbolen ist aus rechentechnischen Gründen unvorteilhaft. Es ist für die Programmierung rationell, wenn die Symbole in ökonomischen Texten und in Rechnerprogrammen identisch sind. Die von uns benutzten Programmiersprachen BASIC und PL1 erkennen jedoch Operationszeichen als Vorschriften für Rechenoperationen, was zu Fehlern beim Programmlauf führen würde.

Zuwächse bezeichnen wir analog zu einem Operator mit dem Buchstaben Z vor dem Symbol der betreffenden Größe.

Eingabedaten nach Blöcken

1. *Zeitraum der Vorausberechnung*

TA	Basisjahr (erstes Jahr der Simulationsperiode)
TE	Endjahr (letztes Jahr der Simulationsperiode)

2. *Bevölkerung/Arbeitskräfte*

2.1. *Zielgrößen*

		Maßeinheit	Typ
BQO (I, J, T)	Maximal möglicher Wert des Beschäftigtenquotienten der Altersgruppe J, Geschlecht I	1	–
BQU (I, J, T)	Minimal möglicher Wert des Beschäftigtenquotienten der Altersgruppe J, Geschlecht I (Beschäftigtenquotient: Anteil der Berufstätigen am Gesamtbestand der jeweiligen Gruppe)	1	–

		Maßeinheit	Typ
BNAO (T)	Maximaler Anteil der Berufstätigen der immateriellen Bereiche an der Gesamtanzahl der Berufstätigen	1	–
BNAU (T)	Minimaler Anteil der Berufstätigen der immateriellen Bereiche an der Gesamtanzahl der Berufstätigen	1	–
BNAOR (T)	Orientierungswert für Anteil der Berufstätigen der immateriellen Bereiche an der Gesamtanzahl der Berufstätigen	1	–

2.2. *Zeitreihen*

		Maßeinheit	Typ
MRT (I, J, T)	Mortalitätsrate der Altersgruppe J und des Geschlechtes I (I = 1: weiblich, I = 2: männlich)	10^{-3}	–
FER (J, T)	Fertilitätsrate: Lebendgeborene, die pro 1 000 Frauen der Altersgruppe J geboren werden	10^{-3}	–
MIG (T)	Migration	10^3	F

2.3. *Anfangswerte*

		Maßeinheit	Typ
BEV (I, J, TA)	Wohnbevölkerung des Geschlechtes I und der Altersgruppe J	10^3	ZA
BP (TA−1)	Berufstätige in materiellen Bereichen	10^3	ZM

2.4. *Konstante*

		Maßeinheit	Typ
NL	Anzahl der Altersgruppen pro Geschlecht	1	–

		Maßeinheit	Typ
NF1, NF2	erste, letzte Altersgruppe der Frauen im gebärfähigen Alter	1	–
NR1, NR2	erste Altersgruppe der Frauen, Männer im Rentenalter	1	–
NB1, NB2	erste, letzte Altersgruppe, für die Beschäftigtenquotienten gegeben sind	1	–
L(I, J)	Länge der Altersgruppe J des Geschlechtes I (I = 1: weiblich I = 2: männlich)	a	–
AS(I)	Sexualproportion: Anteil der Mädchen (I = 1) und der Jungen (I = 2) an den Lebendgeborenen	1	–
A(I, J)	Anteil der Altersgruppe J des Geschlechtes I an der Migration	1	–

3. *Produktion und Verwendung des gesellschaftlichen Gesamtproduktes und des Nationaleinkommens*

3.1. *Zielgrößen*

		Maßeinheit	Typ
XO(T)	Maximalwert des gesellschaftlichen Gesamtproduktes[1;2]	10^9 M	F
XU(T)	Minimalwert des gesellschaftlichen Gesamtproduktes[1;2]	10^9 M	F

[1] Grenzwerte bzw. Orientierungswerte für die Entwicklung des gesellschaftlichen Gesamtproduktes können für jedes Jahr (SELX = 1) oder nur für das Endjahr (SELX = 0) geschrieben werden.

[2] Die Werte können Grenz- oder Orientierungswerte sein, je nach Größe der Entscheidungsvariablen EU, EO.

		Maßeinheit	Typ
AKO (T)	Maximalanteil der gesellschaftlichen Konsumtion am verwendeten Nationaleinkommen[2]	1	–
AKU (T)	Minimalanteil der gesellschaftlichen Konsumtion am verwendeten Nationaleinkommen	1	–
AIO (T)	Maximalanteil der Investitionen in die immateriellen Bereiche am verwendeten Nationaleinkommen[2]	1	–
AIU (T)	Minimalanteil der Investitionen in die immateriellen Bereiche am verwendeten Nationaleinkommen[2]	1	–
QIU (T)	Minimale Wachstumsrate für Investitionen in die materiellen Bereiche	1/a	–
QIO (T)	Maximale Wachstumsrate für Investitionen in die materiellen Bereiche	1/a	–
VU (T)	Untergrenze	1/a	–
VOR (T)	Orientierungswert	1/a	–
VO (T)	Obergrenze für Aussonderungsrate der Grundfonds der materiellen Bereiche	1/a	–

3.2. *Entscheidungsvariable*

		Maßeinheit	Typ
EU (I, T)	0–1–Variable 1 bedeutet, daß bei Nichtübereinstimmung von Aufkommen und Bedarf eine Verletzung der geforderten *Untergrenze* für das Gesamtprodukt (I = 1), die Investitionen im materiellen Bereich (I = 2),	–	–

		Maßeinheit	Typ
	die individuelle Konsumtion (I = 3), die gesellschaftliche Konsumtion (I = 4), den Export-Import-Saldo (I = 5) zulässig ist. (Die entsprechenden Zielgrößen sind Orientierungswerte.) 0 bedeutet, daß eine Verletzung der entsprechenden Untergrenze nicht zulässig ist (Zielgröße ist Grenzwert).		
EO (I, T)	0-1-Variable Gleiche Bedeutung wie EU (I, T), nur bezüglich der *Obergrenzen*.	–	–

3.3. *Zeitreihen*

		Maßeinheit	Typ
FQ (1, T)	Fondsquote der Grundfonds	1	–
AQ (1, T)	Arbeitskräftebindung pro Einheit Grundfonds	10^{-6} M	–
MQ (1, T)	Materialeinsatz pro Einheit Gesamtprodukt (spezifischer Materialverbrauch), jeweils für bzw. mit Fonds, die im Jahr T neu sind	1	–
MQ (T)	Mittlerer Materialverbrauchskoeffizient: Anteil des Materialverbrauchs am Gesamtprodukt	1	–
UI (I, T)	Importanteil am Gesamtvolumen des Materialverbrauchs (I = 1), der Investitionen in die materiellen Bereiche (I = 2), der Investitionen in die immateriellen Bereiche (I = 3), der individuellen Konsumtion (I = 4), der gesellschaftlichen Konsumtion (I = 5)	1	–

		Maßeinheit	Typ
PEX (T)	Verhältnis des mittleren Exportpreises zum Inlandspreis (Exportumrechnungsfaktor)	VM/M	–
PIM (T)	Verhältnis des mittleren Importpreises zum Inlandspreis (Importumrechnungsfaktor)	VM/M	–
S (T)	Schichtauslastungskoeffizient der Grundmittel	1	–
TAZ (T)	Mittlere jährliche Nutzungsdauer der Grundmittel	h	–

4. *Primär-, Um- und Endverteilung des Nationaleinkommens*

4.1. *Zielgrößen*

		Maßeinheit	Typ
KSALO (T)	Maximalwert des kumulativen Export-Import-Saldos[1]	10^9 M	ZE
KSALU (T)	Minimalwert des kumulativen Export-Import-Saldos[1]	10^9 M	ZE
SPO (T)	Maximalwert[1] der Spareinlagen der Bevölkerung	10^9 M	ZE
SPU (T)	Minimalwert der Spareinlagen der Bevölkerung[1]	10^9 M	ZE
WPU (T)	Mindestwachstumstempo der Löhne und Gehälter in den materiellen Bereichen	1	–
WPO (T)	Maximales Wachstumstempo der Löhne und Gehälter in den materiellen Bereichen	1	–

[1] Grenz- oder Orientierungswerte, je nach Größe der Entscheidungsvariablen EU, EO.

		Maßeinheit	Typ
WNU (T)	Mindestwachstumstempo der Löhne und Gehälter in den immateriellen Bereichen	1	–
WNO (T)	Maximales Wachstumstempo der Löhne und Gehälter in den immateriellen Bereichen	1	–
WRU (T)	Mindestwachstumstempo der Renten	1	–
WRO (T)	Maximales Wachstumstempo der Renten	1	–

4.2. *Zeitreihen*

		Maßeinheit	Typ
ABZ (T)	Anteil der gesetzlichen Abzüge am Bruttoarbeitseinkommen	1	–
SST (T)	Anteil der sonstigen Steuern und Beiträge am Bruttoarbeitseinkommen	1	–
ANL (T)	Anteil der Ausgaben für nichtproduktive Leistungen am verbrauchswirksamen Einkommen der Bevölkerung	1	–
CS (T)	Sonstige Geldeinnahmen der Bevölkerung pro Kopf der Bevölkerung (außer Arbeitseinkommen und Renten)	M/a	–
UBZ (T)	Unbezahlter Verbrauch der Bevölkerung an Waren und produktiven Leistungen pro Kopf und Jahr	M/a	–

4.3. *Anfangswerte*

		Maßeinheit	Typ
KSAL (TA)	Kumulativer Export-Import-Saldo	10^9 M	ZA
SP (TA)	Spareinlagen der Bevölkerung	10^9 M	ZA

		Maßeinheit	Typ
BG (TA)	Bargeldumlauf bei der Bevölkerung	10^9 M	ZA
GEV (TA−1)	Verbrauchswirksames Geldeinkommen der Bevölkerung	10^9 M	F
NEV (TA−1)	Im Inland verwendetes Nationaleinkommen	10^9 M	F
LP (TA−1)	Mittlerer Jahreslohn in materiellen Bereichen	10^6 M	–
LN (TA−1)	Mittlerer Jahreslohn in immateriellen Bereichen	10^6 M	–
LR (TA−1)	Mittlere Jahresrente	10^6 M	–

4.4. *Konstante*

		Maßeinheit	Typ
ALP	Anteil der Wachstumsrate der Löhne und Gehälter in den materiellen Bereichen an der Wachstumsrate der Arbeitsproduktivität[1]	1	–
ALN	Anteil der Wachstumsrate der Löhne und Gehälter in den immateriellen Bereichen an der Wachstumsrate des verwendeten Nationaleinkommens[1]	1	–
ALR	Anteil der Wachstumsrate der Renten an der Wachstumsrate des verwendeten Nationaleinkommens[1]	1	–
ZI	Zinsen der Spareinlagen (Zinssatz)	1/a	–
TVG	Mittlere Zirkulationszeit der Bargeldbestände bei der Bevölkerung	a	–

[1] Orientierungswert.

Anhang II

Ergebnisgrößen des Dialogsystems der Reproduktion (DDR. 1)

1. *Bevölkerung/Arbeitskräfte*

		Maßeinheit	Typ
BEVG (T)	Wohnbevölkerung insgesamt	10^3	ZM
BEVA (T)	Wohnbevölkerung im arbeitsfähigen Alter	10^3	ZM
BEVK (T)	Kinder	10^3	ZM
BEVR (T)	Rentner	10^3	ZM
B (T)	Berufstätige insgesamt	10^3	ZM
BP (T)	Berufstätige in den materiellen Bereichen	10^3	ZM
BN (T)	Berufstätige in den immateriellen Bereichen	10^3	ZM

2. *Produktion und Verwendung des gesellschaftlichen Gesamtprodukts und des Nationaleinkommens*

		Maßeinheit	Typ
X (T)	Gesellschaftliches Gesamtprodukt	10^9 M	F
NEP (T)	Produziertes Nationaleinkommen	10^9 M	F
NEV (T)	Im Inland verwendetes Nationaleinkommen	10^9 M	F

		Maßeinheit	Typ
KI (T)	Individuelle Konsumtion	10^9 M	F
KG (T)	Gesellschaftliche Konsumtion	10^9 M	F
IN (T)	Investitionen in die immateriellen Bereiche	10^9 M	F
IP (T)	Investitionen in die materiellen Bereiche	10^9 M	F
UNV (T)	Unvollendete Investitionen	10^9 M	ZA
GP (T)	Grundfonds der materiellen Bereiche	10^9 M	ZA
GPN (T)	Grundfonds der materiellen Bereiche, deren augenblickliche Nutzungsdauer kleiner als die normative ist	10^9 M	ZA
GPA (T)	Grundfonds der materiellen Bereiche, deren Nutzungsdauer größer als die normative ist	10^9 M	ZA
EX (T)	Export in Inlandsmark	10^9 M	F
IM (T)	Import in Inlandsmark	10^9 M	F
IMV (T)	Import in Valutamark	10^9 VM	F
EXV (T)	Export in Valutamark	10^9 VM	F
SAL (T)	Warensaldo in Inlandsmark	10^9 M	F
SALV (T)	Warensaldo in Valutamark	10^9 VM	F
KSAL (T)	Kumulativer Warensaldo in Valutamark	10^9 VM	ZA
AHU (T)	Außenhandelsumsatz in Inlandsmark	10^9 M	F
AHUV (T)	Außenhandelsumsatz in Valutamark	10^9 VM	F
U (T)	Materielle Umlauf- und Zirkulationsfonds	10^9 M	ZA
MP (T)	Materialverbrauch der materiellen Produktion	10^9 M	F
AM (T)	Amortisationen	10^9 M	F
V (T)	Aussonderungsrate der Grundmittel der materiellen Bereiche	1/a	–

3. *Produktivitäts- und Effektivitätskennziffern*

		Maßeinheit	Typ
XP (T)	Gesamtprodukt pro Berufstätigen in der materiellen Produktion	10^3 M	-
XPT (T)	Gesamtprodukt pro Berufstätigen in der materiellen Produktion und pro Stunde	M/h	-
NP (T)	Nettoprodukt pro Berufstätigen in der materiellen Produktion (Nettoproduktivität, Arbeitsproduktivität)	10^3 M	-
NPT (T)	Nettoprodukt pro Berufstätigen in der materiellen Produktion und pro Stunde	M/h	-
FQ (T)	Mittlere Fondsquote der Grundfonds	1	-
AQ (T)	Mittlere Arbeitskräftebindung je Mio M Grundfonds	10^{-6} M	-
MQ (T)	Mittlere Materialintensität (spezifischer Materialverbrauch)	1	-
FQ (I, T)	Fondsquote der Grundfonds	1	-
AQ (I, T)	Arbeitskräftebindung pro Einheit Grundfonds	10^{-6} M	-
MQ (I, T)	Materialeinsatz pro Einheit Gesamtproduktion (spezifischer Materialverbrauch) jeweils für bzw. mit Fonds, deren normative Nutzungsdauer noch nicht überschritten ist (I = 2) oder die über die normative Nutzungsdauer hinaus betrieben werden (I = 3)	1	-
RF (T)	Fondsrentabilität (Reineinkommen der Gesellschaft je Einheit Produktionsfonds)	1	-

4. *Primär- und Umverteilung des Nationaleinkommens*

		Maßeinheit	Typ
NEP (T)	Produziertes Nationaleinkommen	10^9 M	F
NEV (T)	Im Inland verwendetes Nationaleinkommen	10^9 M	F
RE (T)	Reineinkommen der Gesellschaft	10^9 M	F
LP (T)	Mittleres Arbeitseinkommen pro Jahr und Berufstätiger der materiellen Bereiche	M	–
LN (T)	Mittleres Arbeitseinkommen pro Jahr und Berufstätiger der immateriellen Bereiche	M	–
LR (T)	Mittlere Jahresrente	M	–
AEB (T)	Bruttoarbeitseinkommen der Bevölkerung	10^9 M	F
GEB (T)	Bruttogeldeinnahmen der Bevölkerung	10^9 M	F
NG (T)	Nettogeldeinnahmen der Bevölkerung	10^9 M	F
GEV (T)	Verbrauchswirksame Geldeinnahmen der Bevölkerung	10^9 M	F
GA (T)	Geldakkumulation der Bevölkerung	10^9 M	F
BG (T)	Bargeldbestände bei der Bevölkerung	10^9 M	ZA
SP (T)	Spareinlagen der Bevölkerung	10^9 M	ZA
A (T)	Akkumulation	10^9 M	F
AP (T)	Produktive Akkumulation	10^9 M	F
KI (T)	Individuelle Konsumtion	10^9 M	F
KG (T)	Fonds für gesellschaftliche Konsumtion	10^9 M	F

5. *Zustandsinformation über Verlauf der Vorausberechnungen*

		Maßeinheit	Typ
Y.A (T)	Endproduktaufkommen	10^9 M	F
DU (T)	Differenz aus Endproduktaufkommen und minimalem Bedarf	10^9 M	–
DO (T)	Differenz aus Endproduktaufkommen und Maximalbedarf Falls DU (T) < 0 bzw. DO (T) > 0, wirken die im Anhang I, 3.2., beschriebenen Entscheidungsvariablen EU bzw. EO.	10^9 M	–

ZUST (I, T)	Zustandsvariable, die (falls ZUST (I, T) $\neq 0$) das Eintreten kritischer Zustände im Jahr T signalisiert, und zwar
ZUST (1, T) = −1:	zuwenig Arbeitskräfte im Verhältnis zu den vorhandenen Grundfonds;
ZUST (1, T) = +1:	zuviel Arbeitskräfte im Verhältnis zu den vorhandenen Grundfonds;
ZUST (2, T) = +1:	zuviel Arbeitskräfte im Verhältnis zur notwendigen Gesamtproduktion;
ZUST (2, T) = −1:	zuwenig Arbeitskräfte im Verhältnis zur notwendigen Gesamtproduktion;
ZUST (3, T) = −1:	zuwenig Arbeitskräfte für das notwendige Investitionsvolumen zur Erreichung der Orientierungswerte der Gesamtproduktion;
ZUST (3, T) = +1:	zuviel Arbeitskräfte für das notwendige Investitionsvolumen zur Erreichung der Orientierungswerte der Gesamtproduktion;
ZUST (4, T) = −1:	Wachstumsrate der Investitionen ist an zulässiger Untergrenze und
ZUST (4, T) = +1:	Wachstumsrate der Investitionen ist an zulässiger Obergrenze.

		Maßeinheit	Typ
Außerdem für I = 5, 6, 7:	Wachstumstempo der Löhne im materiellen Bereich (I = 5), der Löhne im immateriellen Bereich (I = 6) oder der Renten (I = 7) ist an zulässige Obergrenze gestoßen (ZUST [I, T] = +1), Untergrenze gestoßen (ZUST [I, T] = −1).		

Anhang III

Modellgleichungen des Dialogsystems der Reproduktion (DDR.1)

1. Demographiemodell

(101) $$BEV(I,1,T+1) = (1 - MRT(I,1,T)) \cdot BEV(I,1,T) + AS(I) \cdot LG(T)$$

(102) $$BEV(I,K,T+1) = \left(1 - MRT(I,K,T) - \frac{1}{L(I,K)}\right) \cdot BEV(I,K,T) + \frac{1}{L(I,K-1)} \cdot BEV(I,K-1,T) + A(I,K) \cdot MIG(T)$$

(103) $$BEV(I,NL,T+1) = (1 - MRT(I,NL,T))\, BEV(I,NL,T) + \frac{1}{L(I,NL-1)} \cdot BEV(I,NL-1,T) + A(I,NL) \cdot MIG(T)$$

(104) $$LG(T) = \sum_{K=NF1}^{NF2} FER(K,T) \cdot BEV(1,K,T)$$

(105) $$BEVK(T) = \sum_{I=1,2} \sum_{K=1}^{NB1-1} \tfrac{1}{2}(BEV(I,K,T) + BEV(I,K,T+1))$$

(107) $$BEVR(T) = \sum_{I=1,2} \sum_{K=NR(I)}^{NL} \tfrac{1}{2}(BEV(I,K,T) + BEV(I,K,T+1))$$

(108) $$BEVG(T) = BEVK(T) + BEVA(T) + BEVR(T)$$

2. *Block AK:* Arbeitskräfteaufkommen, Verteilung auf materielle und immaterielle Bereiche

Arbeitskräftepotential:

(201) $$BU(T) = \sum_{i=1,2} \sum_{K=NB1}^{NB2} BQU(I,K,T) \cdot (BEV(I,K,T) + BEV(I,K,T+1))/2$$

(202) $$BO(T) = \sum_{i=1,2} \sum_{K=NB1}^{NB2} BQO(I,K,T) \cdot (BEV(I,K,T) + BEV(I,K,T+1))/2$$

(203) $BPU(T) = (1 - BNAO(T)) \cdot BU(T)$

(204) $BPO(T) = (1 - BNAU(T)) \cdot BO(T)$

Aufteilung der Arbeitskräfte auf produzierende und nichtproduzierende Bereiche:

(210) $BMIN(T) = \max(1 - BP(T)/BU(T), BNAU(T))$

(211) $BMAX(T) = \min(1 - BP(T)/BO(T), BNAO(T))$

(212) $BNA1(T) = \min(BMAX(T), BNAOR(T))$

(213) $BNA(T) = \max(BMIN(T), BNA(T))$

(214) $BN(T) = BP(T) \cdot BNA(T)/(1 - BNA(T))$

(215) $B(T) = (BP(T) + BN(T)$

3. *Block P:* Gesellschaftliches Gesamtprodukt und Nettoprodukt

Grundfondsdynamik:

(301) $UNV(T+1) = (1 - C) \cdot UNV(T) + IP(T)$

(302) $GPN(T+1) = (1 - VN) \cdot GPN(T) + C \cdot UNV(T)$

(303) $GPA(T+1) = (1 - W(T)) \cdot GPA(T) + VN \cdot GPN(T)$

(304) $GP(T) = GPN(T) + GPA(T)$

(305) $V(T) = W(T) \cdot GPA(T)/GP(T)$

Dynamik der Effektivitätskennziffern:

(310) $FQ(2,T+1) = (1 - VN) \cdot FQ(2,T) + VN \cdot FQ(1,T)$

(311) $FQ(3,T+1) = (1 - W(T)) \cdot FQ(3,T) + W(T) \cdot FQ(2,T)$

(312) $AQ(2,T+1) = (1 - VN) \cdot AQ(2,T) + VN \cdot AQ(1,T)$

(313) $AQ(3,T+1) = (1 - W(T)) \cdot AQ(3,T) + W(T) \cdot AQ(2,T)$

(314) $MQ(2,T+1) = (1 - VN) \cdot MQ(2,T) + VN \cdot MQ(1,T)$

(315) $MQ(3,T+1) = (1 - W(T)) \cdot MQ(3,T) + W(T) \cdot MQ(2,T)$

Produktionskapazität und Arbeitskräftebindung:

(320) $XK(T+1) = XK(T) + FQ(1,T) \cdot C \cdot UNV(T) - FQ(3,T) \cdot W(T) \cdot \cdot GPA(T)$

(321) $XA(T+1) = XA(T) + AQ(1,T) \cdot C \cdot UNV(T) - AQ(3,T) \cdot W(T) \cdot \cdot GPA(T)$

Auslastungskoeffizienten:

(323) $$S(T) = \frac{1}{n} \sum_{I=1}^{n} I \cdot AS(I,T)$$

(324) $$TAZ(T) = \sum_{I=1}^{n} I \cdot AS(I,Z) \cdot TG(I,T) \cdot AT(I,T)$$

(325) $$AA1(T) = \begin{cases} 1 & \text{falls } BPU(T) \leq S(T) \cdot XAM(T) \leq BPO(T) \\ BPU(T)/(S(T) \cdot XAM(T)) & \text{falls } S(T) \cdot XAM(T) \leq BPU(T) \\ BPO(T)/(S(T) \cdot XAM(T)) & \text{falls } S(T) \cdot XAM(T) \geq BPO(T) \end{cases}$$

mit $XAM(T) = (XA(T) + XA(T+1))/2$

(326) $$AG1(T) = \begin{cases} 1 & \text{falls } AA1(T) = 1 \\ AA1(T) & \text{falls } AA1(T) < 1 \end{cases}$$

(327) $AG(T) = AG1(T) \cdot TAZ(T)/TTZ$

(328) $AA(T) = AA1(T) \cdot S(T)$

Gesamtprodukt, Arbeitskräfte der produzierenden Bereiche:

(330) $X(T) = AG(T)\,(XK(T) + XK(T+1))/2$

(331) $BP(T) = AA(T)\,(XA(T) + XA(T+1))/2$

Materialverbrauch (Variante 1):

(340) $MP(T) = MQ(T) \cdot X(T)$

Materialverbrauch (Variante 2):

(341) $XM(T+1) = XM(T) + MQ(1,T) \cdot FQ(1,T) \cdot C \cdot UNV(T) - MQ(3,T) \cdot FQ(3,T) \cdot W(T) \cdot GPA(T)$

(342) $MP(T) = AG(T)\,(XM(T) + XM(T+1))/2$

Bestandsänderungen der Produktionsvorräte:

(343) $ZU(T) = TZI \cdot MQ(T) \cdot ZX(T)$

Produziertes Nationaleinkommen:

(350) $NEP(T) = X(T) - MP(T) - VN \cdot GPN(T)$

Inlandsaufkommen der Endproduktverwendung:

(351) $Y.A(T) = X(T) - (1 - UI(1,T)) \cdot MP(T) - (1 - UI(1,T)) \cdot MQ(T) \cdot TZI \cdot ZX(T)$

4. *Block AIB:* Investitions- und Arbeitskräftebedarf der produzierenden Bereiche

Interpolation der Orientierungswerte für X:

(401) $XWU(T) = (XU(TE)/X(T-1))^{1/TE-T+1}$

(402) $XWO(T) = (XO(TE)/X(T-1))^{1/TE-T+1}$

(403) $XU(T+K) = X(T-1) \cdot XWU(T)^{K+1}$

(404) $XO(T+K) = X(T-1) \cdot XWO(T)^{K+1}$

für $K = 0, 1, \ldots, TE - T$, $T < TE - 1$ (gilt für (403) und (404))

(405) $XU(TE+1) = X(TA)\,(XU(TE)/X(TA))^{(TE-TA+2)/(TE-TA+1)}$

(406) $XO(TE+1) = X(TA)\,(XO(TE)/X(TA))^{(TE-TA+2)/(TE-TA+1)}$

Grenzen für Investitionsbedarf entsprechend der gegebenen Wachstumsorientierung (XU, XO):

$$(410)\quad HX(T) = \left(FQ(3,T)\cdot W(T) + \frac{1-W(T)}{2} FQ(3,T+1)\cdot W(T+1)\right)\cdot \cdot GPA(T) + \frac{VN}{2}\cdot FQ(3,T+1)\cdot W(T+1)\cdot GPN(T) - - \left(FQ(1,T) + \frac{1-C}{2}\cdot FQ(1,T+1)\right)\cdot C\cdot UNV(T)$$

$$(411)\quad IUX(T) = \frac{2}{C\cdot FQ(1,T+1)}\cdot\left(\frac{XU(T+1)}{AG(T+1)} - HX(T)\right)$$

$$\text{mit } W(T+1) = \frac{GPA(T+1)}{GP(T+1)}\cdot VU(T+1)$$

$$(412)\quad IOX(T) = \frac{2}{C\cdot FQ(1,T+1)}\cdot\left(\frac{XO(T+1)}{AG(T+1)} - HX(T)\right)$$

$$\text{mit } W(T+1) = \frac{GPA(T+1)}{GP(T+1)}\cdot VO(T+1)$$

Grenzen des Investitionsvolumens aus dem Arbeitskräftepotential:

$$(420)\quad HB(T) = \left(AQ(3,T)\cdot W(T) + \frac{1-W(T)}{2} AQ(3,T+1)\cdot W(T+1)\right)\cdot \cdot GPA(T) + \frac{VN}{2}\cdot AQ(3,T+1)\cdot W(T+1)\cdot GPN(T) - - \left(AQ(1,T) + \frac{1-C}{2}\cdot AQ(1,T+1)\right)\cdot C\cdot UNV(T)$$

$$(421)\quad IUB(T) = \frac{2}{C\cdot AQ(1,T+1)}\cdot\left(\frac{BPU(T+1)}{AB(T+1)} - HB(T)\right),$$

$$\text{mit } W(T+1) = \frac{GPA(T+1)}{GP(T+1)}\cdot VU(T+1)$$

$$(422)\quad IOB(T) = \frac{2}{C\cdot AQ(1,T+1)}\cdot\left(\frac{BPO(T+1)}{AB(T+1)} - HB(T)\right),$$

$$\text{mit } W(T+1) = \frac{GPA(T+1)}{GP(T+1)}\cdot VO(T+1)$$

Vergleich der Grenzen und ZUST-Signalisation bei Widersprüchen:

$$(430)\quad ZUST(3,T) = \begin{cases} 1 \text{ falls } IOX(T) < IUB(T) \\ -1 \text{ falls } IOB(T) < IUX(T) \\ 0 \text{ sonst} \end{cases}$$

Modifizierter Investitionsbedarf:

$$(431)\quad IPU(T) = \begin{cases} IOB(T) \text{ falls } IOB(T) < IUX(T) \\ IUB(T) \text{ falls } IOX(T) < IUB(T) \\ \max(IUX(T), IUB(T)) \text{ sonst} \end{cases}$$

$$(432)\quad IPO(T) = \begin{cases} IOB(T) \text{ falls } IOB(T) < IUX(T) \\ IUB(T) \text{ falls } IOX(T) < IUB(T) \\ \min(IOX(T), IOB(T) \text{ sonst} \end{cases}$$

Grenzen der Aussonderungsrate entsprechend den Gesamtproduktgrenzen XU, XO:

$$(440)\quad WUX(T) = \frac{2 \cdot (XK(T) - XO(T)/AG(T)) + FQ(1,T) \cdot C \cdot UNV(T)}{FQ(3,T) \cdot GPA(T)}$$

$$(441)\quad WOX(T) = \frac{2 \cdot (XK(T) - XU(T)/AG(T)) + FQ(1,T) \cdot C \cdot UNV(T)}{FQ(3,T) \cdot GPA(T)}$$

Grenzen der Aussonderungsrate entsprechend dem Arbeitskräftepotential (BPU, BPO):

$$(442)\quad WUB(T) = \frac{2 \cdot (XA(T) - BPO(T)/AB(T)) + AQ(1,T) \cdot C \cdot UNV(T)}{AQ(3,T) \cdot GPA(T)}$$

$$(443)\quad WOB(T) = \frac{2 \cdot (XA(T) - BPU(T)/AB(T)) + AQ(1,T) \cdot C \cdot UNV(T)}{AQ(3,T) \cdot GPA(T)}$$

Grenzen der Aussonderungsrate entsprechend den Eingabedaten (VU, VO):

$$(444)\quad WU1(T) = UV(T) \cdot VU(T)$$

$$(445)\quad WO1(T) = WV(T) \cdot VO(T),$$
$$\text{mit } WV(T) = GP(T)/GPA(T)$$

Vergleich der Grenzen und ZUST-Signalisation bei Widersprüchen:

$$(450)\quad ZUST(1,T) = \begin{cases} -1 \text{ falls } WUB(T) > WO1(T) \\ 1 \text{ falls } WU1(T) > WOB(T) \\ 0 \text{ sonst} \end{cases}$$

$$(451)\quad ZUST(2,T) = \begin{cases} -1 \text{ falls } WUB(T) > WOX(T) \\ 1 \text{ falls } WUX(T) > WOB(T) \\ 0 \text{ sonst} \end{cases}$$

Modifizierte Grenzen für die Aussonderungsrate:

$$(452)\quad WU(T) = \begin{cases} WO1(T) \text{ falls } WUB(T) > WO1(T) \\ WU1(T) \text{ falls } WOB(T) < WU1(T) \\ WOB(T) \text{ falls } WOB(T) < WUX(T) \\ WUB(T) \text{ falls } WOX(T) < WUB(T) \\ \max(WUX(T), WUB(T)) \text{ sonst} \end{cases}$$

$$(453)\quad WO(T) = \begin{cases} WU(T) \text{ falls } ZUST(1,T) \neq 0 \text{ oder } ZUST(2,T) \neq 0 \\ \min(WOX(T), WOB(T)) \text{ sonst} \end{cases}$$

5. *Block EIB:* Import-Export-Bedarf

Interpolation der Orientierungswerte für KSAL:

(501) $KWU(T) = (KSALU(T)/KSAL(T))^{1/TE - T + 1}$

(502) $KWO(T) = (KSALO(T)/KSAL(T))^{1/TE - T + 1}$

(503) $KSALU(T + 1) = KSAL(T) \cdot KWU(T)$

(504) $KSALO(T + 1) = KSAL(T) \cdot KWO(T)$

Importbedarf:

(510) $IM.B = f(MP, IP.B, IN.B, KI.B, KG.B) = UI(1,T) \cdot (MP(T) + TZI \cdot ZMP(T)) + UI(2,T) \cdot IP.B(T) + UI(3,T) \cdot IN.B(T) + UI(4,T) \cdot KI.B(T) + UI(5,T) \cdot KG.B(T)$

(511) $IMU(T) = f(MP, IPU(T), INU(T), KIU(T), KGU(T))$

(512) $IMO(T) = f(MP, IPO(T), INO(T), KIO(T), KGO(T))$

(513) $IMVU(T) = PIM(T) \cdot IMU(T)$

(514) $IMVO(T) = PIM(T) \cdot IMO(T)$

Notwendiges Exportaufkommen:

(515) $SALVU(T) = KSALU(T + 1) - KSAL(T)$

(516) $SALVO(T) = KSALO(T + 1) - KSAL(T)$

(517) $EXVU(T) = SALVU(T) + IMVU(T)$

(518) $EXVO(T) = SALVO(T) + IMVO(T)$

(519) $EXU(T) = EXVU(T)/PEX(T)$

(520) $EXO(T) = EXVO(T)/PEX(T)$

6. *Block KIB:* Bedarf der individuellen und gesellschaftlichen Konsumtion, Investitionsbedarf der immateriellen Sphäre

Verwendetes Nationaleinkommen, gesellschaftliche Konsumtion und Investitionen in die immaterielle Sphäre:

(601) $NEV(T) = NEP(T) - SAL(T)$

(602) $INU(T) = AIU(T) \cdot NEV(T)$

(603) $INO(T) = AIO(T) \cdot NEV(T)$

(604) $KGU(T) = AKU(T) \cdot NEV(T)$

(605) $KGO(T) = AKO(T) \cdot NEV(T)$

Wachstumstempo der Löhne und Renten und ZUST-Signalisierung:

(610) $$WP1(T) = ALP\left(\frac{X(T)}{BP(T)} \cdot \frac{BP(T-1)}{X(T-1)} - 1\right)$$

(611) $WP2(T) = \min(WA1(T), WPO(T))$

(612) $WP(T) = \max(WP2(T), WPU(T))$

(613) $$ZUST(5,T) = \begin{cases} +1 \text{ falls } WP1(T) > WPO(T) \\ -1 \text{ falls } WP1(T) < WPU(T) \\ 0 \text{ sonst} \end{cases}$$

(620) $$WN1(T) = ALN\left(\frac{NEV(T)}{NEV(T-1)} - 1\right)$$

(621) $WN2(T) = \min(MN1(T), WNO(T))$

(622) $WN(T) = \max(WN2(T), WNU(T))$

(623) $$ZUST(6,T) = \begin{cases} +1 \text{ falls } WN1(T) > WNO(T) \\ -1 \text{ falls } WN1(T) < WNU(T) \\ 0 \text{ sonst} \end{cases}$$

(630) $$WR1(T) = ALR\left(\frac{NEV(T)}{NEV(T-1)} - 1\right)$$

(631) $WR2(T) = \min(WR1(T), WRO(T))$

(632) $WR(T) = \max(WR2(T), WRU(T))$

(633) $ZUST(7,T) = \begin{cases} +1 \text{ falls } WR1(T) > WRO(T) \\ -1 \text{ falls } WR1(T) < WRU(T) \\ 0 \text{ sonst} \end{cases}$

Geldeinnahmen der Bevölkerung:

(640) $LP(T) = (1 + WP(T))\, LP(T-1)$

(641) $LN(T) = (1 + WN(T))\, LN(T-1)$

(642) $LR(T) = (1 + WR(T))\, LR(T-1)$

(643) $AEB(T) = LP(T) \cdot BP(T) + LN(T) \cdot BN(T)$

(644) $GEB(T) = AEB(T) + LR(T) \cdot BEVR(T) + CS(T) \cdot BEVG(T)$

(645) $NG(T) = GEB(T) - AEB(T) \cdot ABZ(T)$

Interpolation der Orientierungswerte für die Spareinlagen:

(650) $KSU(T) = (SPU(TE)/SP(T))^{1/TE-T+1}$

(651) $KSO(T) = (SPO(TE)/SP(T))^{1/TE-T+1}$

(652) $SPU(T+1) = SPU(T) \cdot KSU(T)$

(653) $SPO(T+1) = SPO(T) \cdot KSO(T)$

Geldakkumulation:

(660) $$GAU(T) = (NG(T) - SST(T) \cdot GEB(T))\frac{TVG}{1+TVG} + \frac{SPU(T+1) - (1+ZI)\, SP(T)}{TVG}$$

(661) $$GAO(T) = (NG(T) - SST(T) \cdot GEB(T))\frac{TVG}{1+TVG} + \frac{SPO(T+1) - (1+ZI)\, SP(T)}{TVG}$$

Verbrauchswirksame Geldeinnahmen:

(670) $GEVU(T) = NG(T) - SST(T) \cdot GEB(T) - GAO(T)$

(671) $GEVO(T) = NG(T) - SST(T) \cdot GEB(T) - GAU(T)$

Grenzen für Fonds der individuellen Konsumtion:

(672) $KIU(T) = GEVU(T)\,(1 - ANL(T)) + UBZ(T) \cdot BEVG(T)$

(673) $KIO(T) = GEVO(T)\,(1 - ANL(T)) + UBZ(T) \cdot BEVG(T)$

7. *Block B:* Bilanzierung von Aufkommen und Bedarf

Exogene Begrenzung der Wachstumsrate der Investitionen:

(701) $IPU(T) = \max(IPU(T), QIU(T) \cdot IP(T-1)), T > 1$

(702) $IPO(T) = \min(IPO(T), QIO(T) \cdot IP(T-1)), T > 1$

Normierungsgrößen:

(710) $IPM(T) = (IPO(T) + IPU(T))/2, IPD(T) = IPO(T) - IPU(T)$

(711) $INM(T) = (INO(T) + INU(T))/2, IND(T) = INO(T) - INU(T)$

(712) $KIM(T) = (KIO(T) + KIU(T))/2, KID(T) = KIO(T) - KIU(T)$

(713) $KGM(T) = (KGO(T) + KGU(T))/2, KGD(T) = KGO(T) - KGU(T)$

(714) $EXM(T) = (EXO(T) + EXU(T))/2, EXD(T) = EXO(T) - EXU(T)$

(715) $SU(T) = EU(1,T) \cdot IPU(T) + EU(2,T) \cdot INU(T) + EU(3,T) \cdot KIU(T) + EU(4,T) \cdot KGU(T) + EU(5,T) \cdot EXO(T)$

(716) $SO(T) = EO(1,T) \cdot IPO(T) + EO(2,T) \cdot INO(T) + EO(3,T) \cdot KIO(T) + EO(4,T) \cdot KGO(T) + EO(5,T) \cdot EXO(T)$

(717) $SD(T) = IPD(T) + IND(T) + KID(T) + KGD(T) + EXD(T)$

Bilanzdifferenzen:

(720) $DU(T) = Y.A(T) - IPU(T) - INU(T) - KIU(T) - KGU(T) - EXU(T)$

(721) $DO(T) = Y.A(T) - IPO(T) - INO(T) - KIO(T) - KGO(T) - EXO(T)$

(722) $DM(T) = Y.A(T) - IPM(T) - INM(T) - KIM(T) - KGM(T) - EXM(T)$

Bilanzierung, falls Aufkommen und Bedarf nicht im Widerspruch ($0 < DU(T)$, $DO(T) < 0$):

(730) $IP(T) = IPM(T) + IPD(T) \cdot DM(T)/SD(T)$

(731) $IN(T) = INM(T) + IND(T) \cdot DM(T)/SD(T)$

(732) $KI(T) = KIM(T) + KID(T) \cdot DM(T)/SD(T)$

(733) $KG(T) = KGM(T) + KGD(T) \cdot DM(T)/SD(T)$

(734) $EX(T) = EXM(T) + EXD(T) \cdot DM(T)/SD(T)$

Bilanzierung, falls Aufkommen kleiner als Minimalbedarf (DU(T) < 0):

(740) $IP(T) = IPU(T) + EU(1,T) \cdot IPU(T) \cdot DU(T)/SU(T)$

(741) $IN(T) = INU(T) + EU(2,T) \cdot INU(T) \cdot DU(T)/SU(T)$

(742) $KI(T) = KIU(T) + EU(3,T) \cdot KIU(T) \cdot DU(T)/SU(T)$

(743) $KG(T) = KGU(T) + EU(4,T) \cdot KGU(T) \cdot DU(T)/SU(T)$

(744) $EX(T) = EXU(T) + EU(5,T) \cdot EXU(T) \cdot DU(T)/SU(T)$

Bilanzierung, falls Aufkommen größer als Maximalbedarf (DO(T) > 0):

(750) $IP(T) = IPO(T) + EO(1,T) \cdot IPO(T) \cdot DO(T)/SO(T)$

(751) $IN(T) = INO(T) + EO(2,T) \cdot INO(T) \cdot DO(T)/SO(T)$

(752) $KI(T) = KIO(T) + EO(3,T) \cdot KIO(T) \cdot DO(T)/SO(T)$

(753) $KG(T) = KGO(T) + EO(4,T) \cdot KGO(T) \cdot DO(T)/SO(T)$

(754) $EX(T) = EXO(T) + EO(5,T) \cdot EXO(T) \cdot DO(T)/SO(T)$

8. *Block AH: Außenhandel*

(801) $IM(T) = UI(1,T) (MP(T) + TZI \cdot ZMP(T)) + UI(2,T) \cdot \cdot IP(T)) + UI(3,T) \cdot IN(T) + UI(4,T) \cdot KI(T) + UI(5,T) \cdot \cdot KG(T)$

(802) $IMV(T) = IM(T) \cdot PIM(T)$

(803) $EXV(T) = EX(T) \cdot PEX(T)$

(804) $SALV(T) = EXV(T) - IMV(T)$

(805) $KSAL(T+1) = KSAL(T) + SALV(T)$

(806) $SAL(T) = EX(T) - IM(T)$

(807) $AHU(T) = EX(T) + IM(T)$

(808) $AHUV(T) = EXV(T) + IMV(T)$

9. *Block V:* Primär-, Um- und Endverteilung des Nationaleinkommens

Primärverteilung:

(901) $AEBP(T) = LP(T) \cdot BP(T)$

(902) $RE(T) = NEP(T) - AEBP(T)$

(903) $RE(T) = FR(T) \cdot (G(T) + U(T))$

(904) $P(T) \cdot X(T) = P(T) \cdot MP(T) + VN \cdot GNW(T) + AEBP(T) + RE(T)$

(905) $UNVW(T+1) = (1-C) \cdot UNVW(T) + P(T) \cdot IP(T)$

(906) $GNW(T+1) = (1\text{-}VN) \cdot GNW(T) + C \cdot UNVW(T)$

Umverteilung:

(910) $NEV(T) = NEP(T) - SAL(T)$

(911) $AEBN(T) = LN(T) \cdot BN(T)$

(912) $AEB(T) = AEBN(T) + AEBP(T)$

(913) $GEB(T) = AEB(T) + LR(T) \cdot BEVR(T) + CS(T) \cdot BEVG(T)$

(914) $NG(T) = GEB(T) - AEB(T) \cdot ABZ(T)$

(915) $GEV(T) = NG(T) - GA(T) - GEB(T) \cdot SST(T)$

(916) $GEVP(T) = GEV(T)\,(1-ANL(T))$

(920) $KI.G(T) = UNKI(T) \cdot NEV(T) = GEVP(T) + UBZ(T) \cdot$
$\cdot BEVG(T)$

(921) $KG.G(T) = UNKG(T) \cdot NEV(T) = KG(T)$

(922) $IN.G(T) = UNIN(T) \cdot NEV(T) = IN(T)$

(923) $IP.G(T) = UNIP(T) \cdot NEV(T) + VN \cdot GN(T) = IP(T)$

(924) $ZU.G(T) = UNZ(T) \cdot NEV(T) = ZU(T)$

Geldakkumulation:

(930) $GA(T) = NG(T) - SST(T) \cdot GEB(T) -$

$$- \frac{KI(T) - UBZ(T) \cdot BEVG(T)}{1 - ANL(T)}$$

(931) DBG(T) = TVG · DGEV(T)

(932) BG(T+1) = BG(T) + DBG(T)

(933) SP(T+1) = (1+ZI) · SP(T) + GA(T) − DBG(T)

Anmerkungen

1 Vgl. SCHWARZ (1979) und den Beitrag von HEDRICH in: FISCHER/SCHWARZ (1985).
2 Vgl. KOZIOLEK/SCHWARZ, 1986.
3 In der DDR ist das Programmsystem auch unter der Kurzbezeichnung DDR.1 bekannt.
4 KOZIOLEK, 1979.
5 Wie diesen negativen Wirkungen begegnet werden kann, ist bei KOZIOLEK, 1981, näher erläutert.
6 Gemessen in Energieeinheiten, 1 TW = 10^{12} W.
7 1 TWyr = 1 Terrawattjahr.
8 Der Begriff „Güter" bzw. „Gut" wird von uns verwendet nach: Definitionen, 1987.
9 Zu dieser Problematik gibt es eine anhaltende theoretische Diskussion, die hier nicht reflektiert werden kann. Wir verweisen dazu auf die z. B. bei KOZIOLEK, 1979, und KIGYÒSSY-SCHMIDT/SCHWARZ, 1983, angeführte Literatur.
10 Einige Autoren fassen den Naturreichtum unter den materiellen Nationalreichtum.
11 Der Buchstabe N hinter dem Symbol einer Größe besagt immer, daß die jeweilige Größe die immaterielle Sphäre charakterisiert. Analog bezeichnet der Buchstabe P immer eine Größe der materiellen Produktion. Das Symbol .G hinter einer Größe bezeichnet den ihr entsprechenden Geldfonds.
12 Der Buchstabe Z vor dem Symbol einer Größe bezeichnet wie ein vorgestellter Operator den Zuwachs dieser Größe.
13 Zu weiteren Problemen vgl. BRÄUNER/REYER, 1973, S. 32/33.
14 Modelle, die auf dem Postulat der a-priori-Übereinstimmung von Aufkommen und Bedarf beruhen, werden als Gleichgewichtsmodelle bezeichnet. Die meisten der dynamischen volkswirtschaftlichen Modelle sind Gleichgewichtsmodelle.
15 Zur Bildung und Verwendung von Szenarien vgl. auch SCHWARZ, 1979.
16 Zur Modellierung von Zeitverzögerungen mit Hilfe von Verzögerungsgliedern vgl. MATTHES, 1975.
17 Zur vollständigen Liste der Grenz- und Orientierungswerte vgl. Anhang I.
18 Zur vollständigen Liste dieser Zeitreihen vgl. Anhang I.
19 Vgl. hierzu Abschnitt 1.2.

Literaturverzeichnis

Anordnung über die Ordnung der Planung der Volkswirtschaft der DDR 1986 bis 1990 vom 7. Dezember 1984, Teil Q, in: Gesetzblatt der DDR, Sonderdruck Nr. 1190q, Berlin 1985.

W. BARTHEL/W. KARBSTEIN/W. SCHMIDT, Statistik des Nationaleinkommens. Berechnungsmethoden, Bilanzierung und Analyse, Berlin 1971.

E. BIEBLER, Die Kopplung ökonomischer Funktionen mit der Verflechtungsbilanz bei der Berechnung prognostischer Konsumtionsstrukturen. Internationale Tagung zu Problemen der ökonomischen Modellierung und Prognose volkswirtschaftlicher Prozesse „Prognose 82", Tagungsmaterial, Schwerin 1982.

W. BILOW/B. GRAHL, Ein mehrsektorales ökonomisches Modell für die Volkswirtschaft der DDR (DÖM-2), Diss. (A), Humboldt-Universität, Berlin 1977.

D. BRÄUNER/L. REYHER, Die volkswirtschaftliche Gesamtrechnung. 27. Lehrbrief Sozialistische Volkswirtschaft Fachausbildung, Berlin 1973.

A. BRODY, Proportions, Prices and Planning, Budapest–Amsterdam–London 1970.

A. P. CARTER, Structural Change in the American Economy, Cambridge IM. 1970.

F. CASTRO, Die ökonomische und soziale Krise in der Welt, ihre Auswirkungen auf die unterentwickelten Länder, ihre düsteren Perspektiven und die Notwendigkeit zu kämpfen, wenn wir überleben wollen. Bericht an die VII. Gipfelkonferenz der Nichtpaktgebundenen, Dresden 1983.

Čeloveke-mašinnaja sistema modelirovanija prozessov global'novo razvitija. Sbornik trudov, VNIISI, Moskva 1982.

G. S. CHOSIN, Global'nye problemy sovremennosti, Moskva 1982.

V. S. DADAYAN, Macro-economic models, Moskva 1981.

Definitionen für Planung, Rechnungsführung und Statistik, Teil 1 und 2, Berlin 1987.

Der Nationalreichtum und seine Darstellung im Lehrgebiet Sozialistische Volkswirtschaft. Forschungsstudie, Karl-Marx-Universität, Leipzig 1984.

Energy in a finite world: paths to a sustainable future, Report by the Energy Systems Program Group of IIASA (Ed.: W. HÄFELE), Cambridge, Mass. 1981.

Facing the future. Mastering the Probable and Managing the Unpredictable (Interfuture), OECD, Paris 1979.

B. FELDERER/St. HOMBURG, Makroökonomik und neue Makroökonomik, Berlin (W)–Heidelberg–New York–Tokyo 1984.

H. FISCHER/R. SCHWARZ, Mathematische Methoden in der sozialistischen Wirtschaft, Berlin 1985.

Food for all in a sustainable world: the IIASA Food and Agriculture Program, SR-81-2, IIASA, Wien 1981.

J. W. FORRESTER, World Dynamics, New York 1971.

G. GANDOLFO, Economic Dynamics: Methods and Models, Amsterdam–New York–Oxford 1980.
A. G. GRANBERG/A. T. RUBINSTEIN, Mežregional'nye modeli mirovoi ėkonomiki s mechanizmom vybora al'ternativ razvitija, IE OPPSO AN SSSR, Novosibirsk 1982.
H.-D. HAUSTEIN, Zum Effektivitätsproblem. Studie, Hochschule für Ökonomie „Bruno Leuschner", Berlin 1983.
Input-Output-Techniques. Proceedings of the Third Hungarian Conference on Input-Output Techniques, 3–5 November 1981, Budapest 1982.
Höhere Veredlung – Grundlage der Leistungssteigerung, Berlin 1985.
E. KIGYÓSSY-SCHMIDT/R. SCHWARZ, Nichtmaterielle Leistungen in Wechselbeziehung mit der materiellen Produktion, Berlin 1983.
H. KNOP, Methode und Modell der volkswirtschaftlichen Vorausberechnung. Forschungsinformation der Sektion Sozialistische Volkswirtschaft, Hochschule für Ökonomie „Bruno Leuschner", Berlin 1981.
J. D. KONONOV, Ėnergetika i ėkonomika, Moskva 1981.
J. KORNAI, Anti-Äquilibrium. Über die Theorien der Wirtschaftssysteme und die damit verbundenen Forschungsaufgaben, Budapest–Berlin (W)–Heidelberg–New York–Tokyo 1975.
H. KOZIOLEK, Reproduktion und Nationaleinkommen, Berlin 1979.
ders., Wissenschaft, Technik und Reproduktion, Berlin 1981.
ders., Über das Wachstum unseres Nationalreichtums, in: Einheit, 9–10/1984, S. 874–880.
ders., Unsere ökonomische Strategie mit dem Blick auf das Jahr 2000 – hoher Anspruch an die Wirtschaftswissenschaften, in: Einheit, 8/1986, S. 701–708.
ders./R. SCHWARZ, Berührungen zwischen Physik und Ökonomie, Berlin 1986, (Sitzungsberichte der Akademie der Wissenschaften der DDR, Nr. 8/N).
O. LANGE, Theory of Reproduction and Accumulation, Warszawa–Oxford–New York–Toronto–Sydney–Paris–Frankfurt (M.) 1969.
W. I. LENIN, Werke, Bd. 1, Berlin 1961; Bd. 3, Berlin 1968; Bd. 4, Berlin 1963.
W. LEONTIEF, Die Wirtschaft als Kreislauf, Tübingen 1928.
W. LEONTIEF, et al.: The Future of the World Economy. A United Nations Study, New York 1977 (russ.: Buduščeje mirovoi ėkonomiki. Doklad gruppy ekspertov OON vo glave s V. LEONTJEVYM, Moskva 1979).
Long-Term Models at Work (Ed. by M. AUGUSZTINOVICS), Budapest 1984.
Makroėkonomičeskaja model' rasvitija narodnogo chosjaistva i evo realisazija na base systemy MAKRO-SOPOT, MNI Institut Problem Upravlenija NO 14–82, Moskva 1982.
K. MARX, Grundrisse der Kritik der Politischen Ökonomie (Rohentwurf), Berlin 1953.
K. MARX/F. ENGELS, Gesamtausgabe (MEGA), Bd. II/3.1., Berlin 1976.
dies., Werke (MEW), Bd. 13, Berlin 1961; Bd. 20, Berlin 1968; Bd. 23, Berlin 1968; Bd. 24, Berlin 1969; Bd. 25, Berlin 1973.
Mathematik und Wirtschaft, Bd. 6, Berlin 1969.
B. MATTHES, Modellierung von Zeitverzögerungen, in: Wissenschaftliche Zeitschrift der Hochschule für Ökonomie „Bruno Leuschner", 1/1975.
ders., Zur Anwendung von Produktionsfunktionen, in: Wissenschaftliche Zeitschrift der Hochschule für Ökonomie „Bruno Leuschner", 4/1978.
ders./J. A. MÜLLER, Dynamische Modellbildung in der Ökonomie, Diss. (B), Hochschule für Ökonomie „Bruno Leuschner" Berlin 1978a.
dies., Extrapolation stochastischer Prozesse, in: Messen–Steuern–Regeln, 21/1978b.
B. MATTHES/R. SCHWARZ, Makroėkonomičeskaja model' narodnochosjaistvennogo vosproizvodstva DDR. 1, in: VI-th International conference on the econometric modelling of the socialist economies. Konferenzbeitrag, Budapest 1982.

dies., Berücksichtigung von Zielvorstellungen über die Entwicklung von Hauptkennziffern in einem Modell der langfristigen Entwicklung der Volkswirtschaft. VII. Internationale Konferenz „Mathematik und Kybernetik in der Ökonomie". Vortragsauszüge, Halle 1982.

D. MEADOWS and others: Limits to Growth, New York 1975.

Methodische Grundsätze der Planung und Abrechnung des gesellschaftlichen Gesamtprodukts und des Nationaleinkommens, Ministerrat der DDR, Staatliche Plankommission, Ministerium der Finanzen, Staatliche Zentralverwaltung für Statistik, Berlin 1981.

Mežregional'nye mežotraslevye modeli mirovoi ėkonomiki, Hrsg.: A. G. GRANBERG/S. M. MEN'ŠIKOV, Novosibirsk 1983.

K. O. W. MÜLLER, Die bürgerliche Kreislauftheorie, Berlin 1968.

E. MÜLLER, Volkswirtschaftlicher Reproduktionsprozeß und dynamische Modelle, Berlin 1973.

dies., Die Kategorien der Reproduktionstheorie. Lehrforschungsstudie, Leipzig 1979.

dies., Der Nationalreichtum, Berlin 1987.

J. A. MÜLLER/A. G. IVACHNENKO, Selbstorganisation mathematischer Modelle auf der EDV-Anlage und ihre Anwendung zur Vorhersage, in: Messen – Steuern – Regeln, 11/1980.

Nationaleinkommen im Sozialismus. Produktion, Verteilung, Umverteilung, Verwendung, Informationssystem und Modellierung, Berlin 1976.

Ökonomische Strategie der Partei – klares Konzept für weiteres Wachstum. Wirtschaftswissenschaftliche Konferenz der DDR im Karl-Marx-Jahr 1983 am 29. und 30. September in Berlin.

Osnovnye resultaty raboty vremennogo sovmestnogo kollektiva spezialistov Ministerstva promyšlennosti VNR i MNIIPU v oblasti makroėkonomičeskogo modelirovanija prozessov narodnochosjaistvennogo rasvitija dlja issledovanija vsaimovlijanija ėnergetiki i ėkonomiki VNR, MNI Institut Problem Upravlenija, Moskva 1982.

Politische Ökonomie des Kapitalismus. Lehrbuch, Berlin 1986.

Politische Ökonomie des Kapitalismus und des Sozialismus. Lehrbuch für das marxistisch-leninistische Grundlagenstudium, Berlin 1983.

Protokoll der Verhandlungen des IX. Parteitages der Sozialistischen Einheitspartei Deutschlands, Bd. 1, 2, Berlin 1976.

Protokoll der Verhandlungen des X. Parteitages der Sozialistischen Einheitspartei Deutschlands, Bd. 1, 2, Berlin 1981.

Protokoll der Verhandlungen des XI. Parteitages der Sozialistischen Einheitspartei Deutschlands, Bd. 1, 2, Berlin 1986.

E. S. QUADE, Analysis for military Decisions, Chicago–Amsterdam 1965 (russ.: KVEID, E.: Analiz sloshnych sistem, Moskva 1969).

H. REICHARDT, Kreislaufaspekte in der Ökonomik, Tübingen, 1967.

H. SCHNEEWEISS, Ökonometrie, Würzburg–Wien 1971.

J. SCHUMPETER, Theorie der wirtschaftlichen Entwicklung, Leipzig 1912; Teorija ėkonomičeskovo razvitija, Moskva 1982.

K. SCHWARZ, Simulationsmodelle und ihre Anwendung in der Planungspraxis, in: VII. Internationale Konferenz „Mathematik und Kybernetik in der Ökonomie". Vortragsauszüge, Halle 1982.

R. SCHWARZ, Zur Vervollkommnung der Entscheidungsfindung in der sozialistischen Wirtschaftsführung, Diss. (B), Zentralinstitut für sozialistische Wirtschaftsführung beim ZK der SED, Berlin 1979.

P. SEIDELMANN, Ansatz zu einer integrierten Reproduktionstheorie, Teil I, Leipzig 1981, Teil II, Leipzig 1982.

Sistema model'ei narodnochosjaistvennogo planirovanija (Red.: N. P. FEDORENKO/ E. F. BARANOV), Moskva 1982.
Sozialistische Volkswirtschaft. Hochschullehrbuch, Berlin 1983.
A. STOBBE, Volkswirtschaftslehre I. Volkswirtschaftliches Rechnungswesen, Berlin (W.)-Heidelberg-New York-Tokyo 1984.
Sistema modelirovanija sozialno-ėkonomičeskogo rasvitija stran-členov SEV (sistema MAKRO), cast' 1. Koncepcija postroenija sistemy, MNI Institut Problem Upravlenija, NO 10-82, Moskva 1982.
Statistisches Jahrbuch der DDR, Berlin 1982, 1983, 1984, 1985, 1986.
S. M. VISHNEW, Ėkonomičeskie parametry, Moskva 1968.
Volkswirtschaftliche Proportionen, Berlin 1979.
Volkswirtschaftsplanung. Ausgewählte Studientexte, Berlin 1974.
M. WÖLFLING, Ein ökonometrisches Modell der Volkswirtschaft der DDR, Berlin 1977.
G. WUNSCH, Geschichte der Systemtheorie, Berlin 1985.
Z. WURTELE, „A Note on some Stability Properties in Leontief Dynamic Models", in: Econometrica, 27 (1959), S. 672–675.

Abbildungsverzeichnis

Sachregister

Personenregister

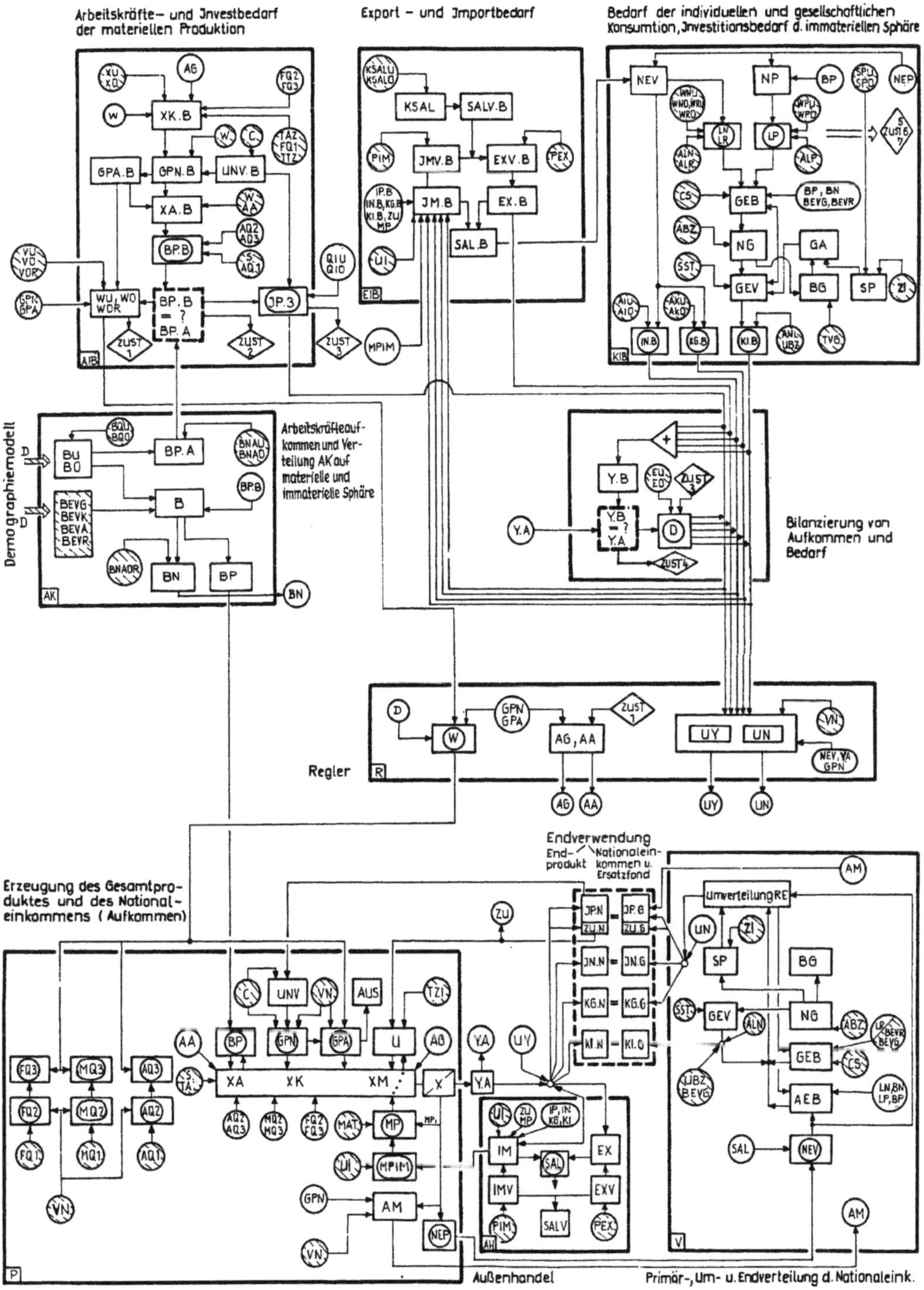
Arbeitskräfte- und Jnvestbedarf der materiellen Produktion
Export - und Jmportbedarf
Bedarf der individuellen und gesellschaftlichen Konsumtion, Jnvestitionsbedarf d. immateriellen Sphäre
XK.B
GPA.B
GPN.B
UNV.B
XA.B
BP.B
WU, WO WOR
BP.B = ? BP.A
JP.3
ZUST 1
ZUST 2
ZUST 3
AIB
KSAL
SALV.B
JMV.B
EXV.B
JM.B
EX.B
SAL.B
EIB
MPIM
NEV
NP
GEB
NG
GA
GEV
BG
SP
IN.B
KG.B
KI.B
KIB
Demographiemodell
Arbeitskräfteaufkommen und Verteilung AK auf materielle und immaterielle Sphäre
BU BO
BP.A
B
BEVG BEVK BEVA BEVR
BN
BP
AK
Y.B
Y.B = ? Y.A
Y.A
ZUST 4
Bilanzierung von Aufkommen und Bedarf
Regler
W
AG, AA
UY
UN
R
Endverwendung
Endprodukt
Nationaleinkommen u. Ersatzfond
Erzeugung des Gesamtproduktes und des Nationaleinkommens (Aufkommen)
JP.N = JP.G
ZU.N = ZU.G
JN.N = JN.G
KG.N = KG.G
KI.N = KI.G
Umverteilung RE
UNV
AUS
XA XK XM
X
MP
MPIM
AM
NEP
IM
SAL
EX
IMV
EXV
SALV
AH
AEB
P
V
Außenhandel
Primär-, Um- u. Endverteilung d. Nationaleink.

Bei Fragen zur Produktsicherheit wenden Sie sich bitte an:
If you have any questions regarding product safety,
please contact:

Walter de Gruyter GmbH
Genthiner Straße 13
10785 Berlin
productsafety@degruyterbrill.com